贝页
ENRICH YOUR LIFE

消失中的食物

除了美味，我们还将失去什么

[英] 丹·萨拉迪诺 著　　高语冰 译

EATING TO EXTINCTION

THE WORLD'S RAREST FOODS AND WHY WE NEED TO SAVE THEM

文匯出版社

图书在版编目(CIP)数据

消失中的食物：除了美味，我们还将失去什么 /（英）丹·萨拉迪诺（Dan Saladino）著；高语冰译. —上海：文汇出版社，2023.11
ISBN 978-7-5496-3997-7

Ⅰ. ①消… Ⅱ. ①丹… ②高… Ⅲ. ①饮食–文化史–世界–普及读物 Ⅳ. ①TS971.201-49

中国国家版本馆CIP数据核字（2023）第044815号

消失中的食物：除了美味，我们还将失去什么

作　　者 /［英］丹·萨拉迪诺（Dan Saladino）
译　　者 / 高语冰
责任编辑 / 戴　铮
装帧设计 / 汤惟惟
出版发行 / 文匯出版社
上海市威海路755号
（邮政编码：200041）
印刷装订 / 上海中华印刷有限公司
（上海市青浦区汇金路889号）
版　　次 / 2023年11月第1版
印　　次 / 2023年11月第1次印刷
开　　本 / 889毫米 ×1194毫米　1/32
字　　数 / 312千字
印　　张 / 14
书　　号 / ISBN 978-7-5496-3997-7
定　　价 / 79.00元

致安娜贝尔、哈里和查利

——在美味方舟上与我同行的旅伴

大自然为这个世界带来了多样性，人类却热衷于将其削减。

——蕾切尔·卡森《寂静的春天》

传承并非敬奉灰烬，而是薪火相传。

——古斯塔夫·马勒

目录

第三章　蔬菜

引　言

在土耳其东部，在一片被青灰山脉的阴影笼罩着的金黄色田野里，我伸出双手，触摸到了一种濒危物种。数百万年来，这一物种不断演变，并在很久以前就迁移到了这里。对这片高原上的居民来说，它是不可或缺的食品，却面临绝种的危险。“只剩下几块田了，”一位农民说，“绝种说来就来。”这种濒危物种不是什么罕见的鸟类或行踪不定的野生动物，而是食物——一种小麦。在全球范围内发生的濒危故事中，这种小麦并不为我们所熟悉，但我们都应予以了解。

此刻，这种高高的农作物已谷粒饱沉，可以收割了。微风轻轻一吹，这片麦田就像大海一样涌动起来。对于大多数人来说，麦田看起来都差不多，但是这种作物却非同寻常。经历了400代人（约1万年），卡夫奥加（Kavilca）小麦已将东安纳托利亚的风景线染上了蜂蜜的色泽。它是世界上人类最早栽种的食物品类之一，如今也是最稀有的食物品类之一。

这怎么可能呢？小麦随处可见，其种植面积超越了其他所有农作物，遍布除了南极洲以外的各大洲。一种随处可见的食物，怎么还会濒危呢？答案是，每一种小麦都不尽相同。每一种小麦都有其独特性，很多品种身处险境，其中一些品种还具备某些重要的特征，这些特征可以帮助我们与作物病害或气候变化抗争。卡夫奥加的稀缺标志着人类食物的大规模濒危。世界上所有的农作物都面临着种类缩减的危机。数千年来，物种多样化至关重要；书本记载的小麦就有数千种，每一种都有其独特的外表、生长方式和味道，而其中存活到21世纪的品种少之又少。然而，从旁遮普到艾奥瓦，从西开普到东盎格利亚，世界范围内所有麦田都已被笼统地涵盖在划一的定义之下，且我们所有的食物都在以越来越快的速度遭遇同样的同质化。

我们的生活在诸多层面都变得越来越同质化。我们可以到同样的销售网点购物，看到的是同样的牌子，买下的也是全世界的人们都在买的时装。我们的饮食亦如此。在短时间内，我们就已经做到了无论走到哪里都能吃上同样的食物，形成了饮食上的划一性。不过，你可能会说："等一下，比起我的父母和祖父母，我吃的食物种类可是多得多了。"从某种层面上来说，确实如此。无论在伦敦、洛杉矶、拉各斯，还是利马，你都可以吃到寿司、咖喱或麦当劳；咬一口牛油果、香蕉或芒果；喝一口可乐、百威啤酒或是一瓶有品牌的矿泉水——而且这一切都可以发生在一天之内。我们可以享受得到的，乍一看是多样化的，但这与正遍布全球的其他"多样化"如出一辙：全世界的消费和饮食正变得越来越单一化。

不妨斟酌一番如下事实：全世界大部分食物的来源——种子——基本上都在四大集团企业的掌控之中；全世界一半的奶酪在

制作过程中都会使用由同一家公司生产的菌或酶；全球各地的人喝下的每四罐啤酒当中就有一罐出自同一家酿造厂；从美国到中国，全球出产的大多数猪肉都基于单一品种的猪的基因；另外，或许最为人熟知的是，虽然世界上有1500多种香蕉，但全球香蕉贸易的主角只有一个——香芽蕉，这种克隆水果单一种植的规模如此之大，只有通过飞机或者卫星拍摄才能看清全貌。

从全世界食用最广泛的作物——小麦、水稻和玉米——的基因，到用这些作物做成的三餐，此等单一性前所未有。人类的饮食在过去150年（跨越约6代人）里发生的变化，远超之前100万年（约4万代人）里的变化。另外，在过去的半个世纪里，贸易、科技和企业的影响力将这些饮食变化扩展到了全世界。我们的生活和饮食正经历着一场史无前例的实验。

在从狩猎采集者到农民的进化过程中，人类的饮食是极其多样化的。我们的食物是某个地方的产物，而作物对于某个特定环境的适应，既受到当地居民的知识和偏好的影响，也受到当地气候、土壤、水，甚至纬度的影响。这种多样性保存在农民收藏的种子里并得以传承下去，它还保存在人们种植的水果和蔬菜的风味里、饲养的动物的品种里、烘烤的面包里，以及制造的奶酪和饮品里。

面临正在消失的多样性，卡夫奥加小麦是灭绝之灾的幸存者之一，却也岌岌可危。就像本书中提及的所有濒危食物一样，它有着独特的历史，并与世界上的某个地方及其居民息息相关。我是在土耳其北部一个名叫“布于克卡特玛”（Büyük Çatma）的村庄里发现它的，而在1.2万年前，第一批农民正是在土耳其开始种植小麦的。

从史前部落在这片土地上耕种开始，经历了罗马帝国、奥斯曼帝国、苏联，再到土耳其统治时代，卡夫奥加是这里最重要的食物来源。这种单粒谷物已完美地适应了当地的环境，并具有独特的风味，却在我们的时代备受威胁并濒临绝种。其他数千种作物和食物都面临着同样的险境。我们应该掌握它们的情况及其衰败的原因，这不仅是为了了解食物的历史或满足我们对烹饪的好奇，还因为我们的生存有赖于此。我们将在本书中看到这一点。

在安纳托利亚东部广袤的天空下，我看着那位农民在田里一直劳作到黄昏，收割最后的卡夫奥加小麦。“我明年还想再种卡夫奥加，”那位农民说，“至于我的邻居们呢？我不敢肯定。”我正在见证一段上溯至数千年前的历史的终结。这感觉像是一种荣幸，却也是一种悲哀。

我在英国广播公司电台（BBC radio）报道有关食物的新闻，在工作了近十年后，我才意识到食物濒危的严重性。我误打误撞地开始了有关食物的新闻报道，但对于我而言，食物很快就成为我看透整个世界内部运作的最好的镜头。食物让我们看到真正的权力所在；它可以解释冲突和战争，展现人类的创造力和创意，解释帝国的兴衰，并揭示灾害的起因和后果。有关食物的故事或许是所有故事中最重要的。

我的食物新闻报道工作始于一次危机。就在2008年，当全世界都在关注金融危机是如何破坏银行系统时，一个事关紧要的食物的故事正在发生。小麦、大米和玉米的价格连创新高，最盛时期的全球市场价格上升到了原来的3倍。全球数百万最贫穷的人因此挨饿，而由此加剧的紧张局势随后又引发了“阿拉伯之春”。暴乱和抗议游行活动推翻了突尼斯和埃及的政府，还招致了叙利亚冲突。数十年来，人们第一次严肃对待“食物的未来”这一命题。农作物专家向世界宣告，为应对地球人口将从75亿增长到2050年的100亿这一预期值，全球收成需要增加70%。基于这样的预测，像卡夫奥加这样一种小麦的消失似乎无关紧要。我们需要的肯定是更多的食物吧？呼吁食物的多样性似乎是一种奢求。但现在我们终于开始意识到，多样性对于我们的未来至关重要。

2019年9月，在纽约联合国总部召开的气候行动峰会见证了这一想法的转变。时任全球最大的食品公司之一、奶制品巨头达能集团的首席执行官范易谋告诉与会的商业领袖和政要，人类在上个世纪创造的全球食物系统已走入了死胡同。他说，“我们以为可以用科学改变生命的周期和法则”，可以靠单一种植和少数植物满足全球的食品需求。范易谋解释说，但是这种方式如今已行不通了。“我们一直在杀生，现在需要挽回局面。”

在联合利华、雀巢、玛氏和家乐氏等20家全球食品公司（这些公司每年在100个国家的累计食品销售额约为5000亿美元）的支持下，范易谋在大会上承诺要拯救食物的多样性。他说，我们迫切需要拯救这些作物以及“正在消亡的传统种子”，而且农业生物多样性也需要被复原。在大会上，范易谋表示，在部分奶制品公司中，99%的饲养奶牛都是荷斯坦牛，他对此表示担忧。“如今，这过于简化了。”他这样评价全球食物系统，“我们完全失却了多样性。”

如果连这些造成和传播食品划一性的企业如今都表达了对失却的多样性的担忧，那么我们都应该予以关注。我们如今才开始意识到损失之重大，但如果现在就采取行动，我们还能力挽狂澜。

本书中提到的濒危食物不过是全球范围内的更严峻危机的冰山一角：多个层面的物种多样性正在流失。就像丛林和雨林里的生物多样性正在流失一样，田野和农场里的生物多样性也在遭受损失。然而，当我们谈及食物时，“物种多样性”到底意味着什么？在遥远的斯瓦尔巴群岛，有一条位于山脉地下135米处的隧道，我们可以在这条隧道的尽头找到一些答案。这里是科学家们为了建造世界最大的种子储藏库，而找到的最安全的地方。这里藏有超过100万颗种子，是数千年人类种植历史的活生生的记录。种子被送到斯瓦尔巴群岛加以保存，而贡献这些种子的，通常是当地政府和土著人，他们想要保护其最珍贵的且往往濒临灭绝的传统食物。这些藏品代表了食物中正在消失的一种多样性：基因多样性，或者换句话说，全世界农民自开创农业以来所创造的各类变种。储藏库里有上千种不同的作物，包括17万种独一无二的水稻样本、3.9万种玉米样本、2.1万种土豆样本和3.5万种小米样本（还有这些作物的野外变种）。在其中一只储藏盒（都要保存在零下18摄氏度）里，有几颗卡夫奥加谷粒，而这种小麦只是21.3万种受保护的小麦种子之一。保存在储藏库里的多样性，有别于农民可以耕种、我们可以享用的多样性，但这是对多样性的重要性的一种认可，也是我们自留后路的一种做法。

种子除了储藏在斯瓦尔巴群岛，在世界其他地方，这种多样性的活标本还由大学和其他机构收藏管理。例如，位于英国肯特郡布罗格戴尔的英国国家水果收藏库存有2000种苹果种子，而加利福尼亚大学河滨分校则保存了超过1000种不同的柑橘类水果种子。全球有8000种家禽家畜（包括牛、羊、猪等）被保护起来，大多数是在小型农场，其中很多品种都濒临灭绝。我们大部分的食物供应已经缩减到这一小部分的植物和动物物种，在某些时候，我们甚至只依赖于某一个或少数几个物种。

丰富的多样性由自然馈赠又经人手栽培，它并不仅仅是人类食品和农业历史上最美好的特点之一。我们培养了多样性，是因为我们需要它，我们也在创造菜式和发展文化的过程中赞颂了它。在土耳其东部名为布于克卡特玛的村庄里，农民们数千年来一直种植卡夫奥加，这是因为在最严酷、最潮湿、最寒冷的冬天，没有其他作物能产出这么多的粮食。另外，无数厨师尝试用这些谷粒烹饪，利用其独特的口感和风味编撰食谱，创造出我们如今所谓的饮食文化。反观人类历史，世界各地都有其本土的"卡夫奥加"，这些养育我们的食物，成为我们身份的一部分，激发了有关宗教和宗教仪式的想法。比如，美国中部地区以玉米造神，南亚地区则相信橙子可以驱散鬼魂。不论是植物还是动物，它们都是独一无二的基因资源，都适应了当地的环境并生存下来。卡夫奥加的故事可以有上百万个版本：每一粒储存在斯瓦尔巴群岛的种子，每一种存活下来的古老的家禽家畜，以及全世界每一种传统风格的奶酪和面包，都有一个故事。这些食物的故事都是人类历史的一部分。

食物的多样性缩减，以及如此多的食物濒临灭绝，这些都并非出于偶然——这完全是人为的结果。作物多样性的最严重损失，发生在第二次世界大战后的数十年里。当时，为了拯救数百万饥民，农作物学家找到了超大规模产出水稻、小麦等谷物的方法。为了种植全世界迫切需要的额外食物，多样性被牺牲了，数以千计的传统品种被少数超级多产的新品种所取代。这些新品种作物可以按计划快速生长，并产出大量谷物。以此为目标的策略——更多农药、更多灌溉以及新的遗传育种——后来被称为“绿色革命”。它大获成功，至少刚开始时是这样。

谷物产量因此增长了两倍，而全球人口在1970年到2020年间增加了一倍有余。先抛开这一策略对环境、饮食和社会的深远影响不谈（我们之后会谈到这些），培育更多清一色的农作物的危险，就像是投资组合都集中在少数几只股票上：大祸临头时，它们便不堪一击。一个仅仅依赖少数植物且细分种类也很少的全球食物系统，在面临疾病、害虫和极端气候时将会更加脆弱。

脆弱到什么程度呢？可以去看看卡夫奥加的田地。这种年代久远的小麦，比平时可能看到的现代品种长得更高。这是物种进化的力量所促成的；随着小麦的生长，更长的茎干可以拉开麦穗跟土壤之间的距离，从而远离发生在土壤中的大多数作物疾病。其中一种疾病是由一种叫“禾谷镰刀菌”的真菌引起的，这种真菌杀伤力很强（且极其鬼祟），传遍了欧洲、亚洲和美洲。在它入侵小麦作物后，留下的是彻底报废的农作物以及对人类和动物有毒的谷粒。一旦这种真菌入侵某一片田地，就没法杀灭它了。

它引起的疾病（小麦赤霉病）会造成每年数十亿美元的损失，并对未来的食物安全构成严重威胁。现代小麦品种的基因使其比古老的品种更易得赤霉病。就像传遍全球的大多数作物疾病一样，这一问题也越来越棘手。气候变化，特别是更温暖、更潮湿的气候，正在加剧这种真菌的传染。虽然“绿色革命”是门巧妙的科学研究，但归根结底，它过分地简化了自然，这令我们自食其果。在复制同一种小麦的过程中，我们放弃了数千个高度适应当地环境、适应性强的品种。它们宝贵的特点往往就这样永远遗失了。我们开始认识到自己的错误——曾经的一切自有其智慧。

卡夫奥加仅仅是濒危食物中的一种，而就像本书中提到的所有食物一样，它彰显了耕作、食物、环境、饮食和健康之间的相互关联。物理学家艾伯特－拉斯洛·鲍劳巴希是一位擅于解决人为及自然的复杂网络问题的专家。他认为，推动20世纪科学发展的是一种不断简化的诉求；我们自以为很聪明，相信我们可以破解自然的一切复杂问题，并凌驾于自然之上。的确，我们在搞清楚自然的构成部分方面相当厉害，却往往犯了盲人摸象的错误。鲍劳巴希说，我们就像一个孩子拆开自己心爱的玩具那样，完全不知道要怎么把它组装回去。赶着简化主义的车，“我们撞上了复杂性的墙”。

这本书里提到的濒危食物都出自科学简化主义尚未掌控局面的时代。这些食物不仅给我们提供了大量的卡路里，还帮助我们与自然和谐共处。举个例子，有一种并不起眼的生长在施瓦本的小扁豆，一度被广泛种植于德国南部的阿尔卑斯山脉。山脉小扁豆（Alb-linse）因其味道而为人喜爱，而它之所以能成为这片山区人民的食物，是因为它可以滋养原本贫瘠的土壤。还有一种罕见的、只有在墨西哥瓦哈卡某个高山上的村庄才能找到的玉米：它可以分泌出一种自我施肥的黏液，而科学家认为这种黏液可以减少农业对矿物燃料的依赖性。世界上许多濒危食物都如此复杂，科学家们才刚刚开始发现它们的秘密。

人类有史以来吃过6000种植物，如今主要食用的却只有9种，其中的3种植物——水稻、小麦和玉米——竟提供了全人类摄取总能量的50%。在这个基础上再加入土豆、大麦、棕榈油、黄豆和蔗糖（甜菜和甘蔗），便构成了人类摄取总能量的75%。自“绿色革命”以来，我们吃上了更多的精制谷类、植物油、糖和肉类，并且依赖于那些种植地离我们越来越远的食物。随着数千种食物变得濒危和面临绝种，少数食物占据了主导地位。我们往往对此毫无察觉。以黄豆为例，数千年前中国人就开始培植这种豆类了。然而，在18世纪以前，黄豆在亚洲以外的地方都是鲜为人知的。如今，它却成了全世界交易量最大的农业商品之一。黄豆被用来喂养猪、鸡、牛和养殖鱼，它们也成为人类的食物。黄豆在数十亿人日益同质的饮食当中扮演了主导的角色。纵观人类200万年的进化历史，这些饮食上的改变正在全球范围内发生，它们都指向了划一性，这实属前所未见。而在这一切发生的同时，我们才刚刚开始明白多样性对人类健康的重要性。我们肠道中的微生物群（生活在我们体内的数万亿个细菌、真菌和其他微生物）越丰富，对我们就越有利。我们的饮食越多样化，我们肠道的微生物群就越丰富。

我们难以通过考古记录来解析数千年前人类的个人饮食习惯，更别提再向上追溯了。但我们知道，当时人类的饮食远比我们如今大多数人的多样化。1950年，在丹麦西部的日德兰半岛，挖泥炭的人发现了某个在2500年前被处死（或陪葬）的人完好无损的尸体。

这具尸体在潮湿的、沼泽般的条件下被保存得如此完好，以至于一开始被误认为是近期一起谋杀案的受害者。在这个人的胃里还留有一种用大麦、亚麻和40种不同植物的种子做成的粥，其中有些种子是从野外收集来的。在当今的非洲东部，世界上最后的狩猎采集者之一——哈扎人有一份可能是基于野生动植物的食谱，它涵盖超过800种植物和动物，包括不计其数的块茎、浆果、树叶、小型哺乳动物、大型猎物、鸟类以及各种蜂蜜。哈扎人是如今尚存的、可以让我们追溯人类早期饮食的一族。我们无法在工业化社会复制他们的饮食，但仍然可以从中学习。

除了营养和基因上的损失，我们还在蒙受文化上的损失。几千年来，人类发明了无数烹调、制作、烘焙、发酵、烟熏、风干以及蒸馏食物和饮料的方法。掌握多项传统烹饪技巧的人越来越少，从奶酪的制作方法到肉类的保鲜技巧，许多古老的饮食智慧正在消失。我们在绘画、雕塑、教堂和庙宇中探究人类的创造力和远见的至上典范，但我们也应该看看本书中提及的这些濒危食物，不论是中国西南地区人工种植的红米，还是阿尔巴尼亚“被诅咒的山脉”出产的一种稀有奶酪，或是叙利亚西部人民制作的一种蛋糕，所有这些食物都是一代又一代不知名的厨师和农民的想象力及智慧的结晶。

本书绝不是在呼吁回到过去某段美好的时光。但本书恳请你思忖：关于我们如何在现在和未来更好地栖居在这个星球上，过去可以教会我们什么。我们现有的食物系统正在摧毁这个星球：上百万种植物和动物正面临绝种的威胁；我们砍伐大片的森林，大规模种植单一作物，又每天燃烧数百万桶油来制造肥料，以培育这些作物。我们已经显著改变了90%的海洋，野生海洋动物正在消失。就在我们破坏生物多样性的同时，我们还从河流和地下水层抽取大量的水来灌溉"绿色革命"的作物，这样的债无人能偿还。我们的食物既是所有这些破坏的根源，也是其受害者。地球四分之一土壤的生产力已受到严重破坏，阻碍了人类进一步发展种植业。我们是在用借来的时间耕种。

我不能说，本书中提到的食物能为所有这一系列问题提供答案，但我相信，它们应该能提供一些解决方案。比如，贝尔大麦（Bere Barley）就完全适应了奥克尼群岛的恶劣环境，它的生长完全不需要肥料或其他化学品。风干羊肉（skerpikjøt）是一种来自法罗群岛的大块发酵羊肉，它让我们看到人类与动物的关系发生了多大的改变——并且还需要再次改变。还有山药雏菊，这种多汁、营养价值高且曾经在澳洲南部很常见的块茎植物证明了，在与自然和谐共处方面，我们还有很多东西需要向原住民学习。

很多人认为，解决全球食物问题唯一严肃的方法，不在于回到更多样化的食物系统，而是围绕转基因和基因编辑等生物技术，发起第二次"绿色革命"。但即使是这种方法，也将依赖于拯救濒危食物。作物杂交专家和其他食品科学家都参与到了这场拯救物种大量流失的紧急行动当中，这是因为濒危的动物和植物——其中不少都出现在本书中——被视为拥有这样一套基因工具：它可以帮助我们对付干旱和疾病，应对气候变化，并提高我们饮食的质量。无论我们选择哪一条道路，都不能让这些食物绝种。

濒危和有绝种风险的概念通常只用于野生动物。自20世纪60年代以来，世界自然保护联盟汇编的“濒危物种红色名录”记录下了较为脆弱的植物和动物（撰写这本书时约有10.5万种），并特别强调了那些濒临绝种的生物（近3万种）。其初衷是，只有当你知道某种东西即将消失时，你才会采取行动来拯救它。

20世纪90年代中期，一份类似红色名录的、专门针对食物的清单应运而生。那是在意大利北部皮埃蒙特区的布拉小镇，当时一群朋友意识到当地的农作物、动物品种以及传统美食都在逐渐消失，他们便在网络上编制了一份濒危食物的名录，并将其命名为“美味方舟”（Ark of Taste）。在记者卡洛·彼得里尼的带领下，这群人建立了“慢食组织”，呼吁人们“自我保护，抵御全球范围内疯狂的‘快生活’……摆脱‘速食’的单调乏味，（并）重新发现当地美食的丰富种类和风味”。他们看到，当一种食物、一种当地产品或作物濒临灭绝时，人们的生活方式、知识和技能、当地的经济以及生态系统也会受到威胁。他们呼吁大家尊重多样性，这引起了世界各地的农民、厨师和活动家的注意，并将其各自所了解到的濒危食物添加到“美味方舟”的名录中。

“美味方舟”给了我写这本书的灵感。就在我写这本书的时候，这份名录记载了来自130个国家的5312种食物，候补清单上还有762种产品有待评估。在这本书里，我们会见到一些正在拯救濒危食物的人们，包括那位带我去看罕见的卡夫奥加小麦田地的农民，以及其他像他那样的人。在你居住的地方，很可能也有类似的守护者。这些食物的重要性远不止食粮生计本身。它们是历史、身份、愉悦、文化、地理、基因、科学、创造力和手艺。它们也是我们的未来。

食物简史

生物多样性是数十亿年来逐步形成的物种之集合。它吞并了灾害——将它们纳入自己的基因之中——并创造了这个世界，世界才得以创造了我们。它令世界磐石永固。

——E. O. 威尔逊《生命的多样性》

想要了解全球食物多样性衰减的程度，我们就需要明白生物多样性是用了多么漫长的时间才逐渐建立起来的。这里涉及的时间线如此之长，以至于我不得不再次将卡夫奥加小麦搬出来，为我们提供一些可参考的信息。

在人类首次种植卡夫奥加小麦的45亿年前，地球上完全没有人类可吃的东西。整个地球到处都是火，火山喷发着岩浆，流星撞击地表。地质学家将这段地狱般的时期称为“冥古代”，借用的正是希腊神话中冥王的名字[1]。10亿年之后，第一批微生物出现了；又过了10亿年，一些可以利用太阳和水的能量制造养分的细菌出现了。这些最初的光合作用行为制造了氧气，让更复杂的生物演变成为可能。再快进15亿年，多细胞生命形式出现在地球上；而仅仅1亿年之后，海绵动物和微小的、盘状的扁盘动物就出现了，那或许是所有动物最后的共同祖先。然而，在当时的地球上，我们还是无法找到可以拿来当作食物的东西。

5.3亿年前，一切开始变得稍微有趣了些（至少从我们的角度来看是这样）：五大洲开始形成，且在寒武纪大爆发这一物种进化的"大爆炸"之后，各种生命形式纷纷出现在海洋里。这是我们所知道的生物多样化的开始。海洋里出现了类似蛤蜊和蜗牛的带壳生物，还有像蚝一样的双壳类生物，像鳗鱼一样的牙形虫，以及一种形似风筝、长着柄眼的肉食动物——内克虾，即鱿鱼、八抓鱼和乌贼的祖先。不到5亿年前，当地球进入下一个地质周期奥陶纪时，今时今日地球上的大多数主要生命形式的祖先就已经诞生了。植物从海洋迁移到了陆地，并与另一种生命形式——昆虫——展开了一段漫长的共同演变之旅。

最早出现在陆地上的植物是苔藓和蕨，它们通过向空中释出孢子进行繁殖。它们还瓦解了岩石密布的地表，使其成为培养基，并慢慢演变成土壤。4亿年前，地球的环境从潮湿的热带气候变得更加

---

1 冥古代，英文Hadean的命名源自Hades（冥王哈得斯）。——译者注（如无特殊说明，本书注释均为译者注）

干燥且（对于大多数植物来说）更加恶劣。植物因而逐渐形成了种子这一养护舱，为胚胎提供保护并储藏食物。大约2.5亿年前，某些植物还产生了额外的进化优势，它们生长出亮丽的花朵和诱人的果实，以吸引大量的昆虫和哺乳动物来传播花粉和种子。6000万年前，草开始进化，这是人类食物历史上的重大时刻。在此约600万年前，恐龙就已经灭绝了，没能赶上这一食物来源的出现，但是包括人类在内的哺乳动物大受裨益：水稻、玉米、大麦和小麦（卡夫奥加终于要出现了！）都是从这些草发展出来的。

600万年前，原始人猿出现了，包括乍得沙赫人。这种人猿大部分时间都在森林的树冠间搜寻叶子、坚果、种子、块茎、水果和昆虫来吃。400万年前，在埃塞俄比亚，人类的始祖之一——地猿也会爬树，但比起乍得沙赫人猿，它们会花更多的时间用双腿行走并觅食。接着，200万年前，地球的气候变化使得人类不再栖息在树上，而是到陆地上生活。非洲东部的湿地变成了稀树草原，我们的祖先为了生存则四处寻觅肉食并猎捕动物。在坦桑尼亚北部的奥杜威峡谷，早期人类留下了一些石器。他们用这些石器从动物尸体上撕下肉，并（或许更重要的是）切开骨头，以获取营养丰富的骨髓。在这个时期，人类身体又一次发生了转变：脚趾头和前臂变短，腿变长，我们成了动物王国中的长跑健将，能够追踪并捕杀更大的动物。部分原因是食肉令我们的牙齿变小，而我们的大脑则变大了（是人猿大脑的3倍）。人类的肠道虽然缩小了，但在其中却进化出一个复杂的生态系统，里面生长着数万亿的微生物，帮助我们适应更多元化的饮食。人类祖先的活动范围逐渐扩大，开始分成不同群组从非洲四散开去。

大约在170万年前，生火炊食丰富了人类的饮食，将原本不能吃的植物变成了食物，并使肉类更易消化。狩猎的人类拥有了精密的武器，变得更具杀伤性。50万年前，长矛被用来捕杀陆地动物。后来，我们的祖先用骨头制成致命倒钩，将巨型鲶鱼从湖泊中拖出来。7万年前，我们的同类智人走出非洲东部，并开始一统天下。6.5万年前，一群狩猎采集者来到澳大利亚，开始在河边布下渔网（并利用湖泊进行水产养殖）。

大约3万年前，人们用兽皮制成的器皿转移食物，后来又用植物纤维编制篮子。2万年前，早在农业开始之前，中国人就开始采用新的烹饪方法：用锅来蒸煮野生大米。那时，不同族群的人长途跋涉，将这些技能从亚洲东北部带到美洲。

之后就出现了智人历史上最重要的事件之一：农业的诞生。在如今约旦的黑沙漠地区，纳图夫族的狩猎采集者长期以来一直将野草种子碾成粗糙的粉，并将其与植物块茎磨成的粉混合在一起，制成面团，并将其在火上烤熟。21世纪的科学家们重现了这种早期的薄面饼，称其"有坚果味，略苦"。将不同食材混合在一起是烹饪的最早证据。1.3万年前，制作这种面包的纳图夫人正是数百万年来人类在狩猎采集和农业之间的过渡桥梁。在新月沃土，在那片横跨伊拉克、土耳其东南部、叙利亚、黎巴嫩、以色列和约旦的弧形土地上，必要的野生植物、气候和想象力使人类成为有固定居所的农民。在之后的几千年里，一些族群通过无意间做出的决定、意外的发现和运气，彻底改变了在周边环境找到的植物；他们选出最大的种子和最容易收割的谷物，加以人工培植和控制。在这一时期，人体构造再次发生变化，我们的唾液和肠道微生物群得到进化，可以分解更多的淀粉类农业产品。从觅食到农耕，在这一转变的初期出现了二粒小麦。那是对古埃及人非常重要的一种小麦，而卡夫奥加就是这种古代小麦如今幸存的少数品种之一。

当然，小麦并不是唯一被人工培植的作物。在新月沃土，新石器时代的人类食物还包括鹰嘴豆和小扁豆，以及后来的无花果和枣子。世界其他地方的狩猎采集者则人工培植生长在其周边环境的野生植物：中国长江和黄河流域的水稻和小米，墨西哥东南部的玉米、瓜类和豆类，安第斯山脉“的的喀喀湖”周边的土豆和藜麦，印度的绿豆和小米，非洲撒哈拉沙漠以南的高粱和豇豆，以及巴布亚新几内亚的香蕉和甘蔗。从野生植物到人工培植作物的转变历经了几千年的时间，由超过150代的农民参与并完成。除了植物，早期的农民还人工养殖了一些如今成为家禽家畜的动物：牛、绵羊、猪、山羊，以及骆驼、美洲驼和牦牛。这导致了人类的又一大生物变化：世界上部分地区的成年人变得更容易消化奶类。

约3500年前，人类饮食从依赖野生动植物到主要依靠人工种植和养殖这一非凡转变基本完成了。从那以后，就没有任何对人类饮食有重大意义的新的动植物得到人工培植或养殖了。为什么呢？一部分原因在于，最适合人工种植的植物都已经被发现了。人工培植转化是一个漫长而艰苦的差事。贸易和移民带来了其他文明社会培植的新植物，为何还要不辞劳苦地自己培植呢？古代世界的“全球化”使人工培植转化走向了终结。

随着农民从一个地方来到另一个地方，一系列人工种植、养殖的动植物遍布全球，并在新环境中演化、适应。用植物学家E. O. 威尔逊的话来说，它们“吞并了灾害”，适应了当地的土壤、气候、纬度（以及当地人的偏好），并“将其纳入自己的基因之中”。正因如此，世界才有了如此多种类的玉米、水稻、小麦和其他作物。

通过创新和尝试，人类又以更复杂的方式改变了食物。欧洲中部的人们开始降低奶中的水含量，令脂肪和蛋白质浓缩化，从而生产出奶酪来保存鲜奶；在高加索地区，葡萄被碾碎并转化成葡萄酒；在中国，厨师们发明了一种绝妙的方法，将原本不宜食用的黄豆变成一块块白色、丝滑的豆腐；在亚马孙地区，森林住民将细菌和酵母混合在一起，使木薯这种原本有毒的块茎发酵成安全、无毒且美味的食物；墨西哥南部的农民在玉米中加入有毒的矿物石灰，以便从谷物中提取更多养分，并做出玉米薄饼的软面团。

数千年来，食物、烹饪和饮食成了人类想象力最有力的表达。因此，当一种食物濒危、一种种子灭绝、一门手艺失传时，我们应该回想一下，这一切是多么来之不易。

第一章
野　生

我们必须要问这样一个问题。为何要种植？狩猎采集者作画、吟诗、弹奏乐器……他们做了农民所做的所有事……却不必如此辛劳。

——杰克·哈伦《作物与人》

我们生来就是吃野味的。在历史上，人类的生存意味着搜寻植物、收集坚果和种子，以及追踪并猎杀动物。无论从哪个角度看，狩猎和采集都是人类迄今为止最成功的生活方式。人类学家理查德·李和欧文·德沃尔在20世纪60年代末估计，有史以来生活在地球上的850亿人中，有90%是狩猎者和采集者，而只有约6%是农民。这些为数不多的农民还在尝试工业化社会的生活。我们的生理机能、心理、恐惧、希望和饮食偏好，都在我们作为狩猎采集者演化的过程中受到了影响。我们身体的改变并不大，但是我们的生活和饮食方式却在短时间内发生了深刻的变化。

现今的78亿地球人口当中，只有数千人还在继续以野生动植物作为主要的食物来源。纵观历史，殖民主义在一定程度上引起了这种衰败，如今还有一些别的因素也在发挥作用。为我们提供食物的农场、种植场和工厂正在破坏原生态社会。工业化社会制造出的品牌产品正销往亚马孙丛林和非洲稀树草原，这是一种通过食物实现的新殖民主义。如果最后的狩猎采集者都不复存在——我们很可能在有生之年见证此事——这个世界将失去无数代人累积的宝贵知识，并与成就了人类的那种生活方式完全脱节。这将是一段长达200万年的历史的悲哀终结。

然而，再深挖下去，就会明白“野生”食物并不专属于少数尚存的狩猎采集者。全世界进行种植和养殖的土著群体依然深深依赖着野生食物。刚果的姆布蒂人除了吃耕种的木薯和大蕉外，还会食用300多种动植物。在印度各地，农村人民的饮食涵盖了1400种野生植物，其中包括650种不同的水果。虽然许多土著主要以小麦、玉米、水稻和小米为生，但其微量元素（维生素和矿物质）的主要来源还是野生食物。举个例子，泰国东南部种植水稻的农民会在稻田周边搜寻一种野生菠菜吃，它与农民们种植的淀粉类谷物相得益彰。我们不需要在人工种植和非人工种植之间二选一，而是要选择两者之间恰当的比例，历来如此。如果最早播撒种子的农民没有继续狩猎、采集野生食物，他们早就饿死了；之后数百代的农民亦是如此。在现代史上，所有经历了食物短缺的人类社会都是靠搜寻野生食物生存下来的。20世纪初，因收成欠佳而忍饥挨饿的西西里人会寻找蜗牛来吃；“大萧条”时代，美国人吃起了野生黑莓和蒲公英；在战时的英国，人们搜集荨麻吃；20世纪50年代，中国暴发大饥荒期间，人们靠吃苦草为生。

如今，不论是为了生存还是享乐，全球有10亿人的饮食至少包括一部分野生食物（将鱼计入其中，便有33亿人）。在墨西哥南部的瓦哈卡，城市居民在市集排队，以尝到一口烤飞蚁。在莫桑比克的马普托，富裕的吃客不惜支付重金，就为吃上野生的“丛林”肉。在墨西哥、纽约、东京和伦敦这些大城市的郊区，你能看到城里来的采集者跑到林区搜寻当季的浆果和蘑菇。然而，虽然野生食物依然充满吸引力，但是关于如何找到并食用野生食物的习惯和知识正在流失。当然，野生植物、动物及其生长地也在消失。当你读完下一句话的时候，这个世界就又失去了一片足球场那么大的原始森林。人类为了单一种植黄豆、棕榈油以及养牛而大面积砍伐森林，造成了世界上数千种野生物种的濒危。土著人民带来了一线希望，尽管他们占全球人口总数不到5%，但其居住的土地面积却是全球土地面积的25%。在21世纪，他们是自然世界最重要的守护者和生物多样性的捍卫者。他们所保护的野生食物对于我们未来的食物安全至关重要，其中就包括“作物的野生品种”，它们的基因信息或许能帮助我们解决诸如旱灾和病虫防治等问题。

在野生食物逐渐濒危的同时，我们一直在努力理解人类饮食应有的面貌。我们从并不完整的科学研究成果中寻求答案，却忽略了人类已经掌握的智慧。如今，虽然野生食物提供的热量仅为全球人口摄取总热量的1%，但它们的营养成分远高于普通食物。在如哈扎人这样的狩猎采集者之中，肥胖、2型糖尿病、心脏疾病和癌症的比率低得几乎找不到病例。这在一定程度上要归功于其食物的多样性，以及他们进食的大量纤维（是工业化社会居民所进食纤维的5倍）。苦和酸这两种味道往往跟野生食物有关，它们通常标志着对健康有益。在秘鲁的亚马孙丛林，人们会采集卡姆果；这种水果形似樱桃，维生素C的含量是橙子的55倍。

我们在本章中了解到的食物有助于我们理解野生食物的重要性。想要解决我们如今面临的环境危机和生理危机，当然不能仰仗彻底回归野生食物，却可以从数千年来令人类生生不息的智慧中探寻答案。我们或许无法模仿如今幸存的狩猎采集者，但可以而且应当从这些继续在野外探险的人身上获得启迪。

1　哈扎蜂蜜

坦桑尼亚，埃亚湖

4月，正值雨季。阵阵暴雨为非洲东部绿色与棕色相间的稀树草原带来一团团色彩——一片片小花开了。花粉充足，蜂蜜也就多了。我跟随着一群哈扎猎人出行。他们的部落位于坦桑尼亚北部埃亚湖附近的干燥灌木丛中，已历时数万年，甚至数十万年；族人四散在不同的地方，总共有1000多人。如今，只有不到200名哈扎人完全以狩猎采集为生，他们是非洲最后一批依然未参与农业活动的人。我跟随他们远离族人营地，来到了灌木丛深处。带头的人叫西格瓦兹，他边走边吹着口哨。

那算不上优美的旋律，倒更像是一段音阶上一连串尖锐的高低音，每个段落都以高声调的转音结尾。我听不出有什么明显的音乐片段，但灌木丛中自有生物在高度集中地聆听着这段口哨声。西格瓦兹注意到树上有动静，他一边继续吹着口哨，一边绕着灌木丛和猴面包树快跑起来。一段不使用语言的对话正在进行着，那是一个人和一只鸟之间的对话。西格瓦兹观察着树冠上的一连串拍打，一只八哥大小的灰色小鸟就停留在树杈上。

这只鸟的尾巴上有一些白色条纹，其貌不扬，但当猎人又吹了几声口哨之后，它就展现出自己的与众不同。它以“啊吱—哎吱—哎吱—哎吱”的声音回应西格瓦兹的口哨声，示意与他达成了协议。

这只鸟同意带猎人去搜集隐藏在巨型猴面包树枝干之间的蜂蜜。这些树又宽又高，有些已经存活近1000年，根系扎得很深，即使在极度干燥的环境中也可以吸收地下的水分。狩猎采集者如果想要寻找藏在猴面包树那高高树杈之间的蜂窝，可能要花上好几个小时，因为得逐棵树检查；而有了响蜜䴕的协助，他们便能大大缩短搜寻的时间。这种鸟的学名完美地体现了它的才能：*Indicator indicator*（黑喉响蜜䴕）[1]。

几十万年来，人类和响蜜䴕这两个物种居然找到了一种利用各自技能来协作的方法。这种鸟可以找到蜂巢，却无法在不被蜜蜂蜇死的情况下获取它想要的蜂蜡；与此同时，猎人难以找到蜂巢，却可以用烟熏的方式平定蜜蜂。这促成了人类和野生动物之间最复杂、最高效的伙伴关系。

从坦桑尼亚最大的城市达累斯萨拉姆出发，需要开上18个小时的吉普车才能到达哈扎人的营地。他们的营地在一片灌木丛、岩石和树木交错的地方，布满了灰尘。人类在这片土地上至少已经生活了350万年。放眼哈扎国的地平线，我们可以看到人类历史的缩影。向北数英里就是莱托利（Laetoli）考古遗址，远古的人类祖先曾在那里走过潮湿的火山灰，并留下已知最早的人类足迹。离我们更近一些的是奥杜威峡谷，这里出土了最古老的石器和手斧。步行即可到达的是埃亚湖这一巨型咸水湖，在那里发掘出了距今13万年的人类骨骼。

1 indicator，原意为“指引方向者”。

哈扎人并不是石器时代人类始祖的代表，他们完全是现代人。然而，他们以搜集为生的生活方式，是我们所能接触到的、最接近早期智人的。哈扎人的饮食也让我们最清楚地了解到，是什么样的食物推动了人类的进化。我目睹哈扎人沿着我无法识别的小道前行，他们辨识环境就像是在翻阅一本熟读过的书，知道在哪里能找到最成熟的金色的“Congolobe浆果”和最厚实的“Panjuako块茎”，长鼻子的灌木猪会在哪里进食，而松鼠模样的蹄兔又会在哪里聚集。他们可以听到我没有注意到的声音，并能感知最轻微的风吹草动，以便在猎物全然不知的情况下接近它们。距离旱季还有一个月的时间，等到了旱季，大型猎物会聚集在水源周围，这样就更容易找到它们。然而，现在寻找肉食的最佳方法是从地下挖出来。正因如此，早些时候西格瓦兹将一只豪猪从它的窝引到了一棵猴面包树下。豪猪的内脏（心、肝和肾）被即刻取出来，在临时生的火上稍微煮了一会儿就可以吃了，而其躯体的其余部分则被带回营地，与族人共享。不过，哈扎人最爱的食物并非肉类，而是蜂蜜。因此，他们和响蜜䴕之间的对话才会如此重要。

早在16世纪，葡萄牙传教士就记载了人和鸟之间的协作，但直到2016年，外界才更全面地了解这种对话。当一群科学家徒步穿越稀树草原，并重复播放收录的各种声音时，他们发现并不是所有的人类声音都能吸引响蜜䴕——这种鸟只会对某些固定的声音片段作出反应。对于莫桑比克的约奥族人（Yao）来说，这种声音是“brrr-hm”，而在坦桑尼亚北部，响蜜䴕则会对哈扎人曲折婉转的哨声作出反应。这些呼唤的方式在猎人之间代代相传。另外，研究人员还发现，不论在哪里，重复使用流传下来的声音片段不仅使鸟儿带路的可能性增加了一倍，还使找到蜂窝和蜂蜜的可能性提高了两倍。

更令人惊叹的是，响蜜䴕是一种巢寄生鸟；它将自己的蛋产在其他鸟的巢里。这种鸟比喜鹊更残酷，其幼鸟会用带有尖钩的喙赶走其他意欲孵蛋的鸟。这种鸟是如何学会与哈扎人对话的，我们仍然不得而知。有种说法是，这些鸟就像猎人一样，是社会学习者；它们观察并聆听其他更有经验的同伴。这种人鸟对话可能开始于智人时代之前，可以追溯到100万年前，甚至是我们祖先最初使用火和烟的时候。与这种说法有关的一个颇有说服力的论点是：蜂蜜和蜜蜂幼虫的功效与肉相仿，可以令人脑发育得更大，帮助人类超越其他所有物种。这一论点提出，人类进化被全然归功于肉类，是因为在考古学记录中出现了用于狩猎的石器，而没有人类吃蜂蜜的证据。然而，还有许多别的蛛丝马迹。在动物王国之中，与人类最接近的黑猩猩、倭黑猩猩、大猩猩和红毛猩猩都会狼吞虎咽地吃蜂蜜和蜜蜂幼虫——自然界能量最高的食物。在西班牙、印度、澳大利亚和南非的山洞里，在那些被发现的最古老的岩石绘画中，就能找到采集蜂蜜的画面，那至少可以上溯到4万年前。

然而，对于蜂蜜推动人类进化一说，最有说服力的证据可能就是世界上仅存的狩猎采集者（包括哈扎人在内）的饮食。在他们全年摄取的能量当中，有五分之一来自蜂蜜，而其中有一半是经由响蜜䴕协助获取的。哈扎人能够独立找到另一半蜂蜜，因为它们来自蜂巢更接近地面的各类蜜蜂。有些蜜蜂很小，像蠓一样，没有刺，其产出的蜂蜜芳香扑鼻，味道浓郁微妙。哈扎人通过搜寻树林中这些蜜蜂扎进树干的、针一样细的管子，就能找到它们的蜂巢。这种蜂蜜在哈扎语中被称作kanowa或mulangeko，其产量很少，只够当零食，是通过砍掉那部分被蜜蜂占领的树干采集而来的。不过，这次西格瓦兹和那只响蜜䴕想要收获更多，他们要一起寻找更大（也更凶狠的）的非洲蜜蜂（*Apis mellifer*）的蜂蜜和蜂蜡。

西格瓦兹看着他用哨声引来的这只鸟在一棵猴面包树上盘旋，这表明那里有蜂蜜。现在，轮到西格瓦兹爬树了。他长得不高（最多5英尺[1]高），结实而苗条。我猜测，他被选来爬树就是基于他体形上的优势；不过，我很快意识到，那更是出于他的勇敢。西格瓦兹是最不怕搅扰蜂巢的，也不怕被蜇，或是再严重点——从30英尺高的树上摔下来。他把自己的弓箭交给另一个猎人，脱掉自己破烂的T恤和短裤，取下挂在脖子上的那串红黄珠子。此时，他几乎全身赤裸，用斧子砍断掉在地上的树枝，将其削成细长的棍子。猴面包树干柔软得像海绵，猎人可以轻松地将这些木钉插进树干，搭出一架通向树冠的临时木梯。西格瓦兹忽左忽右地爬上了猴面包树，他每向上爬一步就在头顶处钉一颗新木钉。他一边爬，一边抓牢，保持平衡，同时钉钉子。当他快要爬到最高处的时候，另一个猎人跟着爬了上去，递给他一把冒烟的叶子。西格瓦兹把这些叶子凑近蜂巢，并立刻在半空中一边大幅度地挥手，一边高声喊叫。他把手伸进蜂巢，掏出大块大块的蜂窝。蜜蜂马上向小偷簇拥过去并蜇他。当西格瓦兹将蜂窝扔向地面的其他哈扎猎人时，蜂群亦向他们发起进攻。

1　1英尺等于30.48厘米。——编者注

他们捧起双手，享用起蜂蜜，一边吃一边吐出蜂蜡，喝下温暖的、熔化了的液体。它尝起来又甜又酸，像柑橘类水果一样明快而带着酸味。我加入了他们的行列，可以感觉到嘴里正在蠕动的幼虫，以及牙齿咀嚼死蜜蜂的嘎吱声。响蜜䴕就在一旁安静地栖息着，等待猎人们离去，再领取属于它的战利品。

其余的蜂蜜被带回营地后，女人们收集了大把的猴面包树荚，每只荚子差不多有双手比作杯子那么大。她们光着脚，用脚跟踩破荚子。荚子里面是一串串肾脏形状的种子，种子的外面包裹着一层白垩状的果肉，味道像是维生素C泡腾片。她们把种子、果肉、水和一些蜂蜜都加进桶里，用棍子搅拌出漩涡。最终的成品是一桶奶油味十足的浓汤，每一口都在嘴里冒着小气泡。有人告诉我，这就是哈扎族婴儿的断奶食物。

早在我之前，23岁的剑桥大学学生詹姆斯·伍德伯恩就曾目睹这一幕。1957年，他为了攻读博士学位，来到坦桑尼亚寻找非洲最后的狩猎采集者。他跟着两个专门搜集象牙的意大利猎人追踪一群大象。在靠近埃亚湖的地方，当大象被捕杀、象牙被取下后，伍德伯恩看到哈扎猎人从灌木丛里跑出来，搬走了那堆象肉（大象是哈扎人唯一无法捕猎的大型动物——他们说，他们的毒药无法致大象于死地）。伍德伯恩跟着哈扎人回到他们的营地，并在接下来的两年里和他们生活在一起。他没有哈扎人的生活技能，便带去了大米和小扁豆，来补充他自己采集来的零星野生食物，以此在哈扎国生存下来。

伍德伯恩学会了哈扎语（他的语言技能是在担任军队翻译时磨炼

出来的），并对哈扎人有了新的认识，而正是这些新发现使哈扎人在20世纪60年代得到了更广泛的关注。其中，儿科医生对哈扎人的研究显示，哈扎儿童摄入的营养远胜于周边农业社区的同龄儿童。在那之后的60年里，伍德伯恩定期回访哈扎国，并在哈扎部落生活，研究他们的生活方式是如何随着时代变迁的。幸运的是，我在哈扎时正好遇到他再次造访。

“他们一直以狩猎采集为生，因为这种生活方式对他们而言很合理。”我们坐在篝火前，伍德伯恩这样对我说。篝火之上，西格瓦兹猎捕到的最后一只豪猪也烤好了。“他们觉得这是一种美好的生活。”他认为，这种生活方式之所以得以保留，主要是因为它所带来的独立自主；哈扎人无法统治彼此，这是因为他们能在周遭环境中找到丰富的野生食物。除了极年幼和年长的人以外，营地里的所有人都自给自足，每个人都有足够的技能养活自己，即便是6岁的孩子也不例外。伍德伯恩说：“一旦这种生活方式失去合理性，它将会自行结束。”

当伍德伯恩第一次见到哈扎人时，他们对外面的世界知之甚少。这些狩猎采集者并不知道他们生活在哪个国家，对外界的了解基本来自和邻近部落（伊拉库、达多加和伊桑族）的接触。哈扎人用肉类、皮毛和蜂蜜跟牧民和农民交换小米、玉米、大麻和金属（用来制造斧子和箭头）。他们将了解到的有关外界的事情代代相传，包括他们祖先被劫持的故事。在19世纪中叶，坦桑尼亚曾是东非的奴隶贸易中心，这就是为什么直到最近哈扎人还会在丛林里一看到陌生人就跑。不过，从20世纪60年代中期开始，他们便无法再躲避外界了。坦桑尼亚政府脱离英国殖民统治，获得了独立，并在美国传教士的鼓动下，试图强迫哈扎族搬到村落里定居。原本居住在辽远灌木丛营地的狩猎采集者，在武装警卫的陪同下，被货车拉到了专门为他们建造的村落。他们之中有很多人因感染而病死。两年之内，活下来的大多数哈扎人都回到了自己的营地，重新开始采集生活。然而，坦桑尼亚政府还在继续试图安顿并改变哈扎人，不仅要让他们信奉基督教，还要他们开始农作。尽管困难重重，但哈扎人还是保留了对他们来说合理的生活方式——狩猎采集。不过，如今哈扎人正面临着一系列新的问题。农业的发展正在侵犯他们的领地，而全球食品行业的产品也出现在了营地。伍德伯恩说，他没有预想到这些问题给哈扎人带来的压力是如此之大。没人曾预想到。

如今，地球表面陆地的三分之一都被用来生产食物——其中四分之一被用来种植作物，四分之三被用来放牧家畜——而人类的种植、养殖活动仍在继续侵占野生环境（每年有近400万公顷的热带雨林消失）。农业正在侵占一度被视作无法耕作的地区，哈扎人的故乡正在其列。21世纪初，曾为哈扎人所有的数万公顷土地被外来者改建成了牧场，或用作每年种植作物的田地。哈扎人也随之失却一些采集野生食物的渠道和资源，包括有着数百年历史的巨型猴面包树。营养丰富的猴面包树荚的供应大大缩减，蜂蜜的来源也严重减少。哈扎人在抗议多年后，终于在2012年获得超过15万公顷土地的所有权，但问题并没有就此解决。由于灌溉和气候变化造成了水资源短缺，周边部落将牛群赶到了更靠近哈扎人营地和水洼的地方。牛群吃掉了吸引猎物前来的植被，扰乱了动物的迁徙路径，减少了哈扎人的捕猎资源。在非洲所有具备生产力的土地之中，有三分之二土地正面临着退化的危险，其中一半土地已经严重到趋于沙漠化。过度放牧是罪魁祸首。

哈扎人无力阻止这种缓步侵占；他们一无所有，也缺乏领袖。他们是训练有素的猎人，但他们会回避冲突。他们不会与侵占其土地的部落正面对抗，而是会退让到灌木丛的更深处。即便如此，农民们还是得寸进尺，尽管没有足够的水来灌溉作物，他们依然扩张牧场并种植高粱和玉米。哈扎人还要与气候变化作抗争；他们目睹了气候变化的影响：水资源短缺、可食用植物的消失、花粉以及蜂蜜的减少。为了生存，许多哈扎人依靠非营利组织和传教士捐赠的食物为生。非洲最后的狩猎采集者正陷入四面楚歌的困境。

告别了采集蜂蜜的西格瓦兹，我们驱车30分钟来到一个岔路口。这里新装了一台水泵，各部落的人聚集在此地取水。他们还会造访这里的一间泥砖小屋。整间屋子只靠一个从瓦楞屋顶上挂下来的灯泡照亮；在里面顶天立地的架子上，堆满了高糖分的苏打饮料和一包包饼干。我们离最近的城市有几个小时的车程，与最近的公路之间隔着无尽的荒野。尽管如此，我们在如此辽远的地域仍能看到一些全球最大品牌的食品和饮料。

在这个人类祖先最早开始进化的地方，装在塑料瓶里的糖分正在取代帮助我们最终成为人类的甜味食物——蜂蜜。观察稀树草原鸟类的科学家描绘了一幅令人忧伤的画面：鸟儿俯冲而下，发出“啊吱—哎吱—哎吱—哎吱”的声音，以期得到回应。人类与他们的互动越来越少，已经进行了数千年甚至可能是数百万年的人鸟对话或许很快就会终结。

泥砖小屋四周都是新种植的玉米地。我觉得自己像是在看一部电影：数十万年的人类历史正在快进，从野生到耕种，从采集到加工、瓶装和品牌化。

2　慕农

澳大利亚南部

慕农（murnong）是一种块茎，形似萝卜，咬起来脆脆的，味道像是甜甜的椰子。长久以来，采集者只能在世界上少数几个地方找到慕农。其中一处是澳大利亚维多利亚州拜恩斯代尔市佛吉溪路的一块墓地，在那里可以看到一片片慕农的亮黄色的花朵盛开在墓碑周围。另一处则在附近的火车铁轨沿线，那里有一排高高的栅栏，防止食草动物吃掉这些子弹大小的块茎及其枝叶。在18世纪欧洲入侵者来到此地之前，维多利亚州的草原和岩石密布的山坡上到处都是慕农。它们长得如此密集，远远望去，就像铺了一条黄毯子。

6万多年前，第一批人类从亚非大地来到澳大利亚。他们初来乍到，对这里的动植物都感到很陌生。不过，就像如今的哈扎人一样，这些狩猎采集者明白，只要手里握有可以挖地的棍子，就一定能在地下找到食物。种子、水果和蜂蜜都是季节性的，但根茎和块茎长年皆有，且它们作为植物的储藏器官，可以提供丰富的能量。在澳大利亚东南部，慕农是最重要的地下食物。对于在这里生活了数万年的部落（包括乌伦杰里、瓦沙乌伦、贡蒂加马拉和加拉族）而言，这种块茎极为重要。如果当时没有慕农，澳大利亚东南部居民的生活必定很艰险，甚至难以生存。然而，到了19世纪60年代，这种食物就几近灭绝了，只有在墓地或铁路侧线——那些死者安息或生者不至的地方——才能找到它。土著人代代相传的有关这种植物的知识，也就这样流失了。

1985年，年过六旬的植物学家贝丝·戈特在墨尔本的蒙纳士大学圈出了一块地，专门用来种植原始的野生植物。在美洲和亚洲实地考察时，戈特对当地的食物和药物产生了兴趣。回到澳大利亚后，她便展开对原始植物知识最为彻底的研究。她以蒙纳士大学为基地，记录了逾千种不同的植物种类，包括可以催眠的沙丘蓟，以及从乌伦杰里班克木（woorike trees）上采摘下来并用于制作甜味饮料的银尖。经过多年的研究，戈特得出结论，有一种本土食物对澳大利亚前殖民时期的生活至关重要。一些土著人将其称为山药雏菊，但大多数人称其为慕农。戈特决计到野外寻找这种植物，并把它种到自己的花园里，但她发现要找到慕农并不容易，想要了解其历史也同样困难。有关这种植物的很多知识都已经失传，且多为暴力行为所致。

在1953年至1957年间，英国政府进行了一系列导弹测试，在澳大利亚南部的荒漠里引爆了若干核弹。导弹测试一直持续到20世纪60年代。在清理爆炸区域的过程中，巡逻队围捕了在西部荒原上漫游的约一万名土著狩猎采集者。结果，澳大利亚最后一批自食其力的采集者被迫离开家园，进入工业化的世界。在澳大利亚的其他地方，土著人早就被驱逐出家园，并被困在保留地。这最后的清除使6万多年来累积下来并积极使用的生活知识彻底失传。20世纪80年代，戈特开始着手探寻是否还有人掌握这些知识，并打算把它们记录下来。如果能找到其他的野生食物和药用植物，她也会尝试拯救它们。

不乏讽刺的是，早期殖民者的日记成了戈特的一部分资料来源。1770年，在詹姆斯·库克船长和植物学家约瑟夫·班克斯寄回英国的第一批报告中，除了“一撮撮小火和火上烤着的新鲜牡蛎”，以及“一大堆我所见过的最大的生蚝”以外，并没有任何有关土著人饮食的信息或对饮食文化的描述。库克和班克斯的报告给人的感觉是，“当地人”为数不多，他们过着游牧生活，且基本上是野蛮人。然而，数十年之后，另一位英国人的看法却全然不同。威廉·巴克利以囚犯身份被押到澳大利亚，但他从维多利亚州的沙利文湾逃了出来，最终与瓦沙乌伦部落的成员一起生活了30年之久。这位“野蛮白人”描绘了自己如何靠吃野生动物的肉和慕农生存，以及“一个人如何靠块茎食物度过数个星期”。1837年，另外一位移居此地的人说，这个部落的日常饮食“主要是块茎，外加捕获的野味”。

随着贝丝·戈特发现的文件越来越多，她逐渐构筑出一幅图景：在澳大利亚南部的平原和林地里，数以“百万计”的慕农遍地生长。乔治·奥古斯图斯·罗宾逊[1]于1841年写道，采摘慕农的女人们分散在平原上，她们的身影“一直延伸到视野尽头”，且“每个人都采摘到自己负重的极限”。约克郡人爱德华·科尔于19世纪20年代来到澳大利亚定居。他说：“山药很多，采起来又很简单，一个人用一根削尖的棍子，在一个小时内就能收集到足够一家人吃一天的量。”

1 乔治·奥古斯图斯·罗宾逊，英国派驻澳大利亚的殖民官员。

资料来源还包括一些图像。维多利亚州立图书馆藏有数百幅由一位19岁移居者所画的速写。这位移居者名叫亨利·戈弗雷，他于1842年来到澳大利亚。《采集慕农的女人》描绘了一片森林树冠背景下的两个中心人物。她们披着长披风，背着小背囊。其中一人手里拿着一把小斧子，正要往地里劈下去；另一人则手握木棍正准备去挖。那是一幅幸福的画面：孩子们在跟狗儿玩耍，而其他人则坐在树下，一边手舞足蹈地聊天，一边收集食物。

慕农可以长到40厘米高。它的茎干不长叶，而茎干顶部花蕾的重量会令整株植物像钩杆一样弯下来。春天一到，这些花蕾便会张开花瓣，整株植物看起来就像是一大棵蒲公英，其颜色就像孩子笔下的太阳一样鲜艳。在地底下，肿胀的块茎长得像萝卜一样圆，或像锥形的胡萝卜一样细。整株植物一旦被切断，就会流出一种奶状的液体，沾在手上黏黏的。如果任其生长，慕农的茎块就会密实地长到一起，而一旦被挖出来，它们又很容易分开。戈特意识到，正是这个特点令这种食物曾如此常见。数千年来，土著采集者的行为令慕农遍布各地。从那些记录和日记中可以看出，土著人相当清楚这一点。正因如此，有人提出他们应当被视为世界上最早出现的农民。

火也发挥了重要作用。慕农这种植物需要阳光直射，因此土著人会在旱季点燃灌木丛。他们点火非常精准，能清楚地判断在什么时间、什么地点点火，也知道火会在哪里自行熄灭。这样一来，火就清除了死去的植被，而慕农的地下块茎则完好地保留了下来。在这样空旷的地方采集也更容易，而火留下的灰烬使土壤更加肥沃。正是靠这种技巧，澳大利亚东南部的土地上才一片片地生长着慕农。20世纪80年代，贝丝·戈特在研究土著人的烧火技巧时还遭到了讥讽，但到了2020年1月，全世界都在向她学习。这些年来，澳大利亚的大片土地遭遇了有史以来最严重的森林大火，1100万公顷的土地被烧焦，数千栋房子被摧毁，还有数十人死于大火。土著人知道如何以火攻火，他们社区遭受的损失就没有那么惨重；他们每年会点燃数百场小火，以此来控制林下灌木的生长，防止森林大火的发生。

慕农可以生吃，不过土著厨师也会在地里建个土炉，用滚烫的石头烘烤盖着层层草的块茎。戈特在记录中发现了一些有关族群聚会的描述：由芦苇秆做成的篮子里装满了慕农，堆到3英尺高，放在火上烤。这些甜甜的、富有营养的块茎被拿来搭配种子、贝类和负鼠一起食用。一年当中唯一吃不到慕农的时节是冬天，因为其块茎在冬季并不多汁，往往吃起来略苦。不过，据戈特估算，一年下来，土著人平均每人每天至少消耗两千克慕农。这种食物的供应想必是源源不断的。

当1788年第一批殖民者入侵，家畜被带下船时，羊便开始遍地吃草。在19世纪50年代的淘金热潮之前，“吃草热潮”就已经席卷了澳大利亚南部。该地区拥有世界上最广阔的草原，但跟塞伦盖蒂平原[1]和美洲平原不同，这里没有迁徙的动物四处游荡，也没有野生

1 塞伦盖蒂平原，在坦桑尼亚的西北，东非大裂谷以西。

动物侵占慕农的土地。在欧洲人移居此地的头几十年里，农民们带来了数百万只羊，且羊的数量每两三年就翻一番。等待着这些羊的是数千平方英里未遭破坏的草地和植被，而羊群非常喜欢吃慕农。这里的土地也很松软，因而羊可以直接用鼻子拱到慕农的块茎。羊会用牙齿咬断这些植物，而羊和牛的蹄子又踩实了土壤。

1839年，就在墨尔本市成立五年后，曾与堂歌乌伦族（Tongeworong）人生活了一年的卫理公会牧师詹姆斯·德瑞吉，在日记里记录了一段他与一位名叫穆宁的土著人的对话。“jumbuck（羊）和bulgana（牛）太多了，”穆宁说，“吃慕农的动物太多了，慕农都被吃光了。”一年之后，爱德华·科尔在他的日志里写道：“数千只羊不仅学会了用鼻子把这些蔬菜连根拔起，而且它们在第一年里都主要靠慕农为生。”在这之后，慕农就变得更稀少了。

州立政府任命的“原住民首席保护者”是当地的殖民代表，他们亲眼见证了土著人的领土是如何迅速地发生了改变，并意识到慕农的状况。其中一人向上级汇报了土著人饥饿的情景。然而，对于大多数欧洲人来说，慕农跟野草区别不大。因此，土著人只能眼睁睁地看着更多的家畜来到这里，横扫草场，吃光他们的食物供给。一位名为弗朗西斯·塔克菲尔德的传教士写道：“土著人的……慕农和其他珍贵的块茎被白人的羊群蚕食，这些剥夺、滥用和痛苦正在与日俱增。”殖民者还带来了其他入侵物种，其中一些草种压倒慕农，助长了更多的牛羊放牧和踩踏，这让情况变得更加糟糕。1859年，兔子又被引进到澳大利亚。如果当时还有任何残余的野生慕农，那么也都会被这种食草动物吃了个精光。

当时，土著人也是有组织性的屠杀和强迫定居行动的目标对象。1838年，在米亚尔溪（Myall Creek），为了报复土著人干扰牛群（导致慕农减少的原因之一），28名手无寸铁的男人、女人和孩童被逮捕并杀害。其他殖民者还说出了“杀个土著人不过就像杀条狗”这样的话。土著人口之所以锐减，疾病是一个因素，而暴力则是最主要的原因，特别是在维多利亚州。英国人一过了山，就不断地向河道进军，而那里正是土著居民的大本营。这是澳大利亚历史上最迅速、最残酷的一次土地掠夺。贝丝·戈特的研究让我们了解到，除了备受攻击致死以外，还有许多土著人肯定是因为缺乏食物供给而饿死的。在殖民者抵达以前，土著人口估计在75万到150万之间；到了1901年，这一数字约为10万。19世纪初，预计有700个土著群体，而到19世纪末，就只剩下17个群体了。后来殖民者给土著居民发放面粉和糖（以及毯子），代替已失去的慕农和其他食物：这是针对土著人的食物配给政策的开端，而这种政策一直持续到20世纪60年代。侵略者初来乍到之时，土著人比大多数欧洲人更健康。时至今日，土著人的预期寿命比非土著人短了10年。其中一个原因是，土著人缺乏便宜而健康的食物。

20世纪80年代初，贝丝·戈特开始在她位于蒙纳士大学的花园里种植土著植物，与此同时，澳大利亚西部的公共健康专家凯琳·奥德雅着手将土著人送回野外。她认为，西方食品引发了土著人的肥胖和2型糖尿病。她做了一个简单但具有颠覆性的实验：从城市找来10名超重且患有糖尿病或处于糖尿病前期的中年土著民，让他们在边远的灌木丛度过了7周，以狩猎采集为生，包括挖块茎来吃。即使是在这样短的时间里，所有人都成功减重，糖尿病症状也有所逆转。奥德雅得出的结论是，我们并不一定要回归传统的生活方式来解决糖尿病，但是汲取传统生活方式的优点，包括饮食习惯，可能大有益处。然而那时，许多土生土长的食物（连同慕农）都已经濒临灭绝。

不过，情况正在改变。澳大利亚人正慢慢地重新开始重视慕农。如今，土著社区的花园里有了这种植物的一席之地。另外，丰收庆典在200年后又火了起来，庆典上会特别呈现挖块茎的木棍和庆典舞蹈。澳大利亚最著名的大厨之一本·叔瑞从土著作家兼农民布鲁斯·帕斯科那里了解到了这一植物，在此之后，他找来一些种子，在他的花园里种起了慕农。他说，“这是我的菜肴里最重要的配料”，并解释道，他的顾客们惊艳于这种植物的味道，并感动于它的历史。现在，一部分种子来自那些尚有野生慕农的地方，包括拜恩斯代尔的铁路侧线和墓地；其余的种子则来自贝丝·戈特的土著花园。因此，慕农的未来在别处：在维多利亚州各地的种植者和园丁手中，也在他们的厨房里。

3 熊根

美国，科罗拉多州

远眺“沉睡的犹特山”（Sleeping Ute Mountain），你就能明白人们为何这样给它命名了。科罗拉多州西南部的土著人说，它之所以如此狭长，是因为有位战神在战斗中受了伤，后来他躺在地上休息时，沉沉地睡了过去。从此以后，他就一直躺在那里，双臂在胸前交叉，形成了一座山峰，而他的头、膝盖和脚趾也成了其他山峰。在被冠以此名之时，这座山是神圣的，如今依然神圣。初夏时分，犹特山部落的太阳舞舞者聚集在一座名为“骏马峰”的山峰上（它形成了战神的胸廓）。山下是托沃克镇，镇上住了约1000人，大部分都是美洲土著。在这里的城镇社区中心，我看到了由卡洛斯·巴卡指导制作的一顿大餐，他曾是一名大厨，如今则成了老师。他的学生从得克萨斯州、新墨西哥州和科罗拉多州的保留地（阿帕奇、纳瓦霍和普韦布洛）来到此地。“大多数地方的加油站比杂货店还要多，”巴卡这样告诉我，“我这是在教他们如何在美国的食物系统下生存。”巴卡正身处一场食物战争的前线，这是一场针对原住民的战争。巴卡认为，这场战争首先危及的是原住民的健康。“因此，我们需要将我们的饮食去殖民化。”

摆放在厨房钢制桌面上的，是从附近森林猎捕来的麋鹿，以及一罐罐用橡果制成的面粉。巴卡将橡果浸泡数周，去除其苦味的单宁后，再将其制成面粉。“没有小麦，没有猪肉，没有鸡肉。”巴卡这样告诉围在他身边的10个人——他们有男有女，有的20多岁，有的则60多岁。“这是殖民时代前的食物。”

我看着这群人用苋菜籽制作曲奇饼干，将玉米变成薄面饼，并用慢火炖煮麋鹿。在厨房锅碗瓢盆的交响声中，巴卡指导着学生们。他高大强壮，黑色的头发编成了辫子，手臂上是交织在一起的文身，说起话来声音不大但语气坚定。“来，继续干。”他这样激励着团队，“这些食物塑造了我们，让我们的祖先活了下来。”他后来解释道，他相信在我们每个人的身体内都有一种生物记忆，一种与食物在细胞层面上的联系。他说，他所做的不过是教人们如何通过烹调唤醒并利用那些记忆。“想一想，数千年来，这些食材都是我们饮食的一部分，怎么可能没在我们的身体上留下任何痕迹呢？

上课时，他抓起一把蓝玉米面粉，加了一些水，将那原本灰白的粉末变成了深紫色的粥。之后，他又加入了一小撮木灰，让玉米面的颜色变得更深。那块面饼现在看起来像是变黑了的粗糙木头，他用一把小刀将面饼切成小片。“我会通过这碗食物讲述我的故事，”巴卡说，“而这种食物也能让你明白，我的族人曾经历了什么。”

40多岁的巴卡放弃了在高档餐馆当主厨的职业生涯，转而投身于拯救其祖先——特瓦、纳瓦霍以及犹特部落——所掌握的有关食物的知识和技能。他出生于科罗拉多州西南部一个曾以矿业闻名的小镇杜兰戈。他3岁时父母离异，在这之后，他随母亲搬到了托沃克北部的小镇科特斯，那里靠近犹特山脉的保留地。他记得他在那里打开了美国农业部寄到保留地的箱子——分发给美国土著家庭的食物。箱子里是罐装的加工猪肉、袋装的白面粉和瓶装的浓缩果汁。“那些食品没有一样是健康的，”他说，“都是些欺骗你的身体、让你误以为饱了的垃圾。”夏天就不同了，因为那时他会来到犹特南部的保留地，跟祖父母曼纽尔·巴卡和范妮·巴卡住在一起。他的祖父经历了第二次世界大战中最残酷的一场战役——冲绳岛战役。在回到家后，他选择了一种远离城镇的生活，以打猎、钓鱼、采集为生，并坚持一些古老的饮食方式。夏天的时候，他会带上孙子一起去探险，巴卡因而得以追踪麋鹿、采集野生盐肤木。

巴卡在各种餐馆当过大厨：克里奥式[1]餐馆、烧烤餐馆、意大利餐馆，甚至是日本寿司店。然而，他说，不论他走到哪里，在哪个餐厅的厨房工作，有一种食物是他从来没做过的——“我族人的食物”。他对美国土著文化了解得越多，就越清楚地意识到，美国最初的食物文化不仅没有被写入烹饪书籍，甚至都没有被写进历史书籍。

在当上了科罗拉多山脉的一处豪华度假村的行政主厨，挣着六位数的工资，为有钱的旅客做饭时，他觉得幻想破灭了。有一天，他放下一切，卖掉了车，把所有的东西都堆进储藏室；此后的两年里，他搭便车走遍美国，跟保留地里的老人交谈，翻阅所有他能找到的、有关美国土著食物的书籍。“我想要找到过去我们都吃过什么食物，并看看我能否挽回一些已经遗失的有关食物的知识。”

---

1 克里奥式，主要指新奥尔良的融合性菜系，包括欧洲、非洲和美国本土菜系。

童年的一些琐碎记忆被赋予了新的意义。“我的祖父永远都穿成那样——沉重的靴子、蓝色牛仔裤、格子衬衫、赌徒风格的帽子。”巴卡说，“他的衬衫口袋里永远都揣着奇特品（chiltepin）辣椒和皱巴巴的块茎。”一旦有伤风的苗头，巴卡的祖父就会从口袋里掏出这两样食材，做成一种补药。“他就像是一只行走的药箱。”在厨房里，祖母会用蓝色玉米面做成粥，那是一种吃着很舒服的糊糊，从前保留地的每个人都会吃它。巴卡说：“那是你婴孩时吃的第一种食物，也是你死前会吃的最后一种食物。”那一碗碗的蓝色棒子面以及皱巴巴的黑色块茎给他留下了深刻的印象。一些土著人称这种块茎为“奥沙”（osha），还有人则称其为“初初帕特”（chuchupate）。对于巴卡来说，它是犹特部落语言里的kwiyag’atu tukapi。

我们开车从犹特社区中心出发，来到位于落基山脉最南边的拉普拉塔山森林。我们路过高耸的橡树以及树干呈银色的、壮实的白杨木，它们的叶子都变成了秋天的橙色和红色。森林以外是绵延1.3万英尺的山谷和山峦。巴卡带我们来到了森林深处，远离足径。在那里，我们看到了一棵壮硕的绿色植物，它有着欧芹般的叶子和雪花般的小花朵。他用手往土里挖，轻轻地拂去泥土，一团外表呈巧克力色的块茎显露出来。“这一颗比较嫩，或许才长了3年。”他说，“太嫩了，还不能挖。”于是他又把它埋了回去。他转而递给我一片叶子吃。那叶子的味道像是清脆的芹菜和新鲜的胡萝卜，再加上胡椒的微辣和胸部按摩膏带来的那种麻木感。奥沙有时候需要生长10年才会成熟。届时，土著人只会收割其块茎的一部分，好让奥沙继续生长。奥沙的叶子可以加到汤里，也可以和肉一起煮，但就像慕农一样，真正宝贵的东西都埋藏在土壤里。数千年来，这种植物的深褐色树枝状的块茎，不仅被当作食物的调味香料，也被视为一种有效的药物。相传，一些比人大得多的动物会挖出这种植物，咀嚼其块茎，并把它涂抹在皮毛上。它因而得名“熊根”（bear root）。

20世纪70年代末，人们首次对美国土著人所讲述的有关熊和熊根的故事进行了试验。为了研究传统药物，一位名叫肖恩·西格斯泰特的年轻的哈佛学生（如今是科罗拉多大学的生物学教授）来到亚利桑那州，并在纳瓦霍部落住了下来。他在那里发现了熊根——当地人称之为“奥沙”。纳瓦霍的信仰疗法术士告诉他，在很久以前，猎人之所以能发现这种植物的药用，正是因为观察到冬眠后醒来的熊是如何搜寻这种植物，挖出块茎，咀嚼成糊状，再用掌涂抹全身的。

西格斯泰特听了这个故事以后很好奇，便在一家位于科罗拉多斯普林斯的动物园进行研究，并开始用奥沙喂养两只被捕获的黑熊。它们对于这种块茎的反应令他大吃一惊：这两只熊所做的事跟纳瓦霍族人描述的一模一样。不过，除了咀嚼并用其糊糊涂抹全身外，它们还摇着头，把奥沙从嘴里喷出来——西格斯泰特称之为“气溶胶效应”。西格斯泰特花了数年研究熊的行为，分析并得出结论：这种块茎具有抗细菌、抗病毒和抗真菌的特性。另外，它还含有止痛的化学成分，以及一种有效的杀虫剂成分。纳瓦霍人在20世纪70年代告诉西格斯泰特的故事并不是传说，而是相当准确的科学观察结果。只要对着一小片熊根轻轻嗅一嗅，就能闻到一股独特的药味。

它的薄荷味很强，会让你感到神清气爽。

奥沙有着强大的效力，也是一种高度区域化的植物，主要分布在落基山脉南部、科罗拉多州西南边的森林里（它也被称为“科罗拉多咳嗽根”）。有一种说法是，这种植物需要与某些微生物群共生，而这些微生物群只有在高纬度的落基山脉和墨西哥内华达山脉才能找到。正因如此，这种块茎目前仍无法人工培植，而挖得到熊根的土著人则以此和其他各部落做买卖，且各部落使用熊根的方法都略有不同。纳瓦霍人、祖尼人、南犹特人和拉科塔人用奥沙治疗腹痛和牙痛；拉科塔人用烟熏的熊根减缓头痛；墨西哥东北部以长跑健将辈出而闻名的塔拉乌马拉人，则会食用熊根来增强耐力并缓解关节疼痛。继续向南，普韦布洛部落则在熊根中加入一种混合物，撒在他们的玉米田里，以防止害虫的滋扰；俄克拉荷马州科曼奇部落的长者则将这种块茎切成长条，绑在脚踝上以驱除蛇，而一旦被蛇咬了，他们就会将这种块茎咀嚼成糊状来医治伤口；而奇里卡瓦和梅斯卡莱罗阿帕奇部落则把熊根和辣椒搅拌在一起，为肉菜增添风味。

对于一些当地人来说，熊根是一种神圣的植物，它生长的地方往往要予以保密。在外人面前，即使只是提及它的名字，有时都是一种禁忌。然而，他们无法永远保守这个秘密。熊根的学名是波特藁本，以19世纪传教士、植物学家托马斯·康拉德·波特的名字命名。波特是西方最早相信植物有药效的人之一。熊根与紫锥花、北美黄连和西洋参一样，由土著人采用，后被殖民者商业化。波特的一大功劳体现在，熊根在治疗胸腔感染、喉咙痛和气管炎方面的药效得到了推广，成了价值数十亿美元的草药交易中一种炙手可热的产品。熊根成了一种有利可图的野生药用植物，这使得这一物种面临危机。

“在山里，熊根被当作产业，大量采集。”巴卡这样告诉我，“林务服务部门曾抓到了一个人，他的后盖箱里有数百磅[1]的熊根。”

土著人所掌握的有关包括熊根在内的野生植物的知识，正是巴卡要传授给美国土著同胞的。认识这些食材有助于掌握传统的烹饪方法，选取更加健康的饮食，还能消除一些误解。美国人将某些食物视为传统本土美食，其中最有名的是炸面包。那是一种用面团做的煎饼，在热锅上加点玉米油，一煎就会鼓起来。位于亚利桑那州和新墨西哥州的保留地依然保留了浓厚的纳瓦霍文化，炸面包仍是当地人的家常食物，也是一种当地的街边小吃，常被称为“美国印第安人食品”。然而，“纳瓦霍炸面包”从来都不是一种传统食物——它是150年前在情急之下发明出来的。在1864年的寒冬，美国军队迫使8500名纳瓦霍族的男女老幼离开他们位于亚利桑那州东北部的家园，来到博斯克雷东多保留地——距离新墨西哥州300英里[2]的一处拘留营。到达那里需要一段长途跋涉，如今被称为“长途之行”（Long Walk）。一路上，有数百名纳瓦霍人死于寒冷和饥饿。他们不仅丧失了家园，还被迫丢下他们的作物、种子和储存的食物。为了减少饿死的人数，政府下发了食品包，包括白面粉、糖和猪油在内

1 1磅约等于0.45千克。——编者注

2 1英里等于1609.344米。——编者注

的口粮。这就是炸面包的由来。“我走进族群，仍会看到人们在做炸面包。”巴卡说，“我不想令他们尴尬，但我必须得让他们知道这种食物的历史。”

巴卡正努力将本土饮食去殖民化，而他并不是在孤军奋战。在21世纪，一场由美国土著的活跃分子和厨师发起的运动已发展壮大起来——他们要通过食物重建自己的身份。加利福尼亚大学伯克利分校的副教授伊丽莎白·胡佛——拥有莫霍克、米克马克、法国、加拿大和爱尔兰血统——对这场运动做了一些记录。她驱车2万多英里，拜访了40个美国土著部族，向他们学习如何在花园里种植传统食物。她和巴卡一样，意识到现代的食物系统正在毒害土著人。在美国，2型糖尿病得病率最高的地方就是保留地，土著人的得病率比白人要高出一倍。通常，这些部族都住在食物匮乏的地带，很难找到健康的食物。具有讽刺意味的是，如果他们的祖先在100年前来到一片真正的荒漠，他们还是知道如何寻找有益的食物。不过，在许多地方，胡佛看到这种凄惨的局面正在改变。

在亚利桑那州，她跟着当地人一起回到荒漠，恢复采摘仙人掌果实的传统。在罗德岛，她见到了纳拉甘西特人，这些人为了寻找他们曾曾祖父母种植过的一种罕见的白色玉米，仔细梳理了收藏的所有种子。在西南部，祖尼族人重新发现了一种橙黄色的豆子，而上一次收割这种豆子已经是一个世纪前了。这些食物都零星地代表了一个挣扎着才勉强存续到19世纪的古老食物系统。第一批欧洲殖民者带来了天花和其他疾病，令数百万土著人丧命。到了19世纪，殖民者向西扩张，更多的土著部落被迫流离失所，而每个部落都是一个独立的民族，都有其独特的食物和种植文化。

1830年的《印第安人迁移法》正式批准驱逐美国南部的土著人。他们带着种子来到了位于俄克拉荷马州的保留地，而那里土壤贫瘠、水资源稀缺，他们的传统作物无法生长。一个世纪后，他们的后代就生活在美国黑色尘暴的中心地带，那里寸草不生。一些观察家意识到，一些重要的东西在这种被迫迁移的过程中流失了。这些观察家中有一位名叫奥斯卡·威尔斯的种子商人，他走遍了达科他州的保留地，到各部落收集濒临灭绝的玉米、土豆、豆类和南瓜品种。威尔斯的收藏使得一些本土植物被好奇的后院园丁保存了下来，从而让伊丽莎白·胡佛和其他研究者有迹可循。

近年来，美国土著人有了拯救濒危食物的另一个动机：就业机会。在明尼苏达州西北部的怀特厄斯印第安人保留地，奥吉布瓦人发现他们每年要花费700万美元从数千英里外购买食物。在寻求其他办法的过程中，他们查阅了其祖先曾吃的东西，并造访了保留地的湖泊，找到了一种独特的野生水稻。这些谷物有绿色、黄色和棕色的，与亚洲的水稻截然不同。它们生长在这个地区的40块湖泊中，是1000年来奥吉布瓦族最重要的食物来源。这些谷物有一种浓厚的泥土味。“一种野生的味道，一种湖泊的味道。”环保主义者威诺娜·拉杜克这么说。她有一半的奥吉布瓦人血统，带领族人重新掌握了水稻收割技巧。

夏末时分，水稻收割者便开始等候“野米之月”（被称为Manoominike-Giizis），这象征着这些水稻已经成熟，奥吉布瓦人是时候划独木舟驶向湖泊了。一位收割者在船尾，撑着一根长杆来掌舵；另一位在船头，手持两块看起来像鸡腿的木头，一块用来压住独木舟旁高高的稻草，另一块则用来折下稻草。这一举动会产生一种富有节奏的声音，先是一记“嗖嗖”声，接着是水稻谷粒撞击船底的声音。人们将稻谷带回保留地后，会先将其烤干，再平铺在地上。“我们族人曾整夜在这些稻谷上跳舞，来给它们去壳。”拉杜克说，“如今，我们用机器去壳，但我们还是喜欢跳舞。”

这种稻谷跟熊根一样，是神圣的食物和药材，而它也一直是奥吉布瓦人的命脉。长期失业的情况在怀特厄斯保留地相当普遍，且一穷就是穷几代。许多收割这种稻谷的人都很年轻，他们的平均年龄在25岁左右。“这并不是什么古老的、即将不复存在的东西，”拉杜克说，“它是富有生命力的传统，是实实在在的收入来源，也是一种向全世界宣告我们是谁的方式。”这片保留地聚集了多达1.2万户家庭，约三分之一的家庭通过收割野生水稻增加部分收入。“在疫情期间，食物系统显得不那么稳固时，我们就靠这种水稻活下去了。”她说。

在巴卡位于杜兰戈的家中，有间卧室已被改造成了食物储藏室，专门收藏他这些年来搜寻森林和游历美国各地收集到的食材。这里保存着有关濒危物种的知识，以及罕见的植物和种子。房间里有着一罐罐豆子和一袋袋玉米，桌上放着南瓜，塑料袋里装着干辣椒。一个两米长的蓝色盒子里装满了食材：野生洋葱皮、盐肤木、白松针、柳兰、荨麻、欧芹花、野生薄荷、马齿苋、黑牛肝菌粉、杜松果、烟熏鳟鱼鱼子、苋菜籽、纳瓦霍茶。它们都是手工采集而来的，而这些还只是最上面的一层。巴卡往下挖了挖，拉出一个小袋子，里面装着深棕色的、歪歪扭扭的熊根，都是从一棵成熟的野生植物上小心采摘下来的一小部分。“我们正站在悬崖边上，”他说，“这些知识和所有食材正在消失。”

他煮了一锅熊根蓝玉米粥。只需一口，便把我带回了森林。先是粥的温暖，随之是熊根的呛味。巴卡用勺子尝了一口。“就像是我的爷爷又回来了。我看见他站在那里，穿着他的靴子、牛仔裤，戴着宽大的帽子。回忆和历史就在这碗粥里。”

4　梅蒙纳朗

印度，加罗山

与只在特定地区生长的奥沙不同，许多我们赖以生存的植物已得到广泛传播，并在全球范围内进行培植。了解这些作物最初的发源地，对于人类食物的未来越来越重要。例如，拯救一种生长在印度加罗山的野生柑橘，可能对于全球柑橘种植的未来至关重要。

从意大利到海地，从越南到塞内加尔，全球范围内大约有10亿棵人工栽培的柑橘树。橙子、柠檬、青柠和西柚都在世界最畅销的水果之列。然而人们并不一定知道的是，它们的生殖极其繁杂，其家谱也错综复杂。事实上，可以说这些水果都是基因混交的产物。简单地说，世界上所有商业化的柑橘类水果有三大祖先：橘子、柚子和香橼。这三种柑橘类的祖先都喜欢接受彼此的花粉受孕。因此，在柑橘的进化过程中，这些植物互换基因，从而产生了橙子（橘子和柚子的杂交品种）、柠檬（香橼和酸橙的杂交品种），以及最近的西柚（这是大约300年前在巴巴多斯发生的一次甜橙和柚子之间杂交的结果）。

柑橘很容易变异。研究一下柑橘家族的旁枝末节，你会发现，一个偶然的机会就会令一颗幼苗长出一种新的水果。比如，在19世纪，阿尔及利亚的一位农民发现，在一棵橘子树的一根枝干上，长出了一种略有不同的水果，那就是基因变异的结果。小柑橘就是这样诞生的。一代代的果农注意到微妙的变化，并留下其中可取的品种，这就是水果培植的历史。

2018年，随着科学家们揭开了更多的水果之谜，柑橘的起源也略有眉目。科学家们对柑橘进行了基因组测序，并通过一些基因的侦测工作，拼凑出其数百年的进化历史。这一过程显示，有10种更古老的柑橘品种；另外，再向前追溯，大约800万年前的一种野生水果才是世界上所有柑橘真正的老祖宗。这段历史尚不完整，但研究人员确信，所有古老的柑橘品种，包括最早出现的那个品种，都是在印度东北部以及中国西南与缅甸交界处进化的。

这个区域的物种尤其丰富多样。考古记录留下了一些原始水果的基因碎片，包括在中国西南部的云南省挖到的800万年前的柑橘叶。当时，地球正经历迅猛的气候变化；狂暴的季候风过后，环境变得干燥，更适合植物的生长。这使得最初的柑橘品种得以遍布亚洲，且在此过程中，它也适应了新环境并变得多样化。不同的种类继而混合杂交，而这样随机的变种则创造出不同的形状、大小、颜色、香气和味道。数百万年后，人类从野外选取了这些水果中的一些品种并加以培植，才有了我们今天众多的柑橘品种。

不同柑橘品种之间的易杂交性，以及柑橘类水果的易变种性，创造了多样化的无限可能，这正是柑橘的独特之处。然而，在数千个潜在的柑橘品种中，我们最终只培植了一小部分，并加以大规模种植，构成了如今的全球柑橘贸易。瓦伦西亚橙、脐橙、里斯本柠檬和波西青柠占据了全球柑橘种植和我们日常水果饮食的主导地位。不过，在一些土著人所居住的区域尚有一些古老的柑橘品种，甚至可能是最原始的老祖宗。他们所守护的是弥足珍贵的。

在印度东北部，靠近喜马拉雅山以及缅甸、孟加拉国和中国的边界，坐落着梅加拉亚邦，那里住着卡西族人。在这个母系社会，母亲会把财产和姓氏继承给女儿。在这个物种尤其多样化的地方，有着飘着橙香的卡西族村落和一片片野生柑橘树林。直到几十年前，这里都还是与世隔绝的。“多样化是这个地区最重要的特点，”梅加拉亚土著文化的著名专家、卡西族人佛朗·罗伊说，“这里的人会说258种不同的语言，而野生物种则更加多样化。”印度三分之二的物种多样性都体现在这个区域。数千年来，人们从亚洲各地搬到梅加拉亚定居，创造了尤为丰富的文化多样性。原住部落的食物不仅包括小米和番薯等人工种植作物，还包括可食昆虫和蜂蜜等采集来的食材。然而，野生柑橘占据着独特的地位：它是一种药物，一种可以烹饪和保鲜处理的水果，也是一种神圣的植物。在卡西族的一个群族中，当婴儿出生时，脐带被剪下并放在竹篮里，然后竹篮会被挂在橙树树枝上。罗伊说：“在他们心里，仿佛那棵树就成了孩子的教父教母，孩子的生命已和这株植物息息相关，永远相连。”

其他部落则住在梅加拉亚邦丛林密布的加罗山。环绕着加罗山地区各部落的是长满野生柑橘的树林，他们将这种柑橘称为“梅蒙纳朗”（memang narang，其学名为*Citrus indica*），意为“鬼之果”。这个名字起源于这种水果在死亡仪式中的用途：人们将刚摘下来的橙子放在弥留之际的亲人身上。这种做法被视为一种吸纳灵魂的方法，让死者在下世免受鬼的纠缠。这种仪式通常由ojha——既是药师、牧师，也是植物学家——主持。如此使用梅蒙纳朗还有一种科学的解释：这种野生水果含有大量的抗菌化合物，就像杀虫剂一样。在又热又潮湿的环境下，这些化学物质可以驱除死尸上的病菌。

梅蒙纳朗作为药物可以治疗伤风、胃痛，（在ojha看来）甚至是天花等疾病。用柑橘调制的滋补饮料在亚洲很普遍，特别是在仍有野生柑橘生长，因而有着漫长柑橘生长史的地方（缅甸、印度东北部和中国西南部）。随着这种水果被带到世界各地，其药效也被广为接受。柑橘被载入古希腊药典，并因英国海军在19世纪用它防治坏血病而闻名。如今，世界各地的人都会在感觉不适时，服用柑橘味的维生素C药片或喝橙汁来保持健康。

卡西族和加罗部落还将野生的梅蒙纳朗当作美食。这种水果的直径约为5厘米，成熟时呈绯红色，皮薄而软。它看起来像橘子，但有着香橼般宽宽的叶子。对于我们大多数人来说，它的味道可能相当极端。罗伊说："这些族群能欣赏酸味和苦味，这是世界上其他地方的人已经失却的本领。"实际上，我们不仅仅失却了对酸味和苦味的欣赏，而且刻意将这两种味道从食谱中去除了。在20世纪，特别是在20世纪50年代果汁行业兴起后，植物栽培人员专注于产出更大、更甜的橙子，并将其运往世界各地。被选出来的橙子品种的酚类（味苦但对健康有益的化合物）含量较低。这意味着它们更顺应全世界人民越来越甜的口味，但这也令全球的作物更易遭受虫害和疾病——像梅蒙纳朗这样的野生柑橘所含有的苦味化学物质，是植物自然防御的重要组成部分。当我们为了追求更高的甜度而减少这些化学物质时，果农就不得不用更多的化学喷雾剂保护果实。

即使没机会品尝梅蒙纳朗的苦味，我们也可以从它对语言学的贡献中获益。这种水果可以在梵语和古印地语文献中找到，包括《遮罗迦本集》这本被认为有着1000年历史的医学著作。正是在这本著作里，首次出现了narang和naranga的字样。沿着丝绸之路，这个词就变成了波斯语里的neranji，并最终变成了西班牙的naranja、葡萄牙的laranja、意大利的arancia，以及法国的orange[1]。16世纪90年代，在这种水果抵达英国后不久，莎士比亚在《仲夏夜之梦》中提到了“橙黄色的胡子”。

加罗山的大部分地区仍未被植物学家和种子收集者探索过，这里可能还有更多柑橘种类有待我们记录下来。20世纪30年代，植物考察者来到这片山区，并继续北上到阿萨姆邦，他们看到了成片未受破坏的野生柑橘树。20世纪50年代，另一批植物学家开始记录这一令人叹为观止的多样化。然而，在21世纪来到此地的研究人员却再也没能看到同等水平的多样化。非法砍伐、道路建设和农业毁掉了原本野生柑橘生长的大片土地。

这不仅给卡西族和加罗部落制造了困难，也给我们所有人（至少是喜欢柑橘的人）带来了隐忧。研究柑橘起源及进化的团队尚未完成对梅蒙纳朗的基因组测序。“我们知道它很古老，且它很有可能是柑橘发展历史中至关重要的一环。”世界柑橘专家、佛罗里达大学的弗雷德·格密特这样说。他也是柑橘基因组测序团队中的研究人

---

1 法语中的orange，同英语中的orange（橙）。

员之一。“它甚至可能是所有柑橘的老祖宗。”他对此并不确定，因为针对这种野生水果的研究工作还很有限。在过去几十年里，在当地进行调研的科学家一直告诉他，在那里工作并不安全。20世纪90年代和21世纪初，梅加拉亚邦的分裂主义造反者将加罗山地带作为藏身地，使森林的部分区域变成了危险地带。这一行为令野生柑橘受到了威胁。“藏匿在山区里的造反派总是很短视地考虑一切问题，”佛朗·罗伊说，“野生动物被杀来吃，树木被砍下生火。”

全世界有10亿棵柑橘树，那么失去印度的野生柑橘树林会是个问题吗？弗雷德·格密特的回答是，会。“在这些树林中，或许有如今商业化了的柑橘的祖先，它们具有可以抵抗疾病或应对气候变化的独特基因。我们失去了这些基因，是因为我们在全球种植过程中筛掉了这些品种。”火上浇油的是，黄龙病这种细菌感染正在全世界范围内蔓延。他说：“这或许是有史以来果农所要面对的最可怕的疾病。”这种疾病已经摧毁了佛罗里达州价值65亿美元的柑橘产业，迫使一些果农停业。世界其他地区的果农正惴惴不安地关注着这种疾病的蔓延。2020年夏天，佛罗里达大学宣布了一项研究突破：有一种分子可以控制这种疾病，而这种分子正是在另一种古老的、与梅蒙纳朗接近的野生柑橘中找到的。格密特说：“保护这些野生果树的土著人，正在守卫着可以拯救10亿棵果树的基因。”

绘制野生食物地图

在弗雷德·格密特及其团队对柑橘基因组进行测序的一个世纪之前（事实上，也是我们真正理解基因为何物之前），一位俄罗斯植物学家就宣称，为了保护人类食物的未来，我们需要拯救生物多样性。尼古拉·瓦维洛夫是位冒险家和探险家，也是首位将植物多样性的重要性与食物安全挂钩的科学家。如今，他的观点越发重要。

瓦维洛夫最为人称道的是发明了“起源中心”这个术语，意即如今我们进食的作物最初都是世界某个角落的野生植物，而后在过去的1.2万年里，被人类筛选和培植。瓦维洛夫花费毕生的心血试图弄明白，每一种食物是在哪里、什么时候以及怎样被筛选和培植的，因为他深信人类的未来需要我们找到这些问题的答案。他认为，一种植物的起源地是其多样化程度最高的地方；在那个地方就能找到最宝贵的基因特点——忍耐干旱或疾病、抵御寄生虫，以及在贫瘠土壤中生长的能力。

瓦维洛夫确定了八大“起源中心”。其中一个中心是“东亚中心”，据他估计，全球20%的人工栽培植物群（包括中国北部的黄豆和小米）都是在那里进化的。另一个中心是“亚洲中区”，即从伊朗和叙利亚向东延伸至印度西北部，那里是小麦、黑麦和大部分水果的发源地。“中美洲中心”覆盖了美国和墨西哥的最南部，是玉米、豆类、南瓜和鳄梨的家乡。后来的植物学家完善了他的想法，并称之为“多样化中心”——某一物种基因多样化水平最高的的地方。

瓦维洛夫于1887年生于一个商人家庭，曾就读于莫斯科农业学院。他后来一直强调，世界食品供应变得多么依赖于种类极为有限的少数植物。瓦维洛夫用25年完成了180次考察，在20世纪20年代和30年代的大部分时间里，他骑马走遍了苏联、阿富汗、伊朗、中国、韩国的边远地区，穿越西班牙、阿尔及利亚和厄立特里亚，还去过阿根廷、玻利维亚、秘鲁、巴西和墨西哥。他前无古人后无来者地详尽解释了人类食物的起源。瓦维洛夫坚持不懈、不眠不休地工作，与同事一起采集了超过15万份种子样本。这些样本如今都储存在圣彼得堡一家以他的名字命名的研究院里，这是世界上首个种子收藏库。

瓦维洛夫在考察的过程中发现，在这些起源中心，许多植物的天然生长地正在发生变化。工业、城市化和人工种植正在侵蚀宝贵的基因资源。物种多样性正在消失，而这就带来了巨大的风险。俄罗斯的作物歉收造成了饥荒；在半个世纪前，爱尔兰也发生了大饥荒。爱尔兰人将基因完全相同的马铃薯块茎年复一年地种植在同一片土壤中。一种真菌疾病袭击了这种单一种植作物，导致了大规模移民，有100万人死于饥荒。

为了保障人类食物的未来，瓦维洛夫进行了数十年的研究和考察，却在20世纪30年代末的一场激烈斗争中失利。当时，苏联生物学家特罗菲姆·李森科的理论占据了上风（如今他已名誉扫地）。这些理论没有基于孟德尔遗传学，而是认为植物可以被“教导”，作物可以在极端环境下自我改善。瓦维洛夫不再受器重，被送到了集中营。战争时期，由于德国军队在长达28个月的围攻中封锁了列宁格勒，他收藏的种子几近遗失。后来苏联制订了拯救列宁格勒各大画廊艺术品的计划，却没有任何保护种子储藏库的行动。然而，纳粹分子意识到种子储藏库或许可以成为未来的食物资源，就将该研究院视为他们需要占领的资产。所幸的是，其他科学家受瓦维洛夫的启发，将数百盒种子搬到了地下室，并在温度低于零摄氏度的黑暗大楼中轮班守护这些种子。之后发生的事情就是植物学家所熟知的了，而那也是一个我们都应该知道的故事。

尽管这些种子的保管者身边不乏可以吃的种子，但他们宁可挨饿，也不愿令这一基因资源蒙受损失。1944年的春天，被围困900天后，他们中有9人死于饥饿，其中包括保管大米的负责人。他就坐在桌边，周围是一袋袋的米。一名幸存者解释了他们保卫种子的英勇行为，说道：“我们是瓦维洛夫的学生。”那时，尼古拉·瓦维洛夫已经去世了。1943年，年仅55岁的他被饥饿夺走了生命，而饥饿恰恰是他用尽毕生心血想要避免的。他死于苏联监狱，被埋葬在一处无名的坟墓。

本书包含了一些被误以为已经绝种，但又获得“重生”的食物——农民在田地里重新种植它们，而它们源自瓦维洛夫和他的同事们收集并保管在那间研究所里的种子。在瓦维洛夫去世近一个世纪后，新一代的科学家追随着他的脚步。

萨塞克斯[1]“千禧种子库”的科学家们就是如今的“瓦维洛夫的学生”。他们周游世界，收集濒危的种子，并将其妥善保管起来。在一号冷冻间，温度保持在零下20摄氏度，落地的架子上放满了种子。它们的颜色五花八门，从类似南瓜子的黑色种子，到飞碟形的紫色豆类。仅仅在这一个房间里，就储藏了超过100万颗野生种子，其中包括许多如今已经灭绝的植物的种子。储藏库门口的一块牌子上写着：“你来到了全世界生物多样化程度最高的地方。”

这个种子库看起来就像詹姆斯·邦德故事中恶棍的老巢：墙壁是用半米厚的钢筋混凝土砌成的，坚固到足以承受飞机的撞击（盖特威克机场就在附近）。如果仪器探测到原子弹爆炸产生的辐射，监视器就会切断储藏库的氧气供应。这幢大楼的设计至少可以确保它500年屹立不倒。

“长期以来，我们一直忽略了瓦维洛夫珍视的那些植物，那些野生的作物种类。”英国皇家植物园林邱园的克里斯·考克尔这样说，他目前负责这里的种子收藏。数十年来，这些野生植物大多被视为野草；现在我们意识到，需要用它们来培植未来的作物。如今，来自邱园的探索者和上百个国家的科学家正在寻找野生植物，他们寄来了一盒盒的种子样本。千禧种子库的冷冻间是全球后备方案的一部分。

---

1 萨塞克斯，英国东南部的一个郡。

在我来访之前的几个月，种子库的科学家们前往老挝，收集生长在稻田边的野生植物的种子。而当他们到达的时候，那些野生植物已经不见了。考克尔说："农民们被告知要把它们除掉。"这些植物或许已经在那个地方生长了数千年，但转眼之间就消失不见了。我们已经到了最后关头。瓦维洛夫对此再清楚不过了，多样性流失得越严重，我们面临的风险就越高。我们将会在本书下一章看到，我们在谷物种植方面（包括小麦、大麦、水稻和玉米）冒着巨大的风险，而世界上大多数人口正是依靠这些作物来填饱肚子。为了不断提高产量，多样化程度已被大大降低，与原有水平相去甚远。如今，我们要与时间赛跑，恢复多样性。

第二章
谷 物

无玉米不成国。

——2007年墨西哥食物大游行中使用的口号

我手里拿的东西看起来像是一种武器，尖锐、有遮挡而又硕大；而实际上，它是一种野生小麦的麦穗，已经完美地进化到可以保护它的种子，即这种植物的未来。这一串金黄色的谷粒来自土耳其南部一座山脚下的新月沃土。如今，它被安全地储存在伦敦大学学院的考古研究所。

在400代的农民对小麦重新设计和改造之前，小麦就是这个样子的。在没有人类协助的情况下，它在野生环境中悠然自得地进化成这个样子。小麦在阳光的照射下成熟后，脆脆的麦粒开始“落粒”，微风一吹或动物经过时一擦，麦粒就被带离麦穗，散落在地上。每颗种子都有两条长长的毛，名曰“芒”。日间炎热干燥，这些芒向外弯曲，而一到夜间，在露水的滋润下，它们就竖直起来。这些长毛既有推动作用，又有导航作用：在几天之内，这种蛙泳似的动作就会把谷粒推到土壤中。一旦谷粒被推入土壤，这两根长毛便成了“钻具”。它们在气流的作用下，将谷粒安全地埋到土里，为种子发芽做好准备。在前农业时代，我们的祖先会用敲打棍和篮子来采集野生谷粒，再用石头将其碾碎，最后把它们做成粥和薄面饼。

人类开始种植小麦后，就在有意无意间选择了基因变种的植物，而这些植物的种子并不会轻易掉到地上。“不落粒”的小麦会集中在一起，更易收割，也因此更受欢迎。这一现象改变了人类的历史。这一变种的小麦得以在全球范围内培植，其基因遍布世界各地。人类收获到了更多的粮食，而这种植物也从其种子的传播中受益。正如历史学家雅各布·布洛诺夫斯基所说，“面包和人彼此依赖……一个有关基因的童话故事”。不落粒的小麦使人类能够生产出远多于采集者可以收获的粮食，这使得人口增长，定居范围扩大，城市出现，并为贸易打下了基础，人类文明也得以蓬勃发展。这一切都始于从禾本科中选出来的草木。

禾本科中大约有1.1万种不同的草木，但大约在同一时期，世界各地的人们都只关注其中几种草木的种子。在新月沃土，人们关注的是小麦和大麦；在亚洲，是水稻和小米；在中美洲，则是玉米。在每个地方，由农民兴起的变革都具有同样的模式：从自给自足的野生种子，到可以更密集种植的不落粒的、更大的种子；一切都更加依赖人手传播。这样一来，不论在世界的哪个角落，农民们都可以吃上供应稳定而能量充足的谷物。另外，更重要的是，这些谷粒可加以保存并再种植。数千年后，它们仍然是人类饮食中最重要的食物，提供了全球人口摄入总热量的一半。

在伦敦大学学院收藏的数千个火柴盒大小的储物盒当中，有一些不超过5厘米长的古代玉米的穗轴。这些玉米穗轴是在墨西哥的山洞里找到的，距今有4000年历史。另外还有一些烧焦的米粒，是从公元前5世纪的废弃壁炉里找到的。每一颗种子都透露了一些信息，这让我们看到，1.2万多年来人类是如何改变野生植物的，而这些野生植物又是如何改变我们的。

不过，我还想要探究谷物的另一种特性——多样性。这些植物被公认为宝贵的植物，有一个原因就是其适应性之强。每当农民搬家或交易时，他们便带着作物到了别处，而这些作物能够逐步进化，以适应新的环境，由此才有了瓦维洛夫学院、斯瓦尔巴种子库以及伦敦大学学院考古植物学实验室里如此多种多样的种子。

世界谷物的多样性体现在其万千形态：有些玉米棒又长又细，有些则又粗又圆；有些麦穗可能有短而硬的芒，有些则看起来是“赤裸”的；水稻品种则有红米、紫米和黑米。肉眼看不到的基因多样性还包括植物的生理机能，以及如今我们了解到的无价的特点：抵御疾病，在寒冷地带生存，在荒漠生长，在高纬度地区茁壮成长，在日照时数低的地方开花结果，以及忍耐盐碱化土壤。当然，它们还具备独特的风味和质地。所有这些因素都决定了为何一个群体会保留这种谷物，而另一个群体会保留那种谷物。在某个特定的地方，有某种基因多样化的作物，它的种子被年复一年地保存并培植，这样持续了千秋百代，这种作物就成了所谓的“地方品种”。

数百年甚至可能数千年来，小麦、水稻、玉米和其他人工种植谷物的地方品种不断进化，适应当地环境，并与生态系统、人口及文化紧密相连。植物和地方之间的适应关系也体现在烹饪方式和菜谱上——田间的农民和厨房里的厨师之间形成了一个反馈回路。人类用不起眼的草木科做出了不计其数的、具有独特风味的食物：面包、饺子、粥、肉菜饭、意大利面、布丁、面条、玉米粉蒸肉、墨西哥玉米薄饼、馕和印度薄饼。

要想探究这种多样性是如何形成的，又是如何失去的，以及我们为何需要拯救它，就让我们去寻找一些世界上最濒危、最迷人的谷物吧。

5　卡夫奥加小麦

安纳托利亚，布于克卡特玛

在安纳托利亚一个名叫布于克卡特玛的小村庄里，许多家庭都会在日出时起床，杀羊敬神。开斋节在8月下旬，夫妇们齐心协力，伏在桌上屠宰那些刚被杀死的动物。这样一来，早餐就有着落了：将刚宰割下来的温热的动物心、肾和肝快速油炸，切成闪着油光的肥肉块和鲜嫩的瘦肉条。附近清真寺的祈祷声打破了小镇的宁静。

布于克卡特玛地处土耳其最东边；往北是格鲁吉亚，东边是亚美尼亚和伊朗，再往南则是伊拉克。数千年来，多种文化和帝国曾占领这片土地：史前部落、希腊战士、罗马帝国、拜占庭帝国、奥斯曼帝国和苏联政权。不过，他们占据此地的时间都没超过500年。数千年以来，唯有这样一种谷物——卡夫奥加小麦——成了此地一种罕有的、持续的存在。卡夫奥加是一种二粒小麦，是新石器时代农民最早培植的植物之一。现时它依然在这个村庄的田野里生长着。

白鹅摇摇摆摆地在屋子间游走，啄着一排东西，那东西看起来像一堵用黑色屋顶瓦片堆砌成的锯齿状的墙。“那是燃料。”一位名叫内吉代特·达斯德米亚的农民这样解释。肥料被做成饼状堆积起来，准备在冬季用于室内取暖或加热厨房里的黏土烤炉。人们大都自给自足；他们拥有一小群牛羊，可以制作奶酪和黄油，自己种植蔬菜，并在蜂箱里养殖蜜蜂。

收获的时节到了，在灰绿色山脉的掩映下，最后那片还未收割的金黄色卡夫奥加成了一片绿洲。成熟的麦穗如今沉沉地弯下了腰，狭长的、具有保护作用的芒在风中舞动。达斯德米亚走在及胸高的茎秆之间，取下一根麦穗并将它折断。谷粒被紧紧包裹在带有保护作用的外壳之下，这层外壳叫作“颖”。他用手指揉搓着它。“大多数小麦都会轻易显露出谷粒，”他说，“卡夫奥加小麦却很顽固。”相比现代的小麦品种，卡夫奥加的产出率很低。我开始琢磨为何它一直没有灭绝。

其中一个原因在于其强大的适应能力。对于人和植物来说，布于克卡特玛附近的冷酷高地是一个难以生存的地方。在海拔1500米的地方，冬季气温会降至零下30摄氏度以下，大雪能把村庄封上好几个星期。春季降雨，空气潮湿，会滋生各种袭击作物的病害。很少有作物可以在这里健康生长。卡夫奥加是一个例外：数千年来，它在这里进化，适应当地环境，并茁壮成长。达斯德米亚和其他农民将卡夫奥加视为祖先留给他们的遗产。“我们对这种食物有种情感上的依托。”他说，“我们喜欢看到这种小麦在田野里的样子，喜欢这种谷物煮熟后的气味和味道。”

我们从田野出发，去寻找当地唯一一个足够倔强的、还愿意加工这种顽固小麦的磨坊主。我们来到埃德姆·卡亚在村子郊外的磨坊时，他看起来相当疲惫。每当收获的季节来临，他都要工作到凌晨一点才下班，而次日一早六点又开始上班了。他又瘦又高，穿着绿色的工装裤，胡子拉碴，神情忧郁，他一个人生活，独自工作。他的父亲是磨坊主，而他就生在磨坊，也只懂磨坊。灰色石块砌成的磨坊就坐落在卡尔斯卡伊河边。空气中弥漫着甜甜的味道，就像是刚烤好的蛋糕。卡亚爬上一架梯子，拉起一根长长的木把手让水流动起来。整个房间似乎都在嘎吱作响，又随着机器的震颤启动发出了呜咽声，一系列传动带运作起来，巨大的石磨开始转动。

现代人用来制作面包的小麦是免脱壳的，即它的裸谷很容易从麦穗上掉下来，方便磨成面粉。卡夫奥加的壳很坚硬，因此其谷粒需要经过两次研磨。第一步是去掉外壳。在外壳与谷物分开后（外壳被簸掉后），第二步是将谷粒碾磨成碎块，最后的成品看起来就像沙滩上细小的卵石。在卡亚看来，这是最难处理的小麦，但研磨它也是最令人有成就感的。“人们在村里用它煮饭时，我从磨坊就能闻到它的味道，”他说，“其他谷物可不是这样。”他给了我们一包卡夫奥加，我们和他道了别，便不打扰他继续工作了。

使用卡夫奥加的各种传统安纳托利亚菜肴，都会飘出如卡亚所描述的那种芳香，其中一种菜肴就是用我们从磨坊拿到的谷粒做成的。在村子里，农民埃达尔·格克苏和其妻子菲利兹，在一堆裂开的卡夫奥加小麦上烤了一只鹅，鹅的肥油流下来会把谷物煮熟。菲利兹头上戴着白色绣花巾，在厨房里来回忙碌，一碗又一碗地往桌上端着菜：奶油和软奶酪、腌白菜、塞满香辣羊肉的甜椒，以及桌子正中间摆着的那盘大菜——卡夫奥加被摆成一圈，棕色谷粒浸着烤鹅的肥油和汤汁，闪闪发光，中间则是一片片柔嫩的、沾了黄油的鹅肉。谷粒味道浓郁，带有坚果的香味，令人心满意足。“这种味道在我们心中根深蒂固，”菲利兹说，“它就是我们身体的一部分。”

卡夫奥加如今已濒危，但作为二粒小麦，其历史可以上溯到农业伊始时期。二粒小麦是新石器时代农民最早培植的野生草木；它也是古埃及、美索不达米亚和古希腊人们的谷物，是建造了巨石阵[1]的人们和建立了腓尼基[2]航海网络的水手们的食物。那么，这样一种改变世界的、不可或缺的食物是如何走向濒危的呢？

达斯德米亚给了我一把脱了水的卡夫奥加陈年种子，让我带回英国作纪念，在看到它时就能想起布于克卡特玛。我把这些种子带给了古代谷物专家约翰·莱茨，他在牛津进行作物培植。20世纪90年代初，他在伦敦大学学院学习考古植物学。这促使他来到土耳其，探寻小麦的历史。当时，他住在土耳其农村，至今他还记得被女人们用巨型杵臼捶打所发出的砰砰声吵醒——她们以此来去除二粒小麦的外壳、敲开谷物。于是，他对英国的小麦历史产生了兴趣，在回到自己的国家后就开始研究古代谷物。

他的研究工作进展缓慢，但终于在1993年取得了突破。工匠们在维修一幢中世纪住宅的茅草屋顶时，在屋顶底部发现了一团被烟熏黑了的、已有600年历史的稻草和杂草。人们掀掉了这块旧茅草，但就在它即将被销毁时，负责这幢受保护建筑的工程监理意识到了它的重要性，就用一只鞋盒保存了一部分茅草。这个盒子一直保存在牛津自然历史博物馆，直到有人想到了莱茨的研究，并将这仅有

1 巨石阵，位于英国威尔特郡的史前遗迹。

2 腓尼基，希腊人对迦南的称呼，范围接近于如今的黎巴嫩和叙利亚，希腊语翻译为“腓尼基”。腓尼基文明对爱琴海文明有深远影响。

的中世纪茅草寄给了他。当他打开这只盒子时，他觉得自己像是发现了黄金。“里面是几个世纪来已经在英国绝种了的地方品种小麦。”莱茨说，“这是宝藏，是生物宝藏，是在英国已不复存在的基因多样性。”他借此重新培植出一片中世纪的麦田，并且多年来不断加入新的品种。如今，他在自己农场周围的田野里，种植了一些世界上最稀有、最古老的小麦品种，包括二粒小麦。他将这些小麦碾磨成面粉，供应给一些寻求更古老的、不为人熟知的味道的面包糕点师傅。

莱茨用镊子夹出一片风干了的卡夫奥加麦穗，并用放大镜仔细观察。他先是兴致勃勃，又突然很兴奋。“这似乎不太一样，”他说，“比我所知道的任何二粒小麦都更小，颜色更深。它带给我的兴奋感就像是多年前打开那个鞋盒时一样。”他将其中的一束穗尖缠绕于指尖，放到光下。“我手里握着的应该是世界上最古老的小麦之一。”

新月沃土的核心地带位于布于克卡特玛的南边，土耳其的东南边陲。从生态角度而言，这是个非同寻常的地方，是沙漠和草地之间的过渡地带，一边降雨量很低，而另一边则是繁茂的大草原和橡树林。这里树木稀少，我们的狩猎采集者祖先们收集了一片片高高的草种，包括野生的小麦和大麦。他们用由木头和骨头制成的带柄火石镰刀来收割谷物。坚硬的玄武岩则成了他们的碾磨石。在史前壁炉里，考古学家发现了由野草种子制成的、烤焦了的上古时代薄面饼。我们的祖先在成为农民前，早就先当起了面包师傅。

20世纪60年代末，美国植物学家杰克·哈伦打算体验这段失落的食物历史。他来到人工培植的热点地区之一——土耳其东南部的喀拉卡达山脉（Karacadag Mountains），并当起了狩猎采集者。刚开始，在没有任何工具的情况下，他徒手扯下生长在山坡上的野生小麦的成熟麦穗；后来，他又试着用火石刀收割谷物。哈伦总结道，一家人在喀拉卡达山脉采集3周，“无须辛苦劳作，就能收集到一年都吃不完的粮食”。

大约1.2万年前，新月沃土的狩猎采集者开始种植野生小麦。气候变化使环境变得更加干燥，寻觅包括肉类在内的其他食物也变得更加困难。因此，谷物广受欢迎。早期的农民主要种植两种野生小麦：单粒小麦——一种小而坚韧、廉价的作物；二粒小麦——在每株小穗中有两颗谷粒。单粒小麦和二粒小麦是分开进行人工培植的，不过最终都遍布新月沃土。我们知道狩猎采集者会交换黑曜岩等材料来制造工具，而他们很可能也互相交换了种子。不落粒的基因变种也得以传播，但经历了至少2000年才稳定下来，成为这些小麦中的“固定”品种。

公元前6000年，从新月沃土向东，二粒小麦和单粒小麦在如今巴基斯坦的部分地区得到培植。到公元前3000年，它们传到了印度西北部的拉贾斯坦和哈里亚纳。向南，它们穿过巴勒斯坦和以色列，并在大约公元前4500年扩散至埃及。向西，这两种小麦抵达了希腊、巴尔干半岛以及欧洲南部的多瑙河岸。公元前3000年，单粒小麦和二粒小麦已经在阿曼和也门生长，且通过贸易，穿过红海并抵达埃塞俄比亚。这两种谷物之所以成功，一部分原因在于紧裹的颖片（外皮）——布于克卡特玛的磨坊主必须要应对的部分。这层保护性的外皮不仅能抵抗有害微生物，防止谷粒感染真菌，还能在寒冷、潮湿的环境中，以及虫、鸟来临时，为谷粒提供物理保护，使其能够长期储存。单粒小麦比较耐寒；不过，二粒小麦因其双倍的谷粒数量而成为主流，变成世界上种植最广泛的小麦。之后的数千年都是如此。

与此同时，还有一种野草在进化，并出现在了二粒小麦田的边缘位置。这种野草是人工种植的二粒小麦和野生的“羊面”草（‘goat-faced’ grass）偶然杂交的产物。我们知道，这种杂交品种生长于单粒小麦和二粒小麦之间，在约公元前7000年，开始被新石器时代的农民采用。如今，我们称这种“野草”为“面包小麦”（Triticum aestivum）。它占全球小麦产量的95%以上，全世界大多数人都以此为食。在远古世界，这种植物前途未卜——其谷粒很小，又缺乏紧裹着的、带有保护性的颖片。直到人们建造了更先进的谷仓，能为谷物提供保护，面包小麦才最终取代了二粒小麦。面包小麦的优势在于，其谷粒很容易从谷壳里掉出来，其薄如纸片的外皮意味着在碾磨前无须去掉它的外壳。这种“赤裸的”小麦在化学上亦有特别之处：它的谷蛋白更黏稠，由它制作的面团也就更具弹性，可以做出更蓬松的面包，在使用上也更灵活。

面包小麦开始在世界上的大部分地区独占鳌头，而二粒小麦和单粒小麦则继续生长在偏远地区及山区：瑞士和德国的阿尔卑斯山区，意大利的亚平宁山脉，西班牙的巴斯克自治区，以及印度的尼尔吉里丘陵（不过，在19世纪英国人抵达印度后，印度农民受命使用大英帝国供应的种子，以面包小麦取代他们古老的小麦）。20世纪20年代，尼古拉·瓦维洛夫在西班牙北部的阿斯图里亚斯和格鲁吉亚西部的山区找到了一些濒危的二粒小麦品种。当时，二粒小麦已成了边缘作物，通常被穷人拿来煮着吃，或被降级为动物饲料。摩洛哥西部的里夫山脉是如今世界上仍在培植二粒小麦的少数地方之一。在加巴拉的多山地带，人们在冬季用这种作物制作薄面饼。在埃塞俄比亚，某些特定的二粒小麦品种被用来酿造啤酒。当然，在小麦跌宕起伏的历史中，布于克卡特玛人仍在继续种植卡夫奥加二粒小麦。

在这段长达1.2万年的历史之中，所有的小麦——单粒小麦、二粒小麦和面包小麦——都有一个共同点：多样性。在全世界，已有超过56万份不同种类的小麦样本被当作种子保存起来。这些还只是作物专家迄今为止能够收集到的品种，而其他许多品种都已经灭绝了。在20世纪，一系列突破性的科学发明令小麦品种遭遇了有史以来最大的损失。

查尔斯·达尔文的《物种起源》（1859年）和格雷戈尔·孟德尔从著名的豌豆实验中得出的遗传定律（1866年），为植物育种家提供了农业革命的基础。19世纪末，英国人、美国农业部以及俄罗斯的科学家都展开了实验性的研究。新兴的作物遗传科学很快被应用到了当时以及如今最为广泛种植的作物——小麦——的培植。20世纪初，剑桥大学首位农业植物学教授罗兰·比芬将孟德尔定律应用于培植更高产的新品种上；他发现了英国小麦品种的优点，并将其与其他品种杂交。

几乎在同一时间，在柏林某个地区的一间实验室里，化学家弗里茨·哈伯成功地将氮气“固定”成液态氨，从而为合成化肥奠定了基础。在此之前，土壤中氮成分的缺乏一直是作物生产工业化的最大阻碍，然而，哈伯和他的助手卡尔·博施在实验室里，利用极端的温度和巨大的气压，成功合成了大量氮气。这是现代历史上最重要的发现之一。正如科学作家查尔斯·C.曼所写：“超过30亿的男人、女人和孩子活了下来，这要归功于20世纪早期的两位德国化学家，他们承担了这么多人的梦想、恐惧和探索。”不过，还有一个问题需要解决。农民在田地里使用新的化学肥料后，作物长得很高，谷粒也很重，以至于整个作物都弯下了腰。这样一来，不是收割起来太过困难，就是作物在田里腐烂了。这个问题在几十年后才得以解决，而解决方案则十分巧妙。

1946年，美国生物学家塞西尔·萨蒙在被占领的日本偶然发现了一种样貌奇特的小麦。与一般能长到四五英尺高的小麦不同，这种小麦只能长到两英尺高。这种“矮秆小麦”被称为“农林10号”，它先是被送到美国农业部，而后在1952年，又引起了一位在墨西哥一个偏远研究站工作的植物育种家的注意。诺曼·博洛格来自艾奥瓦州，一直致力于帮助农民研发抗病的小麦品种。他从农林10号着手，将它与传统的墨西哥品种杂交。他认为，缩短小麦作物可以令其主干更加壮实，并能更好地发挥新型化肥的效用。为了搜寻更好的小麦品种，他独自一人工作数月，徒手对数千株植物进行了异花授粉。他睡在老鼠肆虐、窗户破烂且没有自来水供应的研究站。没有拖拉机和马匹，他就把挽具绑在前胸，在田地里拉犁。

经过多年的艰苦实验，博洛格成功创造出了抗病且更高产的新作物。截至1963年，95%的墨西哥小麦都是博洛格研发的品种——乐尔玛罗乔64（Lerma Rojo 64）和索诺拉64（Sonora 64），该国的小麦产量增加了两倍。印度、巴基斯坦和阿富汗也很快开始种植这些小麦。在10年内，全世界种植小麦的地方都开始效仿。原本预计会发生的饥荒得以避免。博洛格成了拯救10亿生命的伟人，并在1970年获得了诺贝尔和平奖。

然而，"绿色革命"还带来了其他后果。博洛格的矮秆小麦当然有其缺点：它们需要大量的灌溉用水以及超多的肥料，而这些肥料又是通过哈伯-博施法生产出来的，需要消耗巨大的能量。这场食物革命是由化石燃料推动的。如今，人类食用的作物中，有近一半都依赖于合成肥料中的氮。另外，"绿色革命"还有一大特点：划一性。

在一公顷的卡夫奥加小麦田里，就有多达300万株作物，且其基因多样化程度相当可观。我在布于克卡特玛亲眼见证了这一点：作物高矮不齐，有些谷粒是深棕色的，有些则呈琥珀色。地方品种的小麦演化成了参差不齐的种群，这一点在进化上有充分的理由支撑——作物差异化的产生意味着其适应能力的强大。如果某一年太阳暴晒，导致某些作物颗粒无收，其他一些拥有不同基因特点的作物则仍可以产出。地方品种小麦田地拥有更宽广、更多样化的基因池，就像是拥有了一套生物工具包，可以应对任何环境。随着时间的推移，这一多样性使地方品种能够适应气候和生长环境的长期变化。动物可以逃离危险，而植物能否生存，则取决于其自身的适应能力。

"绿色革命"创造了基因完全相同的作物的单一种植。新的培植科学使人类选择摒弃而非接受多样化。每一株作物保证都能长得一样高，且同时成熟，这大大提高了收割的效率。谷物的化学成分也可以得到控制，以按照不断扩大的全球食品产业的要求，提供特定比例的蛋白质和淀粉。

小麦培育者可能觉得，现代小麦品种是极其多样化的。的确，仅仅在欧洲，欧盟的“获准清单”上就有数百种获得许可证的品种可供农民挑选。这一清单是由种子公司和作物科学家组成的委员会制定的。每年，这份清单上约有五分之一的品种会被淘汰，而新的品种会加进来。然而，这份清单到底有多么多样化呢？这些所谓的“精英品种”不过是同一主题稍作修改后的不同版本，它们都来自同一个狭窄的基因池。每一种作物都（按照法律要求）是以产量和同种性为考量而进行种植的。小麦品种的营养价值（如锌、铁和纤维的含量）以及其风味都不在考量范围内。大部分农民甚至无法选择他们种植的小麦品种，因为他们通常都与食品业（包括为超市供货的工业化面包师）签订了长期合约。往往正是这些公司决定了农民当年要种植哪些特定的小麦品种。这样一来，从播种到最终烤出面包的整个过程都会高度一致。这整个系统，即小麦培育计划和获准清单，也是围绕一种产品设计的——用精制面粉制成的白面包；而在加工精制面粉的碾磨过程中，谷物的多数营养成分都已经流失了。然后，还是按照法律要求，这些营养成分又通过“强化”过程被添加回面粉中。这并不是植物培育者的错，他们不过是创造出了符合当下食物系统要求的产品：廉价的谷物和可以在全球市场上获取利润的商品。人类花了1.2万年培植出如此多样的小麦品种，现在怎么落得如此下场?

“绿色革命”与其他革命不同，它精准地达成了其使命——提高全世界的卡路里供应量。然而，地球如今正在为此付出惨重的代价。博洛格说，“绿色革命”不过是给我们争取了时间，最多也就是二三十年。他并不认为这是解决全球温饱问题的长期方案，但全世界却深深陷入了这一强大的系统中。我们清理土地，使用化学燃料，采掘水资源——这一切不仅令食物的多样性濒临危险，而且还可能使地球上的生灵备受威胁。更重要的是，“绿色革命”原本的承诺也出现了问题：在世界许多地区，小麦产量停滞不前。在过度简化的过程中，我们确实是撞上了复杂性的硬墙。

2020年，新型冠状病毒引起的疫情让我们意识到，一种微小的病毒是如何威胁人类生命、破坏经济稳定和扰乱社会秩序的。微生物引起的疾病也会导致食品安全的混乱。我在本书的引言部分举过一个灾难性的作物虫病的例子——赤霉病。是的，我还用了“鬼祟”来形容它。它的做法很狡诈（却又很厉害）：这种真菌潜伏在田地里，而在下雨时，雨滴便会将其孢子溅到小麦的麦穗上。这种真菌便从麦穗渗透到整株植物，并在植物内部分泌出数种蛋白质，以将自己隐藏起来。这样一来，它就可以避开植物的防御系统，在细胞间隐秘地移动，扩散开来。然后，这种真菌就会发起致命一击——通过释放一种化学物质，有效地促使植物自杀。之后，它就得逞了，大肆侵噬原本是为作物繁殖做准备而储藏在种子里的养分。

近年来，赤霉病越发猖獗，以惊人的速度大量摧毁作物。这是因为在导致全球小麦变得矮小的基因中，有一段DNA让赤霉病有机可乘，小麦因此更容易感染这种疾病。小麦越单一化，这种基因就传播得越广，赤霉病就越容易侵噬整片整片的小麦。它已经把数百万吨小麦变成了枯萎、灰暗、白土粉般的谷物，世界为此损失了数十亿美元。目前，古老的小麦——单粒小麦和二粒小麦——是应对这一威胁的最好办法，它们对这种真菌有更强的抵抗力。

此外，更具毁灭性的是一种新病害：麦瘟病。这种由稻瘟病菌引起的疾病，使巴西和玻利维亚部分地区的小麦收成减少了三分之二；通过一批谷物，这种疾病又横渡大西洋，来到了南亚。2016年，当它现身于孟加拉国时，政府要求数千农民放火烧掉尚未收割的小麦，并扔掉他们上一年积攒下来的种子。这种真菌会感染小麦的麦穗，使作物变成粉红色，并使谷粒长满黑色斑点。不久之后，谷粒就会枯萎变形，最终毁掉整株作物。麦瘟病之所以如此非同寻常，是因为它起源于一种原本只会出现在水稻种植园的疾病。然而，一种高产量的新小麦品种在培育过程中缺失了某种特定的具有防御性的基因，便使得这种真菌跨越物种障碍，完成突变后攻击小麦。就像对付赤霉病一样，科学家们如今正在研究古老的地方品种小麦，以寻求抵抗这种疾病的基因。

历史正在重演。20世纪40年代末，杰克·哈伦在土耳其东部的边远地区无意中发现了“一株看起来很可怜的、茎秆细长的小麦”。他采集了几株样本带回美国，将其存放在种子储存库里近20年。20世纪60年代，一种名为“条锈病”的疾病在美国西北部的小麦田里暴发时，作物培育者们用哈伦的土耳其小麦做了实验。他们发现，这种小麦不仅对条锈病有抵抗力，还能抵抗其他14种病害。多亏了哈伦的妙手偶得，避免了数吨食物和数百万美元的损失。

如今，位于英国东安格利亚的举世闻名的植物科学中心——约翰·英纳斯研究中心——正在研究“绿色革命”时代之前就存在的小麦，旨在挖掘其未来的潜力。这个研究中心收藏了一批小麦品种，它们是由剑桥植物学家亚瑟·沃特金斯在一个世纪前收集的。在第一次世界大战当中，沃特金斯以军官身份被派遣到法国，而他对当地的作物很是着迷。他注意到，每个法国村庄的小麦田都不尽相同。战后，他回到剑桥大学农业学院，开始跟瓦维洛夫通信，并意识到了他在法国所见到的基因多样化的重要性。后来，他想出了一个极为巧妙的方法，来开展他个人的收藏工作。他利用行政部门网络，联络到了在中东、亚洲、欧洲和美洲的英国使馆人员，让他们帮忙“在全世界范围内尽可能多地收集各种小麦品种”。他告诉他们，这不仅是为了满足他个人的好奇，也是为了“培育更优良的小麦品种”。他请他们竭尽所能地寻找最古老的地方品种小麦，因为“它们都是许多独特品种的混合体”。数百位使馆工作人员到当地的市集和农场购买种子，并寄给沃特金斯。

到了20世纪30年代末，沃特金斯已经收集了7400种小麦样本——单粒小麦、二粒小麦和面包小麦，其中有许多不同的罕见品种。他在剑桥大学农业学院种植这些种子，并建造了当时世界上最大的小麦品种种植基地。后来，沃特金斯寂寂无闻地过世了，但他留下的这个基地成了一幅独特而无价的剪影，展现出在“绿色革命”

席卷之前世界各地小麦具有何等的多样性。如今，约翰·英纳斯研究中心的研究员正在沃特金斯收藏的小麦品种中寻找可以移植给现代小麦的基因，以期提高收成，使作物更强壮，或增强它们对疾病的抵抗力。

在这个故事中，卡夫奥加小麦最终怎么样了？博洛格的“绿色革命”发生于20世纪60年代的土耳其。在洛克菲勒基金会的资金支持下，农民们领到了免费的种子、肥料和杀虫剂；在一代人的时间里，土耳其农业所经历的变化超越了之前500年所经历的一切。10年后，农场变得更大了，农民变少了，土耳其的农村人口从全国总人口的四分之三降到了不足四分之一（这正是各地“绿色革命”的普遍特点，从墨西哥到印度都是如此）。留守在农村的人不再收集传统的种子。地方品种小麦成了无知和贫困的象征。

我们之所以能了解到土耳其小麦多样性的流失程度，多亏了年轻植物学家米尔扎·高克尔所做的研究工作。1929年，他受到瓦维洛夫的启发，骑马走访各个村落，一路收集了他能找到的所有野生和人工培植的小麦品种，共计1.8万种。他用了超过25年来完成这项工作。“他是独行侠，”土耳其小麦多样性专家阿尔普泰金·卡拉格兹博士说，“他找到的是无价之宝。”

高克尔收集的种子中就有卡夫奥加，他用古安纳托利亚土耳其语中的gernik来称呼它。“这种二粒小麦出土于巴比伦尼亚和埃及，”他在20世纪30年代写道，“它是最古老的培植小麦品种之一。穷人吃大麦，而上层人则吃二粒小麦。”在土耳其东部，高克尔遇到了一些农民。在高纬度的安纳托利亚平原，在那贫瘠的土壤和阴冷潮湿的环境中，二粒小麦的生存能力备受这些农民珍视。他亲眼看见，村民们齐聚一堂，像参与集体活动一样，为小麦脱粒并去除外皮。另外，他还探究了如何将碾碎的小麦做成有营养的菜肉饭和薄面饼。他认识到，卡夫奥加不仅仅是一种作物，它还支撑着当地人的生活方式。

不过，高克尔在后期的旅途中发现，即使是在最偏远的村庄，卡夫奥加也正在被他所说的那种“柔软而普通的劣质小麦”所取代，并“注定要走上灭绝之路”。到了20世纪60年代末，唯有最年迈的农民和厨师还记得卡夫奥加。10年后，这种回忆基本上就成了传说。

继高克尔之后，卡拉格兹也花了数年时间周游土耳其，为安卡拉基因库搜寻种子。2004年，他带着高克尔写的鸿篇巨作——小麦百科全书——出发了，却发现高克尔所记录的大部分品种都已经消失了。当时，在土耳其种植的小麦中，只有不到5%是地方品种；到了2016年，这一比例大约为1%。就连高克尔种植的小麦都丢失了。在高克尔于20世纪80年代去世之后，那座原本种植着一些土耳其最古老的小麦品种的花园便无人问津。

那1%的地方品种包含了布于克卡特玛农户小规模种植的卡夫奥加。通往这个边远村庄的交通不便，“革命性的”种子和肥料没能抵达此地。即使它们到达此地，如此高的纬度也会令博洛格的面包小麦难以生存，而雨水和容易在潮湿环境滋生的真菌疾病也会令它们难以招架。

土耳其布于克卡特玛的农民保留了他们珍贵的地方品种。然而，英国却丧失了自己的地方品种。2020年夏末，我来到了约翰·莱茨位于牛津的农田，那里的小麦起源于他在20世纪90年代初收到的、用鞋盒子装着的中世纪的稻草和野草。莱茨的任务就是重新找回遗失的英国小麦。他搜寻了所有允许他进入的种子库和植物收藏处，并种下了所有他能够找到的、“绿色革命”时代前的小麦品种。只消听一听它们的名字，就能想象出它们和卡夫奥加一样味道浓郁而富有个性：红色拉姆斯（Red Lammas）、德文橙蓝粗糠（Devon Orange Blue Rough Chaff）、蓝锥铆钉（Blue Cone Rivet）、鸭嘴（Duck-bill）和金露（Golden Drop）。

这些作物长得很高，比现代小麦高一倍，高过了我的肩头。它们也是多样化的。每一株作物在颜色、形状、谷粒大小上都有微妙的区别，就像我和内吉代特·达斯德米亚看到的卡夫奥加田地一样。莱茨的地方品种种群将会在未来几年发展出其自身的优缺点，而其宽广的基因池将足以为这些品种提供适应环境的选择。

莱茨小麦与卡夫奥加的另一相似之处在于其复杂的根系。现代小麦品种经过培育，只长进施肥土地数英寸深，而莱茨小麦的植根却深得多。地方品种在演化过程中没有肥料的帮助，便将其根系深入土壤来吸取养分：植根越深，就越容易获取矿物质和营养成分。“试想一下，在我们的脚下，”莱茨说，“这些根系为了吸取养分要伸出多远。”想要搞清楚哪一种小麦能够产出营养价值更高的谷粒并不容易，这其中有很多变量：土壤类型、种植方法，以及谷物是如何经过碾磨、烘焙或烹饪的。不过，我们可以肯定的是，古代小麦中诸如锌和铁等矿物质的含量要高于现代小麦。

收割工作结束后，我们将部分谷物带到一间大谷仓，这间木板制成的谷仓里装满了各种研磨机。莱茨告诉我，其中一台大约有洗衣机那么大，它可以在数秒内去除卡夫奥加的外壳。我真希望磨坊主埃德姆·卡亚也能在场目睹这一切。“种植古老的品种并非为了让时光倒流，”莱茨说，“我们现在可以利用新科技挖掘它们的全部潜能。”

我看着手中干燥的卡夫奥加种子，想到了小麦历经的数千年历史，所有盛衰兴废的帝国，无数人活过、爱过又死去，以及成千上万次的收成。这种作物经历了这一切，极其顽强地活了下来。它久经考验，发展进化并适应了环境。“数千年前选择了那株小麦的人并不愚蠢，”莱茨说，“拯救了它的土耳其农民亦如此。”

6 贝尔大麦

苏格兰，奥克尼

正如约翰·莱茨最初想要证明的那样，所有地方都有——或者说都有过——当地版本的卡夫奥加：一种与当地生态、文化和饮食息息相关的食物。在苏格兰大陆以北20英里的奥克尼岛，“当地的卡夫奥加”是一种大麦。早期定居者于5000年前来到了这里，而在新石器时代，新月沃土培育出的作物则在大约4000年前抵达此地——这是其向西扩散至近东的成果之一。凯尔特传教士和维京人先后于7世纪和8世纪来到此地。长期以来，被称作“奥克尼人”的岛上居民一直靠大麦为生。这种谷物比小麦更加坚韧耐寒，使其得以在这样毫无遮蔽、受天气肆虐的环境里生存下来。这种在奥克尼岛长得最好且能够适应岛上严酷条件的品种被命名为“贝尔”（bere，盎格鲁-撒克逊语中的“大麦”）。

贝尔的一大优势在于其成长速度之快，以至于它可以成为最晚种下，却最早收割的作物——它能够充分吸收北半球夏季长时间的光照。奥克尼贝隆尼磨坊（Barony Mill）的雷·菲利普斯告诉我：“从长出旗叶（茎秆上最后长出的叶子）到收成，仅需90天。”即使在环境较为恶劣的年份，当冬季的寒风和低温早早袭来时，其他作物都还来不及生长，而贝尔却能迅猛成长，及时产出谷粒。在丰年，施加了肥料和杀虫剂的现代大麦乃至小麦都比贝尔高产；但在歉年，这些作物或许就颗粒无收。

天气恶劣的时候（在奥克尼，天气可能会变得非常恶劣），就有可能亲眼见证贝尔的适应能力。它能长到5英尺高——高于现代的矮秆谷物——但当大风吹来时，它会低垂身躯，仿佛是在为谷粒提供遮挡；等到大风过去，它再次抬起头来，迎接收割。数千年的适应进化使得贝尔无惧奥克尼的恶劣天气。

雷·菲利普斯生于磨坊世家；他的祖父和父亲都在贝隆尼这间创建于17世纪的磨坊工作。就像单粒小麦和二粒小麦一样，贝尔大麦是有壳谷物，有紧裹谷粒的颖片，因此碾磨这种谷物就需要技巧、耐心，以及三套石器（比卡夫奥加还多一套）。在贝隆尼磨坊，这些都由附近的博德豪斯湖（Boardhouse Loch）提供水力。第一套石器是去壳石，将外壳砸破；然后是磨石，磨出粗糙的粉末；最后一套是奥克尼石，将粗粉变成细腻、柔软的棕色大麦面粉，散发一股美妙的坚果香味。磨好的面粉被放在窑内6小时，蒸去水分。整个过程大约要花上3天的时间。正如菲利普斯所说，“你还没法加速”，而这正是贝隆尼成了奥克尼唯一一家还在碾磨贝尔大麦的磨坊的原因之一。另一个原因则是，大麦已不再是人类饮食的主要组成部分。

在新月沃土，新石器时代的人们同时培植了小麦和大麦。大麦就像是小麦更顽强的表亲，能在更冷、更潮湿的天气以及更贫瘠的土地中生长。这两种作物合力使早期农民具备了较强的适应能力：如果单粒小麦和二粒小麦都歉收的话，至少大麦还会有收成。大麦和小麦很有可能是种植在一起的，之后又加进了燕麦和黑麦。这些农民无意中在野生大麦中选择的突变品种，与在小麦中各受青睐的突变品种一样：拥有更容易收集的、不落粒的麦穗。大麦和小麦一样，从新月沃土扩散出去。在公元前3000年，英国早期农民遭遇了一段时期的气候变化，天气变得更冷、更潮湿，小麦因而收成欠佳，但大麦依然坚挺。这种更强悍的谷物成了种植业的中流砥柱，特别是在苏格兰北部群岛。

只消看一看欧洲西部和北部的传统烘焙文化，你就可以发现（并品尝出）气候是如何影响食物的。总的来说，越往欧洲北部走，面饼就越薄。在阳光充足、夏季炎热而漫长的地方，可以种植面包小麦这样的谷物，其谷蛋白含量更高。这种化学特性会提升面团的弹性，在烘焙时，面团里的空气可以使整个面团膨胀起来，形成蓬松的面包。然而，气候较寒冷、日照较少的欧洲北部，则更适合大麦、黑麦和燕麦的生长。这些谷物的化学结构不同，其谷蛋白含量较低。因此，在以这些谷物为传统作物的地方，你找到的往往不会是面包，而是薄面饼。例如，在瑞典南部，小麦文化和蓬松的面包更为普遍，而在种植大麦的瑞典北部，烘焙师傅会则制作薄面饼和脆面包（烘烤的饼干）。在奥克尼，贝尔大麦的质感和风味影响了传统食谱和烹饪。这里的一大重要食品是班诺克（bannock），一种用火烤成的、柔软的圆形薄面饼，像饼干一样。

19世纪末，欧洲丰富的烘焙文化多样性开始走下坡路。在那之前，大多数谷物都是用石具碾磨的，这种做法会将小麦胚芽及油脂留在面粉里（小麦胚芽是谷粒中最有营养的部分，富含蛋白质、维生素和矿物质）。它与我们今天买到的面粉不同，更像是一种新鲜食品，最好是在研磨后几周内食用，不然油脂就会变质，而面粉也会发霉。这一切都随着滚筒研磨机的引进而发生了改变。新的研磨机利用钢制圆筒来碾压谷物并去除胚芽。虽然这个方法使谷物流失了最有营养的部分，但最终得到的精制白面粉可以长期储藏和长途运输。后来，随着“绿色革命”的到来，有了靠肥料和化学品长出来的现代小麦，原本只能种植大麦的地方也可以培植小麦了。作物和碾磨技术的改变令欧洲尚存的薄面饼文化消失了，许多大麦地方品种也随之消失了。

目前，在全世界种植的大麦中，仅有2%是供人类进食的，大多数大麦（约占60%）成了动物饲料，而其余的则被用来生产麦芽（以酿造啤酒和蒸馏威士忌），还有一小部分会在发酵后被用来制造酱油和味噌。正如二粒小麦和单粒小麦，大麦往往是在更边远、居住条件更恶劣的地方，才会成为人们的食物。在埃塞俄比亚高地，一种传统饮品——用烤大麦制成的大麦茶——流传了下来；而在中国西藏，人们则依然将糌粑作为高纬度环境中的能量补给。

在欧洲，到了20世纪60年代，原本在苏格兰部分地区生长了数千年的贝尔大麦开始迅速消失。在外赫布里底群岛，只剩下6位小农场主还在种植这种谷物，田地里的贝尔大麦与燕麦和黑麦掺杂在一起，基本上都用来喂养家禽家畜。在设得兰群岛，羊群养殖取代了谷物种植，因而只剩下两位农民还在种植贝尔大麦。唯有在奥克尼，贝尔大麦依然是人们会食用的作物。然而，随着这个小岛进口的加工食品越来越多，贝尔大麦也开始从奥克尼的农田里消失，切片白面包取代了家家户户炉灶上的班诺克。20世纪90年代，贝隆尼磨坊关门歇业，雷·菲利普斯则退休了。时代的车轮不断向前，他的技能落伍了。

2006年，在奥克尼工作的农学家彼得·马丁开始研究贝尔大麦，这是苏格兰政府为保护正在消失的地方品种而发起的研究项目之一。贝尔大麦不仅要抵御奥克尼的大风和严寒，还要在缺少铜、镁和锌的沙质碱性土壤中生存。即使给现代作物添加大量的氮肥，它们依然难以在这样的土壤中生存。然而，不知何故，贝尔大麦已经在这个小岛上茁壮成长了数千年。

所幸的是，马丁还能在奥克尼找到小规模的贝尔大麦田，包括一些在旧磨坊附近幸存下来的贝尔大麦。他在奥克尼农学研究院的一小块地里展开了一项实验。在没有肥料的情况下，贝尔大麦可以生长，而旁边的现代大麦却完全无法生长。马丁在贝尔大麦中发现了大量叶酸、铁、碘和镁，它们对于人类饮食都很重要。他意识到，这是一种不能失去的重要作物，便决计培植出更多的种子来挽救贝尔大麦。于是，奥克尼的这一地方品种得以回归。这激励了当地的农民、面包师傅和酿酒师傅参与到其中，他们开始种植贝尔大麦，并用它来烤制班诺克、酿造啤酒。同时，高地的酿酒厂也用贝尔大麦酿造威士忌。

雷·菲利普斯重新出山，贝隆尼磨坊再次开张营业。没有他的技术（和耐心），就无法拯救贝尔大麦。我们最后一次对话是在2018年，当时他已年逾古稀，对于能够再次工作深感兴奋。他的语调缓慢、沉稳，就像是乐曲。他说："我们现在研磨的大麦，比20世纪50

年代还要多。”几个月后，我收到了他去世的消息。一位经菲利普斯培养的新磨坊匠人阿里·哈克斯接了班，让这门手艺得以流传下去，也让贝尔大麦生生不息。他说，磨坊“顺风顺水”，大麦面粉味道也很好。仅靠几块田地和在磨坊匠之间代代相传的冷门知识，又一种珍贵的谷物被挽救了。

7 红嘴糯米

中国，四川

在中国西南部四川省的最南边，孙文祥（音译）在自家农田里种植水稻。他和妻子生活在骑龙山附近——这座山峰看起来就像有个人骑在一个长有羽翼的神话动物身上。我到的时候，孙文祥正在家里忙着自制肥料。他将这种肥料施到田地里，但也把它添加到猪的饲料里，还用它打扫房屋、刷牙和洗头。他搅拌着那“灵丹妙药”，旁边猪圈里的猪群在哼哼叫。年近50的他打扮得与自己的农家庭院格格不入。他穿着一件破旧的、沾有泥渍的双排扣黑西装，据他说，这套西装是他专门留着有村外来客拜访时穿的。他解释说，桶里的液体肥料及其多种用途都是为了实现自给自足。

我们走上了一条狭窄、泥泞的小道，两边是成排的黄豆、辣椒和小麦。沿路许多鸡鸭在稻田边忙碌地啄着虫子，拽着野草。孙文祥将不同的水稻品种一一指给我们看。有些带着黑色的谷粒，有些适合煮粥，还有一些则适合酿酒。孙文祥的当地品种完全不需要人工化肥或杀虫剂。他说，“这些水稻可以自行生长”，唯有自制的发酵肥料会带来一些帮助，而鸡鸭则帮着控制虫害并为土地施肥。他指向山谷那边邻居的稻田说，在20世纪70年代，那些人家用政府发放的更高产的品种替代了古老的水稻品种。如今，他们似乎需要不断与虫害和疾病抗争。孙家人没有改种新品种，而是继续种植地方品种。这使他背负起了极大的责任。他说:“如果我就此放弃，它们便会消失。”我们脚边的植物比中国自然保护区里的熊猫更加濒危。

自20世纪70年代以来，有关中国损失了多少水稻品种的翔实记录非常有限。然而，有证据显示，中国水稻的多样性已大大缩减。20世纪50年代，在四川以东的湖南省，农民们种植了超过1300个品种；到了2014年，这一数字减少到84个。孙文祥的稻田里珍藏着濒危食物的活标本。

“我们把它叫作红嘴糯米。”孙文祥一边说，一边跪下来抚摸稻谷。它们看起来像是悬在草尖上的娇嫩欲滴的露珠。时值9月，春天种下的水稻已经快要迎来收获的季节了。谷壳里的谷粒上有一个红点，即这种水稻的“红嘴”。孙文祥说，这种水稻的生长需要时间，但其风味令人难忘，且口感又糯又黏。这些特点可以帮助我们了解这种水稻的进化史。

数千年来，中国早期种植水稻的农民（正如新月沃土的小麦农民一样）选择了不落粒的谷物。他们还改变了这些谷物的颜色。野生的稻谷是红色的，但人工培植的稻谷因其外壳逐渐变白而失去了原有的颜色。注意到这些颜色的，并不是农民（在农田里，作物上的谷物颜色并不显眼），而是厨师。较白的谷物所需的水和劳动力更少，更易淘洗和烹煮，因而也就更受欢迎。就这样，数千年来，这种谷物从红色变成了白色。

世界上有些地方依然在种植红米，例如在人工种植历史不尽相同的非洲，以及像孙家农田那样四散在亚洲的偏僻田地。在这些地方，当地品种得到了拯救，而水稻古老的历史痕迹也留存了下来。

如今，科学已经证明，红米比白米富含更多的营养物质，所以远比白米健康。这一点很重要，因为大米是30亿人的主食。

然而，全球水稻作物失去的不仅仅是重要的营养物质。就像小麦一样，随着产量增高，多样化锐减，世界已经失去了——且还在继续失去——一些非凡的植物。

经证实，一些罕见的水稻品种具备抗洪能力，即使浸没在水中数周依然可以存活（仿佛它们一直在屏住呼吸）；有些水稻可以在盐碱地里生长（盐对水稻作物通常是致命的）；还有一些甚至能从土壤中吸收银的纳米粒子，并累积在谷粒中。在印度，这种吸收银的水稻被用来治疗胃病（在有抗生素之前，西医也使用银来治疗感染和烫伤，而如今银再次成为医学研究的对象）。另外，还有一些水稻品种，不像一般的品种那样每个外壳内包有一粒谷粒，而是包着两三粒（因而其产量就特别高）。这些特殊品种通常是在亚洲的贫困地区由少数农民种植的。有些品种单靠一位农民而存活了下来。令人悲哀的是，我们在有生之年是无法恢复水稻品种的多样性了。这些基因宝藏是花了上万年的时间才创造出来的。

水稻的人工培植与小麦的一样令人惊叹。中国南方的狩猎采集者在长江沿岸收集了各种野生水稻，以及豆类、浆果、坚果和橡果的种子。后来，大约在公元前13000年，气候开始变暖，冰川融化。野生水稻在水田里疯长，遍布气候更潮湿的长江流域。随着这种野生谷物的供应量增加，狩猎采集者的人口也在增加。大约7000年前，他们选择不再顺应自然，而是开创了湿地。他们挖出椭圆形的深坑

（考古学家告诉我们，这些深坑大约有一张小餐桌大小），灌满水，再种下水稻。这就是水稻系统的由来。

这些原始农民还注意到，最高产的、种子最多的植物都生长在湿地边沿的土壤里，在换季时，这些土壤往往会变干。他们便不定期地将稻田里的水抽干，来复制这一模式。在一定的时间内，脱离有水的环境会使植物饱受压力，从而进入生存模式；为了增加繁殖的机会，它们会尽量产出更多的种子。稻田的产生正是基于这些仔细的观察，而它也成为世界上最多产的食物系统。

成就这一切的，正是水稻这种作物的非同一般性：它通过叶子吸收氧气，并将氧气传输到浸没在水下的根系。这种水下的无氧环境令其他大多数植物都无法生存，从而抑制了稻田里杂草的生长。即使在土壤酸性或碱性过高而无法种植其他作物的地方，水稻田也可以解决一切问题，因为水潭的pH值能够维持在7左右。水稻田还能自我施肥：腐烂的植物和动物的粪便在水中分解，产生氮来滋养作物。稻田系统是如此高产，以至于纵观人类历史，全世界人口密度最高的地方都是水稻种植地。过剩的食物产出使人们能够设想未来、事先计划和劳动分工。因而，一些人得以自由地制作物件、创造艺术、拥有财产或是获得声望。农民们在种植水稻的过程中，也影响了文明的进程。

如今，我们所熟悉的水稻是三波种植浪潮的产物。出自长江流域的是短而圆的粳稻（寿司中使用的米）。后来，粳稻又传到中国北部、韩国和日本，进一步产生新的品种。第二波人工种植发生在中国以南，靠近印度东北、老挝、越南和泰国。在那里进化出来的水稻则是又长又细的籼稻（这是目前全球种植最广泛的水稻种类）。与此同时，在恒河三角洲，第三种得到人工培植的野生品种则是奥斯（aus）稻米，它的谷粒更小、更细。随着人们开展旅行和贸易活动，这三种稻米的基因发生混合。大约2000年前，在喜马拉雅山的某个山脚下，奥斯稻米和粳稻发生杂交，创造出了当今最为珍贵的品种：巴斯马蒂香米和茉莉香米。

在这些水稻品种的基础上，烹饪进一步带来了多样性。早在人工种植水稻前，狩猎采集者就注意到，有些植物产出的谷粒在烹煮后会变得更黏稠（中国出土的最古老的烹饪锅有1.8万年的历史）。“黏稠”是基因突变的结果，而正因为带有这种突变的谷粒成为人类饮食的一部分，且广受喜爱，后来糯米才得到人工培植。如今，只有在亚洲的部分地区，基于深厚的文化需求，人们才会享用糯米。比如，在中国西南部的云南省，糯米仍然是各类菜肴中使用的主要稻米种类。在云南以外的地方，糯米则主要被用来制作点心和甜品。

在亚洲各地农民和厨师的努力下，这一漫长的培植和选择过程带来了巨大的多样性。在马尼拉东南部，菲律宾的最大湖内湖附近的一个抗震的地窖里，藏有13.6万个种子样本，这是全世界最大的水稻品种收集库。这些种子可以长成五颜六色的稻谷，并带有极其浓郁的香味，且每一种都因为适应了不同的生态系统而非常独特。如今，它们大多储藏在这个种子库的冰柜里，而不是生长在农田里。

20世纪60年代，亚洲的一群科学家正在培植新的水稻品种。菲律宾的这间国际水稻研究所（IRRI）得到了美国洛克菲勒基金会和福特基金会的资金支持。国际水稻研究所的作物培植专家也利用诸如矮秆作物的基因实现了突破。这种抗虫害、高产的新型水稻被称为“IR8”，于1966年被发放到印度、巴基斯坦和孟加拉国。IR8依靠“绿色革命”那一套灌溉方法、肥料和杀虫剂，产量增加了两倍，被称为“奇迹之米”。它（依靠西方基金会和政府资助的必要的农用化学品）迅速传遍了整个亚洲，促使农民们放弃其地方品种，并与其他村庄的亲戚、邻居分享新的种子。包括婚礼在内的社交场合，被西方战略家视为分发IR8的良机。10年后，一位印度稻农的儿子——水稻专家古尔杰夫·库什进一步改良了“奇迹之米”（IR8并不是最好吃的米，有一种粉状口感）。后来产生的杂交品种“IR64”极其高产，成了全世界种植最广泛的水稻品种。世界上多数国家都在为新的水稻品种能喂饱许多人而欢欣鼓舞，但也有一些人警告说，人类正在失去一些东西。

1972年7月，植物学家杰克·哈伦发表了一篇名为《基因之灾》的文章。在文中，哈伦提出，随着世界人口史无前例地增长，作物多样性同样正以史无前例的速度下降。“这些资源能够帮助我们避免灾难性的饥荒，而这场饥荒的规模将大到我们无法想象。”他说，“人类的未来确实要依靠这些资源。”哈伦以爱尔兰马铃薯大饥荒为例提醒读者，自然也会带来灾难。“如果只是一片森林或一棵庇荫树被毁，我们还能生存，但如果小麦、水稻或玉米被毁，谁还能生存呢？我们正在承担那些我们不必要承担，也不应该承担的风险。”他警告说，

“绿色革命”提供的解决方案犹有局限性，而当这一方案失效的时候，人类将不得不面临灭顶之灾。“很少有人会批判博洛格博士的工作成果。产量的大幅提升令人喜闻乐见，他的成就也得到了应有的认可。然而，如果我们无法在残剩的亚洲地方品种消失前挽救它们，我们就会因为浪费了所有人的遗产而理所当然地受到子孙后代的谴责。”他说，我们正从基因的流失走向基因的毁灭。“富足和灾难之间的界线越来越窄，而普罗大众还蒙在鼓里且漠不关心。难道要等到灾难来临，我们的呼吁才会产生作用？难道只有为时已晚，人们才会聆听劝告？”或许已经有点为时已晚了。50年过去了，人们才开始听取哈伦的意见。

其中一位是来自康奈尔大学的植物培植和基因学教授苏珊·麦考奇。她是全球顶尖的水稻基因专家，目前研究的对象包括我们不那么熟悉的、在恒河三角洲进化而来的奥斯稻米。“在我们所认识的所有稻米品种中，它的抗压基因是最厉害的。”麦考奇说，“它能在贫瘠的土壤中生长，能抗干旱，还是最快从种子长成谷粒的品种。”然而，奥斯稻米依然濒临灭绝。孟加拉国多数农民已经放弃它，转而种植更具商业化的品种。唯有那些最贫困的农民，他们买不起肥料也没钱建造灌溉系统，才拯救了这种水稻。它的基因极其罕见，因为它不像粳稻和籼稻那样广为传种，而是一直生长在发源地。“培植它的人从未离开过这片三角洲。”麦考奇说，“他们并不是帝国建造者，没有军队，也从未奴役过其他地方的人。”然而，他们却因给世界留下了奥斯稻米而名垂青史。

2018年，麦考奇和美国农业部研究专家一起发布了一种名为

"斯嘉丽"（Scarlett）的新稻米。研究团队说，这种稻米不仅带有坚果的浓郁风味，还"含有大量的抗氧化剂、类黄酮和维生素E。"麦考奇将美国长粒米"杰斐逊"（Jefferson）和在一种发现于马来西亚的稻米混合种植，创造出了这个品种。新的稻米之所以营养丰富且被称为斯嘉丽[1]，是因为这种马来西亚稻米是红色的野生品种。对于这些有色谷物的特殊品质，我在四川拜访的那位农民孙文祥应该并不会感到惊奇。

在一间农舍里，孙文祥正在将自己特殊的红米装进若干小包裹，准备寄给北京、上海、成都和杭州的客户。他们通过微信订购红嘴糯米，而在亚洲，有超过10亿人使用微信这一社交媒体应用程序。有些顾客告诉他，他们购买这种米是因为看中了它的味道或迷人的颜色，而大部分顾客购买它则是为了健康。在中国，乡村建设中心正在为像孙文祥这样以拯救濒危食物为己任的农民提供帮助。

在北京以北50英里处，有一幢两层楼高的培训中心。环绕着这幢楼的花园充分展示了它的意图：升高的花床是以粪便施肥的，而粪便中的营养物质则来源于一排生态厕盆（这是一种古老的技术；数千年来，中国农民正是利用人类和动物的粪便来滋养他们的农田）。这一做法的灵感还来自一个世纪前的一本书——富兰克林·海勒姆·金的《四千年农夫》。

20世纪初，来自威斯康星州的农学家金任职于美国农业部，但他特立独行，对本土的种植系统更感兴趣，而非农业部推行的农业

---

1 英文Scarlett，有"鲜红色"的意思。

扩张。他确信自己从农民身上学到的将远比从华盛顿的科学家那里学到的要多，便于1909年离开美国，展开了一次长达8个月的亚洲之旅。“我一直想与中国和日本的农民面对面地交流，”他在《四千年农夫》的引言中写道，“走进他们的农田，并观察他们的一些方法、器械和习俗。他们是世界上历史最悠久的农民，承受了几个世纪的压力，同时累积了经验，适应了环境。”金于1911年逝世，尚未写完这本书。在那之后，他的这本著作并未得到重视，直到1927年，伦敦的出版商乔纳森·凯普才发现并出版了这部手稿，使得人们在之后的20年里都可以在市面上买到这本书。后来，这本书还影响了英国有机运动的发起人——艾伯特·霍华德和伊芙·鲍尔弗。农民们若是造访乡村建设中心、阅读金的著作，就会了解到一个世纪前的中国农村是如何产出食物的。当时农民种植的而如今已濒危的作物，现在也得到了拯救。

在乡村建设中心的一间储藏室里，收藏着中国最罕见的一些食物。我在这里看到了许多装满种子的盒子，以及一罐罐、一包包的食材，这些都是在新乡村建设运动的支持下，由农村开展的培植项目生产出来的。所有这些都是帮助农民增加收入的独特产品：云南南部的深绿色黄豆，北方的红麦穗，从原始森林采集的野生茶叶，以及一瓶瓶蜂蜜色的米酒。在水稻的地方品种中，还包含了孙文祥种植的红嘴糯米。

“当我们失去一种传统食物，一种米或水果，我们就是在给未来创造难题。”经济学家温铁军教授告诉我，“毫无疑问，中国需要大规模的农田，但我们也需要多样性。”

我们已经看到了改变的迹象。2016年9月，中国正式批准了《巴黎气候变化协定》，其制定的具体目标之一是化肥和杀虫剂使用量的零增长。为了保存更多的基因资源和作物多样性，中国是少数几个大量投资建设新植物园以保护和研究濒危品种的国家之一。中国农业科学院也已经收集了50万个地方品种作物样本，并正在研究这些品种以造福未来。这也许就是杰克·哈伦所说的“基因的救赎”。

“我们需要现代化和发展，但那并不意味着放弃我们的过去。”温教授说，“全世界不应该只追求一种生活，不应该只吃一种食物，那是一种疯狂的想法。”然后，他又分享了拿破仑的名言：“让中国沉睡吧，因为她一旦醒来就会撼动世界。”“好了，”温教授说，“我们已经醒了，而且已经开始像世界其他地方的人们一样面对饮食了。我们需要找到更好的生活和培植方式。或许我们可以在传统中找到一些答案。”

8 奥洛顿玉米

墨西哥，瓦哈卡

20世纪80年代初，一位名叫霍华德-雅娜·夏皮罗的美国植物科学家跋山涉水数千米，来到墨西哥瓦哈卡东部高地的偏远村庄。这里是米斯特克人的家乡。没人知道米斯特克人是何时或如何在这片崎岖的山脉中定居下来的，且能解释其历史的考古学记录非常有限。征服了阿兹特克的战士兼探索者埃尔南·科尔特斯被米斯特克人击败了，他曾在1525年写道："这块地方布满岩石，甚至无法徒步穿行。我两次派人去征服他们，但因为地势崎岖，尽管战士英勇善战且装备齐全，我们最终都失败了。"到了20世纪80年代，那里就只剩下几个孤零零的米斯特克村庄，而当夏皮罗爬上山顶，走进一个村落时，他看到了最不可思议的植物。

那就是奥洛顿（Olotón）玉米，它能长到将近20英尺高，且带有不同寻常的、令人着迷的根系。大多数植物的根系都长在地下，但这种植物的根系能从其粗壮的茎秆上长出来，伸向空中。从这些亮橙色、手指般的空中根须上，会滴下一种发光的凝胶——这种玉米正在分泌黏液。另外，玉米能在如此高的山脉和贫瘠的土壤里生存，也实属一大奇观。米斯特克人的村庄非常偏远，化学肥料无法运到这个地方。当地农民甚至不在玉米地里种植这种玉米。他们历来把豆类和谷物类种植在一起，以为土壤注入氮。这种模样奇怪的植物正以某种方式自给自足。

至少，当时夏皮罗有了这样的直觉：从土壤之上的根系上滴下来的奇怪黏液，为这种植物提供了其所需的所有氮。这种说法似乎难以成立，它打破了所有的规则；如果这是真的，那么它可能会改写“游戏规则”。全世界农民每年花费数十亿美元购买肥料，并且这些肥料非常不环保——从制造肥料需要的能量、排放的温室气体，到它污染的河流海洋。关键是，40年前夏皮罗无从确认自己的直觉是否准确。

还有其他科学家爬上了那座“烧焦的山”，但至今依然没人能搞清楚这种发光的黏液是什么。与此同时，威斯康星大学的微生物学家埃里克·特里普利特并未见过这种玉米，甚至都不知道米斯特克村庄。在这样的情况下，他于1966年发表了一篇科学论文，提出了这样一种颠覆性的假想：从生物学的角度来说，这种可以从空气中吸收氮而自给自足的玉米——谷物中的“极品”——是可能存在且可以进化出来的。他还说，这一发现“可以带来巨大的经济价值”，并“改善人类的健康状况”，因为它可以减少水中和食物中的硝酸盐含量。数年来，特里普利特的理论依然只是个理论。然而，他确实给想要寻找这种极品植物的研究人员提供了一些建议。他的话呼应了一个世纪前瓦维洛夫所说的：如果这么非同寻常的植物真的存在，那么它应该很靠近玉米的起源地，在其基因池最大、多样化程度最高的地方——墨西哥南部。

如果你将野生小麦或野生大麦与其人工培植的版本进行比较，你就会发现它们是近亲。玉米则并非如此。墨西哥类蜀黍（野生玉米）与现代玉米看起来完全不同。这种野生草木有数根5厘米长的纤细玉米穗，里面只有十多粒种子，每一粒都包在硬壳里，就像是一枚极小的核桃壳。这一保护层是由二氧化硅和褐煤构成的，也就是玻璃和木头的构成要素。咬一口，能把牙磕断。大约9000年前，墨西哥西南部的狩猎采集者认识了这种植物，并开始漫长而缓慢的培植过程。尽管如此，在我们看来，墨西哥类蜀黍的种植前景仍然渺茫。

巴尔萨斯河谷中部（如今的格雷罗州[1]）的狩猎采集者以小规模群居（很有可能是20至50人），他们会顺应季节变换，跟随不同的野生食物迁移。其中就包括墨西哥类蜀黍的种子，采集者会将它们磨成面粉。在这些游牧的狩猎采集者进行采收时，对他们最具吸引力的墨西哥类蜀黍种子则是四散各处的。因此，当他们数月后回到同一地点时，就进行了一次无意的选择。最终，他们定居下来，成为农民。数千年来，从墨西哥类蜀黍到现代玉米的转变，是有史以来人类最惊人的壮举之一。经过300代农民的选择，玉米粒最终彻底脱离了坚硬的外壳，但依然长在玉米穗上，方便收割。墨西哥类蜀黍是一种浓密多穗的作物，长着数十根玉米穗，每根穗都像烟蒂般大小；后来，它演变成了一棵单根作物，笔直的茎干上只有一两根30厘米长的饱满玉米穗。从化学角度看，谷物的蛋白质含量降低了，而碳水化合物含量增加了，使玉米变成一种能快速释放能量且易于保存的食物。这一转变不仅花了很长时间，还跨越了很多地

1 格雷罗州，位于墨西哥南部。

方，从墨西哥开始，最终还有南下亚马孙、北上北美的农民参与其中。经过9000年的持续培植，玉米种子变大了80%，谷粒颗数增长了300%，而穗轴则是最初的60倍大。各地农民同时进行人工种植，最终令玉米这种作物变得非常多样化。这一过程也令这种作物变得完全依靠农民进行繁殖，而农民们又反过来彻底依赖上了这种谷物。

在早期的中美洲文化中，多数宗教仪式和起源故事都与玉米有关。据玛雅族著作《波波尔·乌》记载，最早的人类诞生于白色玉米，这些白色玉米隐藏在大山上一块无法移动的岩石下面。一个雨神灵用闪电将岩石劈开，烧着了一部分玉米，创造出三种谷粒颜色：黄色、黑色和红色。造物主拿起这种谷物，将其研磨并制成面团，以此创造了人类。美国新墨西哥州的霍皮族擅长在极其干燥的土壤中种植玉米。他们的造人故事则略有不同：最初的人类可以选择蓝色、红色或黄色的玉米，有些玉米穗很大，有些则很小。最大、最肥硕的玉米先被选走了，而霍皮族人慢了一步，最终只拿到了一小穗蓝玉米。随之而来的有三件礼物：一包种子、一根种植用的棍子和一只装满了水的葫芦。"你们选得很明智，"神灵告诉他们，"你们的生活将会很艰难，但是你们的族人会凭借这种玉米永远生存下去。"奥尔梅克人会把新生儿的脑袋包裹起来，以拉长脑袋的形状。这一中美洲文明如此敬仰这种谷物，以至于有些考古学家将拉长脑袋的行为解释为试图模仿玉米穗的形状。

到了1492年，玉米已经向南传到智利，向北传到了加拿大。这种作物的基因使它无比灵活，可以适应亚利桑那州的沙漠、安第斯山脉的严寒和危地马拉云雾森林的潮湿——在那里，玉米长成了24

英尺高的蔓生植物，其茎干粗壮，可以用来做围栏。在如此众多的挑战和不同的环境下，没有其他作物可以重新排列组合其基因组。

这种生物多样性也造就了烹饪的多样性。有些玉米颗粒因其颜色（从白色、蓝色到紫色、红棕色）受到青睐，而另一些则是凭借其独特的口感。某个村庄可能会选择谷粒饱满、容易烘烤的品种，而另一些村庄则会选择外皮坚硬、加热时里面的淀粉会炸开的品种（也就是爆米花）。仅在巴西南部的农村，人们就发现了1500种不同的地方品种（其中仅仅用来做爆米花的就有1078种）。其他玉米品种则更适合酿造啤酒或玉米酒——由碾碎且发酵了的玉米与糖混合制成。然而，玉米多样性在烹饪上的真正表现则体现在数千个玉米品种被磨成粉，揉成玉米面团，并制成玉米粉蒸肉和玉米薄饼。某种玉米可以做成厚厚的、海绵状的玉米圆饼，而另一种玉米则能做出极富弹性、可以拉到50厘米宽的圆盘状玉米饼。在墨西哥城埃尔巴坦，国际玉米小麦改良中心建有世界上最大的玉米种子储藏库，那里的地下仓库储存着2.4万个玉米品种样本。

和所有谷物一样，玉米不仅适应力强，其谷粒还可以保存和运输，这让它最终得以遍布各大洲。在“哥伦布大交换”过程中，小麦和水稻从“旧世界”传到了“新大陆”[1]，而玉米则相反，在1493年传到了西班牙。到16世纪末，玉米已在中国和非洲得到培植，并为奥斯曼帝国和印度各朝代所采用。然而，种植和加工的技术却未能

1 “旧世界”，是指在哥伦布发现“新大陆”之前，欧洲所认识的世界，包括欧洲、亚洲和非洲。这个词语与“新大陆”（包括北美洲、南美洲和大洋洲）相对应。

一并远扬四海。对于很多北美和“旧世界”的人，特别是欧洲人来说，这是灾难性的。

玉米学者加里森·威尔克斯将玉米地系统描述为“人类有史以来最成功的发明之一”。在外人看来，玉米地就像是大杂烩，各种互相竞争的植物胡乱生长在一起。然而，这种混乱的多样性其实是一种复杂的系统，它可以达成植物之间的平衡和营养上的均衡。在玉米地系统里，玉米和互补的豆类、瓜类种植在一起，玉米秸秆可供豆类攀爬，瓜类的宽阔叶面能覆盖地面，保持土壤湿润并抑制野草滋生。而玉米地最重要的特征则藏在地下：豆类植物的根系是微生物的宿主，这些微生物将氮固定到土壤中，并为其他作物施肥。并且，这些植物组合还提供了更全面的营养。玉米提供碳水化合物，豆类提供包括赖氨酸和色氨酸在内的必要氨基酸（如果缺少这些氨基酸，人体将无法合成蛋白质），而瓜类则提供大量的维生素。

当地农民在收割完玉米后，会进行一种名为“碱化”（nixtamalisation）的巧妙处理工序。nixtamalisation这个词本身是两个古阿兹特克词的合体：nextli（灰烬）和tamalli（玉米面团）。碱化是指将玉米颗粒浸泡在一种化学试剂中，以溶解其坚硬的外壳。这种化学试剂的原料可以是灰烬，而更普遍的则是矿物石灰（氢氧化钙）。它不仅可以软化谷粒，从而使玉米面团可以被揉成各种形状并做成玉米薄饼，它还能释放原本紧紧锁在玉米粒中的营养成分。有证据显示，碱化的技术可以追溯到3500年前。第一批带走这种玉米的北美人和欧洲人，忽视了与这种作物有关的食物处理和农业种植方面的知识。他们在种植玉米的过程中，既没有使用玉米地系统，也没有采用碱化的做法（藐视这两者为原始做法），因而付出了惨重的代价。他们富含玉米的新式饮食中缺少了人类必需的营养成分，由于缺乏维生素B3，许多人死于令人衰弱而痛苦不堪的糙皮病（烟酸缺乏症）。

然而，即使有惨重的教训，玉米最终还是成了全球的主要食品之一。它的足迹遍布全球，甚至足以绘制出一张全球玉米地图。

在西班牙北部的多山地区，巴斯克农民种植着一种名为“红玉米”（Arto Gorria）的地方品种，并用它制作薄面饼，以余火未尽的木块烤制。在意大利皮埃蒙特地区的里梅拉镇，有一种名为màgru的玉米糕，黄油味十足，它是通过烘烤一种叫作Ders Malp的当地品种的玉米粒制成的。在菲律宾，人们通过燃烧玉米面粉，来制作一种看起来像咖啡一样的饮料。在美国南卡罗来纳州的查尔斯顿，有一种血红色的、外壳极其坚硬的谷物品种——“吉米红玉米”（Jimmy Red corn），曾一度受到私酒酿造贩的青睐，因为它能制成最好的威士忌。然而，全球玉米的多样性都远远比不上瓦哈卡市。这里是全球物种多样化的热点地区之一，有16个少数民族，包括萨波特克人、查迪诺斯人（Chatinos）、阿穆斯戈斯人，当然还有米斯特克人，每个少数民族都有自己的语言、宗教信仰和玉米品种。

要想研习这种多样性是件复杂的事。20世纪40年代，有人发明了一种方法，沿用至今：按照玉米穗的形状、玉米粒的颜色和植物的结构，将墨西哥的数千个玉米品种以“品系”分类。在大约60个“品系”中，有一种叫作“波利塔”（Bolita），主要产自瓦哈卡。它的名字意为“小球”，因为它的玉米穗轴又小又圆。一些波利塔品种可以磨碎并煮成一种黏稠的、明胶状的甜品，名为nicuatole（玉米糖胶）。人们普遍认为更古老的品系是Pepitilla，其谷粒像南瓜子一样又长又细、味道甘甜，它也因此而得名。而Olitillo则是一种发现于恰帕斯和瓦哈卡的玉米品系，用它制成的玉米薄饼既芳香又如睡枕般松软。在古代萨波特克人的墓葬中，考古学家找到了一些骨灰瓮，上面有着Olitillo那细长的圆筒形玉米棒图案，还有奥洛顿这种适合在2000米以上的高纬度生长的玉米。在米斯特克的边远村庄里，那些流淌出奇怪黏液的玉米就隶属于这一品系，如今这种流出黏液的玉米非常罕见，只能在个别地方找到。想要了解此等多样性是如何濒临灭绝的，我们就得离开墨西哥，去美国看一看。

早在“绿色革命”改变小麦之前，一系列植物育种专家就已经彻底改变了玉米。刚开始是个意外，两个不同品种的玉米偶然发生了杂交。19世纪，在美国东北部，土著人种植一种地方品种玉米，它有着较高的脆性和硬度，因而得名“燧石型玉米”[1]。与此同时，另一种玉米传到了墨西哥边境以北的西班牙人手里。它被称为“马齿型玉米”，因为每颗玉米颗粒的顶端都有一个小凹点。几个世纪以来，这两种玉米经历了不同的发展历史，在农民之间流传开来，从一个城镇种植到下一个城镇。它们的轨迹最终在包括弗吉尼亚州在内的美国中大西洋地区会合，在这里，燧石型和马齿型这两种玉米杂交，生成了一种新型玉米。该新品种产量很高，并因此广受印第

1 “燧石型玉米”，也称“硬粒型玉米”。——编者注

安纳州、俄亥俄州和伊利诺伊州的先锋派农民的欢迎，这一杂交品种因而被称为“中西部马齿”。到了19世纪90年代，像詹姆斯·里德的“黄马齿”（Yellow Dent）这样的品种得到广泛种植，种植规模巨大，在美国中西部形成了一条“玉米带”的风景线。美国因此迅速成为向欧洲出口玉米的主要国家之一。

玉米转变的第二步则发生在1908年。首先是弗里茨·哈伯在合成氮上实现了突破，为工业化生产肥料奠定了基础。另一件事则发生在位于纽约冷泉港的卡耐基学院研究站。植物培育专家乔治·哈里森·沙尔发现，先让两株玉米持续同系繁殖，再对其异花传粉，能培植出玉米粒数量颇多的特别高产的作物（这一现象被称为“杂交优势”）。这些爆炸性的超高产量只会发生一次，因为下一代玉米又继承了其“祖父辈”不太理想的低产量特点。这一发现的吸引力是显而易见的：子一代种子——被称为“F1杂种”——可以在3个月内收割（有些地方品种的玉米需要6个月）；它们适用于更大规模、更加密集的单一种植，每英亩的产量增加25%到50%。对农民来说，F1玉米带来了更多的谷物；而其缺点在于，农民无法储存并再次种植自己的玉米，而是要依赖新兴的种子公司的产品。

沙尔对于玉米的研究改变了美国。在20世纪初，农民种植了大约1000种不同的自然传粉的玉米品种。第二次世界大战后，杂交品种成了主流。随着炸药生产量下降，多余的硝酸铵（肥料的成分之一）流入市场，弗里茨·哈伯的发明则开始在食物生产中发挥重要作用。新的肥料供给被应用到F1玉米的大规模单一种植上，从而巩固了美国作为世界上最大的玉米出口国的地位。到20世纪末，美国种植的F1杂交玉米占全球玉米贸易量的50%。原本的地方品种作物有数万种，而如今的商业作物只有区区几种。与杰克·哈伦的警告相呼应，加里森·威尔克斯将这一行为比喻为“从房子的地基中取出石头来修理屋顶”。

玉米产量大增提供了更多的卡路里，却也令全球食物系统更单一化，多样性程度降低，且越发脆弱。20世纪70年代早期发生的事件戏剧化地证明了这一点。当时，种植于玉米带的85%的作物都具有这样一个遗传特性：易感染一种真菌疾病（一种叶片枯萎病）。这种疾病在玉米地里迅速传播，毁掉了10亿蒲式耳[1]的玉米，给农民造成了60亿美元的损失。美国农业部植物科学家阿诺德·乌斯特罗普在当时这样写道：“任何重大的人工培育作物都不应该如此单一，以至于它可以轻易地就被某种病原体、昆虫或是环境压力摧毁。”他说，所有重要的作物都需要保持多样性。

在种子公司研发出新一代的杂交品种后，玉米产量再次增加。所有多出的玉米都得找个出路。就这样，玉米开始出现在最意想不到的地方：可乐中的甜味剂，以及含糖饮料塑料瓶、牙膏、油漆和鞋油的原材料。另外，它还助长了家禽家畜的繁殖：如果你食用牛奶、鸡蛋、鸡肉或牛肉，这些家禽家畜很有可能都以玉米为饲料。中美洲文明自诩是玉米民族，但如今，全世界都成了玉米民族。2008年，美国研究者对一系列快餐连锁店500种不同的汉堡包、薯条和鸡肉三明治进行了测试：所有的鸡肉和93%的牛肉都出自用玉

1 在玉米方面，1蒲式耳等于25.401千克。

米喂养的鸡和牛，而薯条则都是用玉米油炸出来的。人们驱车去买快餐，那些车所使用的燃料也有玉米的成分（如今，美国生产的玉米中约有三分之一被转化为乙醇）。最终，美国的“玉米革命”越过边境，来到了玉米的诞生地。

纽约市立大学的人类学家艾莉西亚·加尔韦斯教授追踪了美国玉米对墨西哥的影响。加尔韦斯花了数年时间走访墨西哥城的市集，与普埃布拉的农民交谈，并在瓦哈卡跟农民们一起进餐，以深入了解玉米的政治问题。她的研究聚焦于《北美自由贸易协议》。这一协议于克林顿执政时期的1994年开始生效，解除了美国、墨西哥和加拿大之间的贸易障碍，令进出口更为便捷。同时，它也史无前例地改变了墨西哥有着500年历史的食品和种植业。《北美自由贸易协议》的签署以加速墨西哥经济的工业化发展为目标之一。当时的预测是，将有50万人放弃种植，离开墨西哥的农村，到工厂里工作。加尔韦斯说，事实上，接近1000万人离开了农村。其中很多人是勉强糊口的农民，他们不仅搬到了墨西哥的城市，还北上过境，来到了美国。

经过数千年耕种的土地，保存了种子，也保护了传统，却最终被遗弃，地方品种也不断减少。《北美自由贸易协议》令墨西哥敞开大门，引进了美国中西部的马齿型玉米——这些玉米占美国玉米总产量的四分之一，而这一切都依靠美国政府发放的数十亿美元津贴。墨西哥人的饮食发生了变化，其原本的膳食以野生玉米地里长出的、营养价值极高的玉米品种为主，而后为美国中西部产出的马齿型玉米制成的加工食品所取代。加尔韦斯说，这种马齿型玉米“淀粉含量很高，主要用于生产动物饲料和汽水甜味剂”。在《北美自由贸易协议》生效后，墨西哥民众健康水平的所有指标都恶化了。到21世纪初，墨西哥已是世界上肥胖率最高的国家之一，并已成为汽水的最大消费国，而这些饮料大都添加了高果糖玉米糖浆。《北美自由贸易协议》忽略了太多：食物也是文化；如何种植玉米很重要；传统的或许更健康。玉米就是玉米，不过是一种供交易的商品而已。健康、传统和身份认同甚至都不会出现在交易的注脚里。“这就是农业进步应有的面貌吗？”加尔韦斯说，“糖尿病发生率极高，每年导致8万墨西哥人死亡，还有数万人死于肥胖。”

墨西哥的玉米多样性到底流失到什么程度，无人确切知晓。20世纪60年代中期，有一项测量多样性下降程度的罕见调研，其研究对象是从瓦哈卡北部莫雷洛斯州的农民那里收集到的地方品种样本，这93个种子样本存放在靠近墨西哥城的国际玉米小麦改良中心。2017年，国际玉米小麦改良中心的研究员追踪到这些农民（大多数情况下，是这些农民的后代），以确认还有多少地方品种仍在种植。结果，仅有五分之一的农民保存了种子，四分之一的家庭已不再农耕。农民们解释道，放弃当地品种的最主要原因是他们拿到了新品种——那些被视为更高产、经济效益更好的杂交品种。农民们告诉研究员，不利因素是他们现在不得不每年购买昂贵的种子。

虽然墨西哥的玉米多样性有所缩减，但它依然存在。预计有250万小规模种植的农民仍在种植地方品种。这些农地的大小通常不超过3公顷，产出的玉米主要用于自家制作玉米薄饼、玉米粉蒸肉和玉米热饮。然而，玉米的未来岌岌可危，相当直白的事实是拯救这种多样性带来的财务回报微乎其微。

阿方索·罗查·罗夫莱斯是墨西哥慢食组织的成员。在他家乡普埃布拉的街道上，他看到了《北美自由贸易协议》的影响，以及农民收入降低所带来的影响。普埃布拉位于墨西哥中部，在这里，他每天都能看到一批又一批的土著人从南方来到此地。他最常看到的是，他们站在交通灯下，提供擦车服务并讨钱。他停下脚步跟他们交谈时，他们通常会告诉他，离开村庄是因为农民的生活无法持续下去。“他们坐了15个小时的巴士来到这里，结果却跟另外10个人挤在同一间房里，每天为了填饱肚子四处奔波。当我跟人谈及多样性，对方却跟我说‘不过是玉米罢了’，我便会跟他们讲讲这些农民的故事。”

“无玉米不成国”的草根运动发起于2007年，其目的之一正是保卫墨西哥的玉米文化，缓解传统农业的衰退。该运动提出，由于失却地方品种并向全球市场敞开大门，农村群体失去了收入和自主性。因此，该运动发起者要求重新商谈《北美自由贸易协议》，并提倡推广本土生产的玉米。

与此同时，墨西哥一批最有影响力的大厨正在尝试进一步展现玉米多样性的价值。恩里克·奥尔韦拉就是其中一位，他现在与60位土著农民合作，他们每个人都会种植不同的地方品种。“不妨将玉米与葡萄酒的地方品种想成是一回事，”他说，“它们生长在不同的土壤、不同的纬度，且有着不同的味道。”奥尔韦拉付给这些农民的价格是美国中西部马齿玉米价格的10倍多。“那是我们在烹饪中不会采用的玉米品种，”奥尔韦拉说，“它只用于制作玉米片。”通过给予玉米应有的尊重，并向农民支付他们应得的酬劳，他为墨西哥濒危的当地玉米品种带来了一线生机。这不仅对墨西哥的农民很重要，对我们所有人都很重要。

在霍华德–雅娜·夏皮罗见到米斯特克玉米近40年后，一支来自加州大学戴维斯分校的研究团队经过长途跋涉，来到瓦哈卡的边远村庄，破解了这种玉米的秘密。“当我们看到这些植物时，我们就确定自己不是身在艾奥瓦州。”这一研究项目的带头人、戴维斯分校植物科学教授艾伦·本内特说，“这些植物长得比我们还高，而在离地3英尺处能看到那些奇怪的根须。”

DNA测序的新技术和化学分析的进步使本内特得以分析这种玉米滴下来的黏液。他发现了一个由数千种细菌和数百种复糖组成的群落。它们共同构成了一种进化平衡：菌群滋养了植物，而植物则产出菌群所需的糖分。不同的微生物都各司其职。有些细菌专门分解糖分，为其他细菌提供能量，而后者则忙于从空气中吸收氮，并将其转换成植物能吸收的氨。与此同时，另一群细菌则制造出固氮酶（地球上所有生物所必需的）。由于固氮酶是一种敏感的化合物（它遇到氧气就会失活），这种植物经过进化，已经可以分泌出一种浓稠的黏液作为屏障，阻挡氧气进入。

除了玉米作物和细菌外，还有第三方参与了这一过程的演进：人类。数千年来，米斯特克人培植并照料着这些玉米，世界（以及玉米）在改变，他们则保护了这种植物免于灭绝。大多数玉米都是在这座村庄找到的，但它周围的许多社区已经放弃了自己的地方品种，而选择了F1杂交品种。新建的道路使瓦哈卡的农民有了种子和肥料。本内特如今正在对自行施肥的玉米进行调研，他说："我们来得很及时。如果我们来得太迟了，那将会是全世界的损失。"

这种玉米生有空中根须，能分泌黏糊糊的黏液，还附有微生物群，具有巨大的潜力。这些日益罕见的基因资源向我们提出了一个根本性的问题：谁将从中受益？米斯特克人所种植的玉米很可能成为本世纪农业的重大发现。研究人员协同玛氏食品公司，与村民签订了协议：一旦这种玉米最终得以商业化，他们将共享经济利益。本内特说："我们将对半分。"如果这种植物的特点经证实可以改变世界，我们应当感谢米斯特克村庄一代代的农民。

拯救多样性

尽管萨塞克斯的千禧种子库彰显了地球野生植物的多样性，但世界地方品种作物的种子——1.2万年农业史的遗赠——则留存在斯瓦尔巴的北极小岛，那里是商用飞机所能到达的最北的地方。

2008年1月，第一批空运到斯瓦尔巴的种子被带到了位于山下的地下隧道——这条隧道长135米，是人工凿出来的。工作人员打开巨大的钢门，带着种子穿过一条过道，打开一枚气锁，来到了一个温度维持在零下18摄氏度的储藏室。这里四面都是白墙，有30米长、10米宽、5米高。四下摆满了架子，架子上是装有上百万颗种子的盒子。

这一储藏室是美国植物学家卡里·福勒的主意。40年前，他了解到杰克·哈伦的预言，即我们的农田正面临大规模绝种。“我脑子里一直有这样的想法，”福勒说，“我们正在失去宝贵的基因多样性。”福勒一直没有忘记哈伦的原话：“这些资源能够帮助我们避免灾难性的饥荒，而这场饥荒的规模将大到我们无法想象。”这句话激发了他对作物多样性的强烈兴趣，并赋予了他终生使命：创造一个巨大的保险柜，保存所有已知的可食作物的种子。

福勒说服政府和机构支持他。而斯瓦尔巴则是他能找到的最寒冷、最安全，也最边远的地方。“唯一的威胁就是在外面游走的北极熊。”

这里的种子是作物、气候、环境和数百代农民几千年来劳作的结晶。它们记录了我们的可食作物所经历和适应的一切。福勒说：“它们也代表了我们的农业系统在未来所能成就的一切可能性，是各种特征和多样性的宝库。这个储藏库的藏品赋予我们选择权。”

斯瓦尔巴种子库收藏了几乎所有国家的小麦、大麦、水稻和玉米的种子，包括那些不复存在的国家。福勒亲眼见证第一批盒子被送进储藏库。“那几乎像是宗教仪式，”福勒告诉我，“我的祖先为保存并传承这些种子付出了努力，你的祖先亦是如此。”他说，这种想法的宏大程度，可能会让一些访客在踏入储藏库时就被深深震撼，“这就是为什么他们在离开时眼里噙着泪水”。

第三章
蔬　菜

大多数植物在经历过一些磨难后，味道会更好。

——黛安娜·肯尼迪

最初的农民并非只靠谷物生活。农业诞生之初就是全方位的：在小麦、水稻、玉米和其他谷物得到人工栽培的同时，我们今天所吃植物的野生祖先也得到了培植。然而，豆类在农业伊始时就扮演了一大重要角色。或许，狩猎采集者观察到，草类和豆类在自然界中经常共生——到热带雨林或是欧洲牧场这样的天然栖息地走一走，你就会发现野豌豆和三叶草生长在同一个生态系统之中。它们和其他豆科植物与一种名为“根瘤菌”的细菌有着特殊的关系——这种细菌因喜好糖分而附着在植物根系上。在此过程中，它将空气中的氮添加或者说是“固定”到土壤中，从而帮助所附着的豆科植物以及其他所有植物生长。新石器时代的农民或许意识到，当他们培植的谷物和豆科植物生长在一起时，可以提高谷物的产量。在新月沃土，鹰嘴豆、小扁豆、蚕豆与小麦、大麦是同时种植的。早在哈伯和博施发明工业化可食植物之前，微生物群和豆类便为大地提供了肥料。

在传统农业系统中，将一种谷物和一种荚豆种植在一起的模式，在世界各地得到了复制。就像我们所看到的，中美洲的野生玉米系统就将玉米与利马豆和斑豆种在一起；在中国，小米和黄豆共同生长；在印度，小米和绿豆种植在一起；在非洲，高粱和豇豆一起生长。豆类和谷物的组合可以让土壤更加高产，而比起仅靠谷物，它也能提供更多的蛋白质和微量营养素，使膳食营养更加丰富。

这种农业和营养上的和谐，造就了世界各地的烹饪传统。伟大的美食文化都包含了谷物和豆类的组合。印度的达尔巴特（dal bhat）将小米和扁豆放在一起；日本味噌则结合了黄豆和大麦；托斯卡纳一种名为minestra di farro的炖菜将小麦（二粒小麦）和白腰豆结合起来；巴勒斯坦蒸粗麦粉（maftoul）将布格（bulgur）小麦和鹰嘴豆掺在一起；墨西哥有豇豆玉米饼；西非的瓦切（waakye）则结合了大米和豆类；英国甚至还有一种当代食物：烤豆吐司。

艾伯特·霍华德爵士受到这一培植与饮食的自然系统的启发，发起了有机运动。20世纪40年代，霍华德爵士作为英国政府首席植物学家到印度工作，进行了实地观察。“关键是将作物掺在一起，”他写道，“在这方面，东方的种植者遵循了自然的方法，正如在原始森林里看到的那样。”在其他地方，农民们交替种植不同的作物，而非将它们种植在一起。他们这一年种谷物，下一年种豆类，形成一种“轮作系统”，在增进土壤肥沃度的同时令收割更容易。

其他生长在谷物和豆类作物边缘的野生植物也得到培植，包括我们今天吃的许多蔬菜。在新月沃土，这些蔬菜包括洋蓟、芦笋、胡萝卜、洋葱、生菜和甜菜根；在美洲，则有南瓜、小南瓜、土豆、甜椒和西红柿；在印度，有茄子和黄瓜；在非洲，则有秋葵。这些作物有助于增加人类饮食中的营养成分，以及口感、风味和颜色。

正如谷物那样，蔬菜（这里的“蔬菜”是我们在烹饪中所用到的、广义的概念，而不是植物学上的概念，因此它包含了块茎类和豆类）也变得多样化，这是因为它们传播到不同的地区，适应了不同的环境，并为不同的文化所吸纳。就这样，它们成为“地方品种”——某类特定作物的当地品种，因其在那个特定的地方能够茁壮成长而得到培植。地方品种都是开放授粉的（通过昆虫、鸟类、哺乳动物、风或是人类的双手进行异花授粉），它们的子代与亲代几乎完全相同；它们是“真实遗传”的。“几乎”这个概念很重要：对于当地环境的适应使植物继续进化，而基因变异则创造了更多的多样性。

假设你我都是农民，拿到了一模一样的种子。每当你存下你的地方品种，该品种就会进一步适应你的当地条件，因而你最终就会在一条特定的培植道路上不断推进这个品种，直到你我的作物截然不同。为了使我们的农田作物更加多样化，我们还可以互相交换这些独特的地方品种的种子。这或许是数千年来的惯常做法。正如农民诗人托马斯·塔瑟[1]所描绘的英国沙福郡16世纪的传统，“以种子

---

1 托马斯·塔瑟，英国诗人和农民，诗风简明朴质。

换种子；/和蔼的邻人亦是友人。”然而，就在塔瑟写下这些话的一个世纪之后，伦敦河岸街的市集成了繁荣的蔬菜种子交换地，而当地苗圃（其中一个苗圃位于如今的皇家阿尔伯特音乐厅的所在地）则负责供应这些种子。到了19世纪20年代，种子供应商“萨顿父子”出版发行了上百页的种子商品目录，附有卷心菜（145个品种）、豆类（170个品种）和洋葱（74个品种）的价格和描述。在19世纪30年代，美国政府认为，通过美国邮政向农场主和自耕农免费分发各类“最优品种”的种子是一项公共职责。在20年间，联邦政府向美国农民邮寄了100多万份种子包，其中包括497种生菜、341种小南瓜、288种甜菜和408种西红柿。到了20世纪末，这些品种中只有十分之一存活了下来。

继乔治·哈里森·沙尔培植玉米后，到了20世纪20年代，蔬菜作物的F1杂交品种也得到了开发。为了确保更高的产量，农民们牺牲了对种子的控制权以及他们田地里作物的多样性。对于农作物的商业考量，彻底改变了种子产业。在20世纪50年代，欧洲和美国的大部分种子供应都掌握在数千个小公司手中，它们通常为家族企业，都得到了由政府资助的作物改良研究的帮助。如今，世界上超过一半的种子供应都集中在四家公司手中。

其一是科迪华，该公司是由美国两大巨头——陶氏和杜邦——在2017年以1300亿美元的作价合并而成；其二是中国化工集团，这家总部位于中国北京的国有企业于2017年以430亿美元收购了瑞士巨头先正达；其三是德国公司拜耳，于2018年以630亿美元收购了美国公司孟山都；其四是总部也在德国的巴斯夫。这些公司最初都是乘了“绿色革命”东风的化学品生产商，但从20世纪80年代开始，他们就把注意力转向了种子行业，通过收购小型种子公司实现了快速扩张。他们出售的是“一整套农业产品”，不仅有作物种子，还包括农民用来培植作物的杀虫剂和除草剂。

他们出售的许多种子都是有专利的，即这些公司对于种子在全球范围内的出售和使用具有法律控制权。基因改造（先是转基因，再到如今的基因编辑）也加强了这些企业对种子的控制。农民们或许经过数千年的努力才培植出一种作物，但添加或改变某一基因性状就可能使它成为私有财产。种子是食物系统的基础，世界上越来越多的种子正在成为知识产权和利润可观的商品。

世界各地都发起了运动，来反对这种趋势并保存开放授粉的种子。20世纪70年代初，就在杰克·哈伦警示人类“基因之灾”的时候，英国作家、园丁劳伦斯·希尔斯也注意到，人类种植了几个世纪的许多地方蔬菜品种正在迅速消失。雪上加霜的是，欧洲各地颁布了新法律，要求所有的种子品种都要登记，而这一费用高昂的手续有利于规模较大的种子公司。这样一来，许多传统地方品种的交易就成了非法行为。

希尔斯给一家全国发行的报纸写了一封信，呼吁人们共同阻止这一基因和文化的巨大损失。数百位读者响应了他的呼吁并给予支持，还有许多人将自己最喜欢的蔬菜的种子寄给了他。这些收藏形成了遗产种子图书馆（Heritage Seed Library）——一个拥有2万名会员的慈善机构。这些会员有园丁和小块园地所有人，他们都在帮忙保存和分享数千种濒临灭绝的蔬菜（买卖这些种子是非法的，但分享无罪）。许多成员这样做是为了拯救多样性，还有些人是为了保留这些风味——这些种子最初被保存下来，正是因为其风味以及种子背后的故事。我们将要讲到的这些濒危蔬菜都是由失而复得的种子生长出来的。

9 吉奇红牛豆

美国，佐治亚州，萨佩洛岛

在美国南部，沿着南卡罗来纳州和佐治亚州200英里长的海岸线，地表有一个巨大的“伤口”，从外太空都能看见。从17世纪开始，人类清理了超过4万英亩[1]的土地，并挖出了780英里长的运河，而所有这些都是为了生产食物。这只是长达几个世纪的奴隶劳役的惊人遗存之一。

为了种植水稻，这片土地遭到清理。在18世纪和19世纪，水稻得到广泛培植，大多经附近的查尔斯顿市交易，当时美国最富有的农民都聚集在查尔斯顿市。卡罗来纳黄金大米被运往世界各地。英国进口商称这种米是人类所有居住区域内最重、最大、最白的大米，带有榛子的味道，健康得惹人喜爱。在巴黎的市集，这种米卖得非常贵。这些稻谷在美国南部阳光的照耀下成熟，待收割时会散发出古董结婚戒指般的光芒。这种精品大米有一个同伴，一种很小的豆类，相比之下它就显得太不起眼了。但是，这种豆类不仅有助于滋养种植水稻的土壤，还是稻田里劳作的奴隶的食物。人、米和豆，这三大要素都来自非洲。

在1619年到1860年间，1250万非洲奴隶途径大西洋中洋脊，被

1 1英亩约等于0.4047公顷。——编者注

运送到加勒比海和美洲。在历经了4000英里的路程后，其中的1050万人活了下来，并被派往草原和种植园，种植烟草、玉米、甘蔗、棉花和水稻。大多数人都来自西非，从北边的塞内加尔到南边的象牙海岸。他们把自己的种子也带到了欧洲和美洲。通过一些故事，我们可以猜测到，非洲人是把种子藏在头发里偷运出来的。这些种子必须小到藏得住，又足够重要，值得冒险。其背后的考量是：一颗种子或许可以成为未知旅程的救命稻草。也有人说，一旦有种子被带上贩奴船，它们就会被存放起来，而后植物学家会将其收集起来，并视其为“新大陆”的未来作物和奴隶的食物来源。

食物历史学家杰西卡·哈里斯说：“奴隶贩子明白，好的劳动力来自好的体魄。”他们在西非港口囤积了豇豆和大米，因为他们知道奴隶们更容易接受这些食物。哈里斯说：“拒绝进食是非洲人所剩的唯一权利了。”植物学家安东尼·潘塔莱奥在18世纪80年代被英国政府派往加纳，寻找有用的作物。他在仔细观察了奴隶交易之后，说道：“人们普遍认为，奴隶们最适应自己国家的食物。每一艘贩奴船都会带上一大堆豆子作为奴隶的食物。”外科医生亚历山大·福尔肯-布里奇曾随贩奴船航行四次。1785年，他向一个由美国国会议员组成的委员会报告，“黑人的食物是豆类和大米”，并补充说，食物的供应量“勉强让他们活下去”。

贩奴船将非洲人带到美洲，看中的不仅是他们的劳力，还有他们的农业技能。黑奴的种植知识，以及基于这些知识在“新大陆”产出的食物，包括大米和蔗糖，让全球工业化成为可能。烹饪历史学家迈克尔·特威蒂证明了这一点，对于一些来自西非种有水稻和豆类的区域的奴隶，白人奴隶主为收购他们支付了更高的价格。在化学肥料发明前，是否知道在何处、何时种植哪种豆或豆荚，意味着种植的成败。而来自西非的奴隶就掌握了这些知识。

在加纳的岩洞中，出土了一种有4000年历史的、烧焦了的豇豆（Vigna unguiculata），其四周都是粉碎的珍珠小米和油棕。这种豆子是热带草原上的一种食物，它适应了边缘地区干燥、炎热的环境，而其他大多数作物都无法在那里生存。它的价值不仅在于其高蛋白质的种子，还在于其可食用的浓密叶子，其中含有丰富的维生素和胡萝卜素。即使到了今天，在那个山洞的周边地区，数百万西非人依然要靠这种小小的豆类来获取营养，并肥沃土地。传统上，农民们会将这种豆类和一些谷物进行间作，包括土生土长的水稻品种。因此，欧洲和美洲的农民便将这些豆类称为“田豆”（field peas）。而因为它们也被用来喂养家畜，所以又被称为“牛豆”（cowpea）[1]。

在非洲奴隶抵达的“新大陆”地区，都可以找到用牛豆配米饭的菜肴：在巴西有baião de dois（黑眼豆配米饭）；在波多黎各有arroz con gandules（鸽子豆配米饭）；在加勒比海有moro de guandules（鸽子豆配米饭）；在美国南部则有Hoppin'John（黑眼豆配米饭）。每一个种植豆类的社群都有其珍贵的地方品种（在世界各地的种子储藏库里，累计存放着3万种不同的牛豆样本，大都只有半厘米长，且从土棕色到亮紫色，颜色各异）。

---

1 英文cowpea，即“豇豆”，此处直译为“牛豆”。——编者注

牛豆出现在美国南部，并引起了植物育种家的注意，而后豆类便成了种植和饮食中必不可少的品种。它们不同的名字暗示了各自不同的用途。听起来务实严肃的“铁豆”（iron pea）和“黏土豆”（clay pea）是土壤的肥料，而听上去更优雅的“淑女豆”（lady pea）——据19世纪植物育种家J. V. 琼斯说——则是“餐桌上的美味”。琼斯称，黑眼豆状似白垩，它们“在喂养家畜方面有着更高的价值”。在美国南方，也有许多这样的豆子。人们开始通过“弗林特克劳德豆”（flint crowder）了解“晚长角豆”（late locust），从“施尼豆”（shinney，在琼斯看来它是“豆中王子”）认识“浮雕豆”（relief）。

到了19世纪30年代，水稻、玉米和棉花在美国南部的种植密度极高，致使其土壤疲惫不堪。一场农业危机在即，专家们呼吁各方齐心协力修复土壤，否则土壤资源一旦耗尽，经济崩溃将不可避免。解决方案是，种植更多的牛豆并进行轮作——豆类可以通过其固氮能力，使因密集农作而变得贫瘠的土地重新肥沃起来。因此，非洲豆类和种植于卡罗来纳的稻米组合起来，成为美国南部烹饪的基础食物，时至今日依然如此。米和豆的组合跨越了社会、经济和种族的所有障碍。传统谷物专家格林·罗伯茨以其儿时在美国南部听到的谚语解释道:“如果你很穷，早饭可以吃大米和豆子。然后，等干完农活回到家，你就能吃上另一餐——豆子和大米。”

19世纪，水稻种植兴盛，而一些较为罕见的地方品种豆类则由非洲奴隶在秘密花园中种植。这些花园里藏有被禁的食物，比如非洲的红米品种。它们深受奴隶的喜爱，却被奴隶主视为威胁，因为他们担心这些作物会毒害稻田里盈利丰厚的白米。在这些花园里，非洲人还种植了各种番薯、芝麻、羽衣甘蓝、秋葵、宽叶羽衣甘蓝、西瓜和高粱——所有这些植物都以各种方式被从非洲带到了美国南部。在这些秘密花园中，无一例外地都能找到牛豆。然而，在美国南部的部分地区，奴隶们无须隐藏他们种植的作物。在佐治亚州沿岸的一座名为“萨佩洛”的孤岛上，非洲奴隶们有更多的自由，获许种植自己的作物。在那里，独特的地方品种得到了进化，包括甘蔗和柑橘。不过，最了不起的或许是一种砖红色的小豆子。

从地图上看，美国东南部的沿海地区看起来像是要粉碎成若干小碎片。在这里，约有100块细长条状的土地，形成了一长串岛屿。数千年来，这些小岛包容着各种文化：美国土著、法国殖民者、美国种植园主，还有非洲奴隶以及他们后来获得解放的子孙后代。300年前，有些海岛是非洲贩奴船抵埠以及隔离检疫的地点。有些奴隶留在这些小岛上，岛屿四周都是湿地和沼泽，正是蚊虫滋生、疾病传播的温床。海岛艰苦的条件和相对与世隔绝的位置或许能够解释，为何这里的非洲奴隶比美国南部其他地区的奴隶对自己的食物有更大的掌控权。对于被迫从日出劳作到日落的奴隶们来说，他们种植的那种红色小牛豆成了必不可少的食物配料。人们将这种豆子在铁锅里长时间慢煮，煮成豆泥，并佐以当地大米。有些铁锅日复一日、年复一年地被用来煮这种豆子，里面便留下了一圈圈红色的污渍（到现在，种植园流出的一些古董炊具上仍残留着这些痕迹）。

萨佩洛岛（以及美国南部其他海岛）上非洲奴隶的后代自称为“吉奇人”（Geechee）。这个名字可能来源于西非的吉茨部落。萨佩洛岛依然很偏远；它不像周边小岛有通往大陆的桥梁，人们坐船或搭乘飞机才能抵达此地。正因如此，这里的群体依然与西非文化根基保持着独特的紧密相连。比起美国大陆的非裔美国人，萨佩洛岛的人们说话、烹饪、跳舞的方式，更近似于塞拉利昂、加纳、塞内加尔的文化习俗。

萨佩洛岛的吉奇人是最早获得解放、可以购买土地并设立自治社区的奴隶团体。因此，非洲的饮食之道和农作习惯都得以保留了下来，包括一直持续至今的吉奇红牛豆（Geechee red pea）的栽培。这种豆子在近年内得以生存下来，一定程度上要归功于一位名为科妮莉亚·沃克·贝莉的女性。

贝莉家族世代培植这种红牛豆，她也一直并不以此为奇。她和丈夫弗兰克会在早春（至“生长月”[1]）播种，并在夏季收割。她的生活似乎围绕着这种豆子展开：秋天保存种子，元旦时全岛居民则各自准备红牛豆泥和大米，聚集一堂进行庆祝。这种牛豆历史悠久，承载着痛苦的回忆，却也是吉奇人的象征。

在过去的几十年里，萨佩洛岛的周围发生了迅速的变化。20世纪50年代，开发商看中了其他海岛上的原始白沙滩和茂密森林，开始四处买地。之后，他们又对萨佩洛岛产生了兴趣。随着一块又一块土地出售给外人，最后的吉奇人撤退到了萨佩洛岛上一处名为“猪吊床”（Hog Hammock）的避难所。但即使在那里，有钱人收购房产也导致房地产税上升，迫使非洲后裔离开家园。1910年，有500名吉奇人居住在猪吊床，而到了2020年，则只有不超过40人。随着吉奇

1 原文growning moon，译为“生长月”，指4月。

人的人口锐减，贝莉非常担心其种族的存亡。她将此称为“文化大屠杀”。

贝莉开始通过种植红牛豆来拯救吉奇文化。离开小岛的人总想让家乡人给他们寄一些红牛豆，而在萨佩罗岛种植红牛豆并非难事，或许这样就可以带来收入，并帮助吉奇人在猪吊床生活下去。2012年，贝莉在儿子莫里斯和斯坦利的帮助下开始种植这种作物。当时的形势并不明朗；种子的供应量非常少，以至于有一年夏天小岛经历旱灾时，他们不得不挨家挨户询问，人们是否未雨绸缪地储存了一些红牛豆。不过，这种作物生长起来了，而这一消息也传到了对其民族食物历史很感兴趣的非裔美国农民那里。

其中一位是佐治来亚洲内陆农民马修·莱弗德。他的曾曾曾祖父丘辟特·吉利亚德于1812年出生在南卡罗来纳州的奴隶家庭，在1874年以9美元外加地产税在萨佩洛北部的佐治亚州不伦瑞克购买了476英亩的农田，成为土地拥有者。莱弗德年轻的时候完全看不起美国南部，尤其是这里的土壤。他说，在非裔美国人民权运动时代，大家都很清楚地意识到“不要当农民，而是要成为医生或律师”。农作很艰苦，而且对一些人来说，在地里干活不禁让人联想到奴役的历史。1910年，非裔美国人约占美国农民的14%，如今则少于2%。

莱弗德参了军，并当上了厨师。然而，在20世纪90年代，他的祖母说服他回到了家族农场。有一天，他偶然听到了科妮莉亚·贝莉的故事。他记得自己的祖父母种植过一种红牛豆，于是他便来到萨佩洛岛，见了“贝莉小姐”。他说，走上这座小岛就像是回到了从前。人们讲着吉奇方言，说着他祖母会说的话，比如正午的太阳“比鱼油还要烫”。当他找到贝莉时，她正在一英亩的红牛豆种植地上锄地。他说：“看着她，我就在想，这真的有那么容易么？”她告诉他：“孩子，这种豆可不矜贵，它知道自己需要做什么，你只消松土、把豆子扔下去、盖上土，再浇点水，它就能长起来。”她说得对，这种作物非常坚韧。如今，在不伦瑞克附近的莱弗德家族农田里就种着这种豆子。

另一位协助拯救萨佩洛的红牛豆的佐治亚州内陆人是尼克·海嫩。他是佐治亚大学的地理学教授，受到科妮莉亚·贝莉——“我一生中遇到的最重要的人之一”——的启发而开始种植红牛豆。2017年，贝莉去世。海嫩仍然希望红牛豆可以挽救吉奇文化，便和贝莉的孩子们一起继续种植这种作物。他说：“如果我们失去了这种豆子，便失去了一个可以帮助我们理解这个世界的品种。”这种豆子的味道与众不同，不能说有多么优越，它就是不一样。正因为他在萨佩洛协助种植这些豆子，所以对他来说，它们不仅是当地的一道风景，还被赋予了情感色彩。海嫩说：“这些小小的红牛豆充满了如此多的历史和文化。”因此，他无法想象任其灭绝。

10 山脉小扁豆

德国，施瓦本

位于德国西南部施瓦本汝拉的山脉、山谷和山洞，在人类历史上占据了特殊地位。1939年，大战在即，两位考古学家在一个洞穴的内室里找到了数百块猛犸象象牙碎片。1969年，这些碎片终于被重新拼合在一起——那是一尊30厘米高的健壮的狮头人身男像。这件雕刻品至少有4万年的历史。也就是说，从施泰德洞穴里找到的这尊狮子人像，是已知最古老的人类想象中的生命体。在附近的洞穴里，考古学家还发现了古代乐器：将天鹅、秃鹰的翼骨挖空后，在其中一面凿孔而制成的乐器。制作这些物件的狩猎采集者是最早抵达欧洲的现代人，他们先是与尼安德特人[1]共存，之后又取代了他们。3万年后，当新月沃土的植物种子被带到巴尔干半岛和多瑙河沿岸后，种植业得以在施瓦本汝拉（也叫施瓦本山脉）兴起。他们种植的作物包括单粒小麦、二粒小麦以及大麦和小扁豆。

几千年来，在这里生长的小扁豆进化成了一种名为“山脉小扁豆”的地方品种。施瓦本农民将这种豆类和谷物种植在一起。这种植物矮小而枝叶茂密，仅40厘米高。它受惠于小麦和大麦的更高的枝干，反过来也为谷物的土壤提供肥料。这种小小的豆类适应了山

---

1 尼安德特人，生存于旧石器时代的史前人类，其遗迹首先在德国尼安德特谷发现。

区的一切艰苦条件。在贫瘠多石的土壤里，其他植物都无法存活，它却生存了下来。即使在收成不佳、其他作物颗粒无收的年份，它依然年复一年地有所产出。由于山区居民经常为冰雪所围困，与外界隔绝，小扁豆便成了他们的命脉。然而，在18和19世纪，这里的生活太过艰苦，以至于数以千计的当地居民离开了施瓦本山脉，到新世界去追寻更好（也可能更容易）的生活。

施瓦本汝拉现在依然是欧洲中部最偏僻的地方之一。在德国人中，施瓦本人以其严谨的工作态度和创新能力而闻名（戴姆勒和梅赛德斯-奔驰发源于施瓦本）。这里的人还有很强的身份认同感，并有他们自己的语言。正如施瓦本谚语所说："我们什么都能做到，唯独说不好德语。"几个世纪以来，这种身份认同也包含了食物。施瓦本农民收割的作物为一种名为Linsen mit Spätzle的地方代表菜（深绿色的地方品种小扁豆配施瓦本意大利面）提供了配料。在富裕时期，较殷实的家庭还会加上肉肠。独特的施瓦本小扁豆因其浓厚的、奶油般的口感和令人满足的矿物风味而深受喜爱。然而，它在20世纪60年代就绝迹了。

其中一大原因是经济方面的。20世纪60年代，西德制造业的兴盛令大量农民放弃耕种，加入工厂。第二个原因是全球范围内种植业的改变。印度曾一度是全球最大的小扁豆种植国，但当博洛格的"绿色革命"小麦到来时，其他作物被一一取代，小扁豆的种植也开始减少。与此同时，加拿大萨斯喀彻温省的农民却开始尝试种植小扁豆。

起初，小扁豆被视为一种给土地施肥的廉价方式，而随着其高产量品种的开发，这种作物也具备了自身的商业价值。几年之内，数百万公顷的草原遭到开垦，为绿色和红色小扁豆的大规模单一种植让路。如今，加拿大的小扁豆产量超过了印度和美国（世界上其他主要生产国）的产量总和。这些小扁豆出口到世界各地后，种植地方品种的农民难以与其抗衡。当你可以用从大西洋彼岸进口的廉价品种，来制作那道小扁豆配意大利面时，又何必费劲种它呢？突然之间，在山区里生长进化了数千年的山脉小扁豆便消失了。

当地农民沃尔德玛（沃尔德）· 马梅尔一直担心施瓦本小扁豆会绝种。他认为，山脉小扁豆不只是简单的扁豆，而是一个更广大系统的必要组成部分。这个系统自给自足，并创造出了一种独特的生活方式。在20世纪90年代，马梅尔决计要让这个地方品种起死回生。然而，农民们上次种植这种小扁豆已经是几十年前的事了，且没有人存下任何种子。邻居们告诉他，这一拯救行动是他们所听过的最疯狂的想法。

马梅尔开始寻找最接近山脉小扁豆的品种，包括生长在法国中南部勒皮地区的一种著名的、绿色大理石般、带有胡椒味的小扁豆。它们相当好吃，但没有记忆中的那种独特味道，且难以在山区茁壮成长。他花了十年的时间在旧农舍和谷仓的阁楼里搜寻，以期在椽子和地板缝里找到那么一两颗种子。后来，他联系了德国的种子储藏库、美国农业部位于科罗拉多州的种子收藏所、圣彼得堡的瓦维洛夫学院，还联系了位于叙利亚的、全世界最大的小扁豆种子收藏库的保管人。然而，根本没有人听到过山脉小扁豆这个品种，更别提见过它的样本了。

2007年，马梅尔和一小群施瓦本农民前往俄罗斯，查阅瓦维洛夫学院的记录，希冀至少能找到其他可以在山区种植的地方品种。马梅尔和另一位保管人员在翻阅记录时，发现了一张不同寻常的卡片索引。十年来，就是这三个字母和一个归档失误挡住了他的去路：这种小扁豆被列为Alpen-linse品种，而不是Alb-linse。俄罗斯人无法理解为何这些农民会为这一种小扁豆而感到如此兴奋，毕竟学院里收藏着数千个不同的品种。马梅尔解释道，那是他们唯一关心的品种，因为它是施瓦本历史的一部分。回到施瓦本后，他用从瓦维洛夫学院取来的种子培植了一批小扁豆，又将长出来的种子跟其他志同道合的农民们分享。马梅尔成功地令这种小扁豆起死回生，而它不过是曾经遍布欧洲的数千种独特小扁豆中的一种——这数千个品种现在几乎都已绝迹了。

在一条条交错着攀附于其他植物的灌木树枝中，狩猎采集者收集到了这些野生小扁豆。野生豆类的豆荚会爆开，将其种子掷出很远（一些豆类树种的豆荚较大，爆裂声听起来就像是放鞭炮）。某一次基因变异令一些小扁豆的种子滞留在了豆荚里（与导致小麦谷粒不落粒的基因变种相似），使收割变得更容易。20世纪60年代，考古学家从希腊南部山洞里挖掘出来的东西体现了这一转变。弗兰克西洞穴展现了在3万年的时间跨度里，随着不同的人类群体驻扎于洞中，人类的食物和种植方法是如何变化的。最早来到这个洞穴的人是狩猎采集者，他们留下了野猪和瓶羊的骨头。大约在1.3万年前，野生小扁豆出现了，同时出现的还有野生杏仁和野生开心果。然后，有证据显示，7000年前在洞口附近出现了用于种植燕麦和小麦的梯田，田地里也混合种植了小扁豆。作为一种食物和天然肥料，小扁豆传遍了整个欧洲。数千个地方品种得以演化，其中就包括施瓦本的山脉小扁豆。

我们之所以能对这些地方品种（甚至包括已经绝种了的品种）有所了解，多亏了俄罗斯植物学家叶连娜·巴鲁利纳在20世纪30年代所做的研究。她从小在伏尔加河边的港口城市萨拉托夫长大，之后搬到了圣彼得堡，在那里她花了几十年的时间研究从世界各地收集来的小扁豆种子。随着化学肥料的发明，工业化国家的小扁豆产量锐减，她不得不与时间赛跑，记录下这种作物原有的多样性。就在巴鲁利纳迅速记录欧洲各个地方品种的同时，它们也在以同样的速度消失。近一个世纪过去了，她那篇长达319页的专题研究报告，依然是塑造了现代世界豆类作物的标杆之作。她的名字应该更为人所知，协助她收集种子并进行研究的那人也应该如此：尼古拉·瓦维洛夫，正是巴鲁利纳的丈夫。

1940年，当瓦维洛夫被关进监牢时，巴鲁利纳为使他能得到释放而抗争，并给他寄去食物包裹。瓦维洛夫从未收到这些包裹。据我们所知，瓦维洛夫于1943年在牢里死于饥饿，而他的妻儿则多年生活在贫困之中。1955年，瓦维洛夫的名誉得到恢复，巴鲁利纳开始整理他留下的大量未出版的文献，它们记载了他收集种子的探险之旅。然而，她于1957年去世了，未来得及完成她的整理工作。

巴鲁利纳对于小扁豆地方品种的记载，以及沃尔德玛·马梅尔在施瓦本山区恢复山脉小扁豆种植的榜样行为，激发了欧洲各地的群体拯救各自濒危的小扁豆品种，并掀起了如今的这一场小扁豆运动。在瑞典哥得兰岛，农民托马斯·埃兰德松挽救了许多已经在岛上绝迹的菜豆、豌豆和小扁豆品种，包括哥得兰小扁豆（Gotlandslinsen）。这种金黄色的小扁豆已经适应了哥得兰岛的碱性土壤和寒凉天气。在中世纪，哥得兰岛上僧侣手写的书卷中提及了哥得兰小扁豆。几个世纪以来，人们用它做炖菜，还将它磨成粉再做成薄面饼。但在20世纪60年代，它却消失了。埃兰德松说，它被视为“穷人的食物”。经过一番搜索，他在岛上找到了两位上了年纪的农民，他们还存有这种小扁豆种子。“我找到的种子很了不起。这种小扁豆味道好极了。”

英国东海岸的一组研究人员也听说了施瓦本山脉小扁豆的故事。2008年，约西亚·梅尔德伦、尼克·索特马什和威廉·赫德森正试图设计一个新的城市食物系统，这种系统将更能适应气候变化，且对环境的破坏更小。他们很快就意识到，豆类植物的种子对于创造新系统至关重要，因为它们的生长几乎不需要任何其他资源，还能给土壤注入大量营养。他们在听说了施瓦本恢复种植小扁豆的故事后，检索了曾一度在英国种植的作物，发现在铁器时代，豆类是一种必不可少的作物，甚至在第一本英国食谱中就出现了豆类。这本食谱名为《烹饪形式》，是在1390年以古英语写就的。“取出豆子，将其煮到几乎爆裂”是大蒜洋葱炸豆子这道菜的操作步骤之一。他们在托马斯·塔瑟的诗歌中找到了一部1570年版本的《耕种的百利》，它为农民提供了一系列种植指南：“在二月，切勿休歇/带上你的菜豆和豌豆去地里。”至少有3000年，蚕豆和小扁豆一直是英国人的主要食品。然而，随着人们进食更多的肉类和奶类，豆类被视为低等食物。民间歌谣甚至表现出了贫困和豆子的乏味——“热豆子粥，冷豆子粥，/锅子里的豆子粥，已九天之久”。在英国，虽然像蚕豆这样的古老作物依然得到培植，但它们却成了动物饲料或出口品。2012年，梅尔德伦和朋友一道创建了一家公司，名为霍德梅德（Hodmedod，古东英吉利语，指的是某种圆形或卷曲的东西，比如豆类的爬藤）。这家公司得了奖，且大获成功，并使英国重新兴起了包括小扁豆在内的豆类种植。

沃尔德玛·马梅尔吸引其他施瓦本人加入他的行列的方式，就是让他们试吃山脉小扁豆，并告诉他们："它的味道和给人的感受是独一无二的。"他也教会了农民们如何将小扁豆和小麦、大麦混合种植，以使土壤更加肥沃。最后，还有马梅尔自己设计和制造的一台机器，它可以将小扁豆从其他谷物中筛选出来，简化收割。如今，有140名施瓦本农民种植小扁豆，而对于山脉小扁豆的需求则远大于供应。这证实了我们或许可以令绝迹的食物起死回生。

11 酢浆薯

玻利维亚，安第斯

“你看见那个胎儿了吗？”我的同伴劳里塔诺一边喊，一边指向一块巨石顶部的一条小缝隙。我们攀登到了3000米高的山上，寻找一块圣石。在安第斯薄荷树丛和高而尖的凤梨花之中，一副宠物猫大小的骨骼隐藏在岩石缝里，隐约可以辨认出它的头颅和脊背。那看起来像是一只动物的躯体在炎热的天气里慢慢皱缩了。劳里塔诺解释道，美洲驼的胎儿是祭品，而那块10米高的岩石则是通往山上一座寺庙的一系列巨石的一部分。以小美洲驼宝宝为供品，将有助于这一年有个好收成。

我们身处阿波洛班巴山脉，玻利维亚与秘鲁的交界处。在此处的村庄里住着的大多是土生土长的艾马拉人和盖丘亚人。天一直在下雪，我们周围唯一发出响动的就是在泥路上吃草的羊驼。岩石之上是冰雪覆盖的山脉，山峰有6000米之高。在这样的海拔高度，即使在晴好的日子，也寒意凛冽。

劳里塔诺所属的卡拉瓦亚族是萨满教中日渐式微的一支。2000年来，萨满教人在安第斯山脉地区从事传统医药工作。卡拉瓦亚族最初是居住在的的喀喀湖北岸的一个少数民族，拥有自己的语言（现已失传），如今则四散在安第斯山脉各地的村庄里。他们依然是治疗师，且几个世纪以来，卡拉瓦亚人使用的一些植物已被西医采纳，包括古柯。卡拉瓦亚人用古柯的叶子治疗痢疾和头疼，19世纪的欧洲医生则从中提取生物碱——可卡因——来制造麻醉剂。另一种被广泛使用的药物是金鸡纳树的干树皮。卡拉瓦亚人用它治疗疟疾已有超过1000年的历史，大英帝国也予以效仿（金鸡纳树皮中含有一种化合物，奎宁）。19世纪90年代，当巴拿马运河上的工人开始因疟疾和黄热病而死去时，卡拉瓦亚的治疗师不远千里赶去治疗病患。然而，到了20世纪30年代，随着西方医师的到来，卡拉瓦亚人被冠以“巫医”的恶名。

劳里塔诺30岁出头，是最后的卡拉瓦亚人之一，他从父亲那里继承了知识和力量。“我脸上的胎记就是个标志，”他说，“在一众兄弟当中，我是被选中的那一个。”他作为萨满的职责远不止是提供植物知识、成为行走的药典；卡拉瓦亚人也是人类和最重要的实体——地球母亲之间的主要桥梁。在安第斯山脉盛行的宇宙学中，疾病或收成欠佳或许是由人与自然之间的关系受到干扰而引起的。农民们呼唤卡拉瓦亚人，以避免灾难的发生。

劳里塔诺披着一件用羊驼毛制成的红、绿、蓝三色条纹相间的斗篷。在我们交谈时，他总是从脖子上挂着的袋子里掏出古柯叶，放进嘴里咀嚼。在圣石处，他将六片叶子放在岩石底部，然后从瓶子里倒出些液体，洒在上面。这是浓烈的安第斯私酿，一种用土豆酿制的烈酒。供奉给地球母亲的祭品已经准备好，劳里塔诺可以开始祈祷了。“这样一来，就能求得食物了。”

在3000米高的山上，在这白雪与岩石的世界里，我观察着他的一举一动，理解了农民们为何还是会请卡拉瓦亚人帮忙祈福。这里是地球上海拔最高、最寒冷，也是最难生存的地方之一。然而，人类居然在这里生活了数千年。一直以来，卡拉瓦亚人善用数百种野生药草并有着代代相传的植物知识，他们得以在这里生存下去。

从岩石出发，我跟劳里塔诺踩着踏脚石，跨过一条湍急的小河，来到一片高原。古老的石阶向山上延伸，仿佛是巨人的阶梯。在我们脚下生长的是安第斯地区的另一重要生活要素，植物王国的终极生存食物之一——块茎。装饰华丽的石墙加固了每一小块土地，这一别出心裁的设计令原本在此地无法开展的种植成为可能。劳里塔诺用一根小棍子挖一棵绿色植物的根部，挖出了一颗小土豆。

早期人类不可能只是挖出土豆便将其烹煮成食物，他们必须先处理掉令这些野生植物不可食用的有毒物质。这种植物隶属于可致死的茄科，所含的有毒物质可以抵御有害生物体（包括真菌、细菌和饥饿的动物）的攻击。即使是烹饪也无法分解这些化学物质。有一种古老的解决办法是用黏土和水调成泥水，其中微小的矿物分子会吸收有毒物质（人们在出售一些安第斯山脉的土豆品种时仍会附带一小包土）。在人工种植开展了数千年后，农民们不仅解决了有毒物质的问题，还选取了个头更大、味道更好，也更有营养的块茎。

接着，劳里塔诺又挖出了另一种模样的块茎：鲜黄色，表面凹凸不平，形似子弹。这便是酢浆薯。数千年来，这四周的梯田以及田地里种植着的各种块茎支撑了前哥伦比亚的文明，包括奇里帕、蒂瓦纳科，乃至13世纪的印加帝国。在种植方面或者说保持人口增长方面，包括尼泊尔在内的世界上所有同纬度地区都未能像安第斯山脉那样成功。

根系令植物坚实地扎根于土壤并为它们提供养分与水，而块茎则更像是地下的能量储备。这些储藏器官可以在遭遇降温或是雨水不至的时候派上用场。块茎在植物的演化过程中成为其赖以生存的器官，富含碳水化合物、钙和维生素C，最终成为人类生存的必需品。块茎被保护在土壤下，便能在其他作物歉收时为人类提供食物。它们也被视为有生命的食物仓库，能埋在地下一年有余，在人们需要时再挖出来吃。战争时期，谷物或许会被敌人掠夺，块茎却安全地隐藏了起来。哈扎人要是没有在非洲的稀树草原上挖到埃克瓦（ekwa）和都艾可（do'aiko）这两种块茎，便无法生存；前殖民时代的澳大利亚土著人也是靠慕农才生存了下来。

土豆通过“哥伦布大交换”来到了“旧世界”。每公顷土豆所提供的卡路里是每公顷小麦或大麦的4倍，它因此成为数百万欧洲人的粮食。要不是有了土豆，欧洲大陆未必能够实现工业化和帝国扩张。

在7000年前，这种改变了世界的块茎就在安第斯山脉得到了人工培植。此地发展成了土豆及其他许多块茎（包括块茎金莲花、百合花土豆和酢浆薯）的多样性发展中心，或者说是诞生地。世界上其他地方的块茎种类都不及安第斯山脉的多。在这里，仅仅是土豆就有4000种。人们轮耕土豆、豆类和玉米。这种多样性散布在安第斯地区的多个小村落，每一种块茎都适应了某个特定的纬度、小气候和土壤。所有块茎的营养成分都十分相似：碳水化合物、钙和维生素C。继小麦、大米和玉米之后，土豆成了人类最广泛进食的全球第四大作物。如今我们活着的大多数人都应该感谢最初培植土豆的狩猎采集者。

为了双重保险，安第斯地区的人民发明了一种特殊的储存技巧，将土豆变成一种可以储存数年的食物：冻干土豆（chuño）和脱水土豆（tunta）。这些土豆形似光滑的小鹅卵石，被存放在阿尔蒂普拉诺高原的酷寒之中。在这片高原，每年有300个霜降之夜，待气温降到零下5摄氏度以下，农民们就会带上数千个自己种植的、又圆又小的土豆来到这里。他们把土豆平铺在高原上，仿佛在群山之间造出了一片沙滩。这是制作冻干土豆和脱水土豆的第一阶段。太阳落山后，这些土豆开始冻结，并在此过程中逐渐脱水。随着太阳升起，这些块茎又开始解冻，更多的水分得以蒸发。家家户户看着这一大片土豆随着每天的冷冻、解冻而逐渐变干。白天，他们冒着严寒踏过这一大片块茎地，用光脚丫挤出土豆最后的水分。完全脱干水分后的深色冻干土豆可以储存多年。人们需要时，可以将冻干土豆制成面粉，或是把它放在炖菜中重新吸收水分，呈现出意大利土豆面疙瘩那样的模样和质地。脱水土豆是冻干土豆的白色版本，涉及更加艰巨的工作——将土豆存放在灌满水的土坑里，再用石头盖住，并用干草（由一种名为pajabrava的强韧的草制成）包好，一个月后再把这些土豆加到其他冻干土豆中一起进行冻干。

这种技巧至少有3000年的历史，并曾为蒂瓦纳科人所采用。蒂瓦纳科人当时居住在如今的玻利维亚、智利和秘鲁一带，是早期的农耕文明之一，其族群之所以繁盛，很大程度上依靠了保存起来的块茎食物（肉干——盖丘亚语中的ch'arki，也是用类似的方法保鲜的）。15世纪的印加人也是凭借装满了仓库的冻干土豆，才养活了大批族人，包括住在安第斯山脉纬度最高的、边远居民点的人们（以及住在的的喀喀湖周围的100万人）。不过，白色的脱水土豆一直都是尊贵的食物：就像他族的白米和白面粉一样，这种更精细的食品是留给上层阶级的。

即使在印加帝国衰败后，冻干土豆依然留存了下来。征服者佩德罗·谢萨·德莱昂于1590年写道："许多西班牙人仅仅凭借在矿井贩卖冻干土豆就富裕了起来，他们还有另一种名为酢浆薯的食物，也利润丰厚。"大约在同一时间，耶稣会传教士何塞·德阿科斯塔描述了矿主如何因冻干土豆的高昂价格而抗议——他们需要用冻干土豆喂饱矿工。这些脱了水的块茎不仅令安第斯山脉地区的人们活了下来，还支撑了帝国的发展并创造了财富。

不过，我主要是对劳里塔诺找到的第二种块茎——酢浆薯感兴趣。这种块茎被种植在更北部的地区。在秘鲁中部高地的吉塔雷罗洞穴，考古学家找到了保存了1万年之久的炭、木头和布料的碎片，以及植物和动物的遗迹。在20世纪60年代，考古学家一层一层地往地下挖，相继找到了各种古老的食物。玉米棒、豆荚、辣椒和番茄野生品种的种子都出现了。然而，从最古老到最新近的地层，有少数食物会出现在每一层，酢浆薯就是其中之一。

酢浆薯（盖丘亚语为khaya）并不像土豆那样遍布全球，但在安第斯山脉的部分地区，它同样受到人们的珍视。它耐寒，可以忍受零下的气温；善于抵抗疾病；能在贫瘠的土壤中生长；还与安第斯山脉极端的昼夜条件（白昼像夏天，夜晚像冬天）高度合拍。它如此完美地适应了这里的环境，以至于它在离这里太远的地域反而难以生存。当气温凉爽而不太寒冷且日短夜长（黑暗促使块茎生长）时，这种植物会长出可供食用的块茎。很少有其他地方（新西兰是个例外）具备这样的条件来大规模种植酢浆薯。因此，土豆这种更容易适应当地条件的品种，便成为世界上最畅销的块茎。然而，就像土豆一样，安第斯地区有数百种，甚至数千种酢浆薯品种（酢浆薯并未在全球市场得到广泛关注，意味着它并未得到深入研究）。

当你游历安第斯地区时，就会发现酢浆薯以各种鲜艳的色彩呈现出惊人的多样性：粉白、黄、红、紫和黑。其风味也各异：从香浓刺激到甜得迷人。酢浆薯含有一种复杂的化合物——草酸。它可以帮助植物防御虫害和疾病。有些酢浆薯品种的草酸含量过高，味道很涩，必须在太阳底下晒一周，累积糖分而平衡酸性后才能食用。只有这样，它们才能被拿来水煮、烘烤或是煎炸，吃上去像是坚果味很浓的红薯。

和冻干土豆和脱水土豆一样，酢浆薯也被储藏起来，作为安第斯地区人民的主要食物。为了解酢浆薯的储藏办法，我跟劳里塔诺道了别，沿着安第斯山脉北上，来到了过去印加帝国的一个边远居民点。那是位于阿波罗姆巴山区海拔4000米的一座名为Ayllu Agua Blanca的小村庄。在这里住着100户人家，他们每年有几个月都生活在霜雾之中。与冻干土豆和脱水土豆一样，干酢浆薯是他们的日常干粮。

我跟着一群盖丘亚妇女从村子出发，沿着山路走向她们的田地。此等纬度令我难以跟上这些妇女向前迈进的步伐。她们穿着传统的乔丽塔（cholita）服饰：一层层厚重的衬裙、蓝色裙子、深棕色的圆顶帽，以及红黄相间的漂亮披巾。那并不像是为翻山越岭或是种植块茎而设计的服装，但她们穿着这身衣服却行动自如。村民们在山谷四周的田野和梯田里都种上了块茎。这看似不切实际，因为需要攀爬行走才能从一块地到另一块地。然而，他们正是以此来分散风险：如果霜冻或疾病使一块地遭殃，其他处于不同纬度和土壤条件下的地块还能有所产出。另外，他们每年都会种植不同的作物，包括酢浆薯、块茎藜、豆类和藜麦。整个村子种植的品种有数百种。“轮耕很重要，”其中一位妇女说，“土地需要休息。”

她们从地里收获了若干袋酢浆薯，然后背着它们走了40分钟山路，来到佩莱丘科河。河床像是被轰炸过似的，有一个个数米宽的坑，每个坑之间相隔很近，需要踮起脚尖沿着狭窄的土脊行走，才不致跌进坑里。坑里装满了水、干草和少许安第斯薄荷。装着酢浆薯的袋子被放进坑里，盖上石头，就这样存放至少一个月。伴随着佩莱丘科河响亮的河水声，其中一位名为瓦希里亚的妇女挪开一些石头，将手臂伸进坑里的冷水中，拉出了其中一袋存放较久的酢浆薯。她捏了捏一个正在褪皮的块茎，摇了摇头。“还不是时候，”她说，“要再等一周。”这些酢浆薯变得像海绵那样软时，它的酸味就褪去了。

除去酸味的酢浆薯就可以被带到山上，像阿尔蒂普拉诺高原上的冻干土豆那样，在地上铺开。历时一周，酢浆薯经过冷冻、解冻的循环，“等到它们看起来像是腐烂了，我们就会上去捏一捏”，瓦希里亚解释道。而后，在那寒冷的山间，她们光脚踩在这些酢浆薯上，挤出最后的水分。等到它们都又干、又扁、颜色又深的时候，便被带回村庄。

在一间小小的厨房里，妇女们将一块块貌似烧焦的木头的干酢浆薯磨成粉，制成面团。在面团里加入盐、香草和糖后，一股浓郁的、甜滋滋的农场气味便扑面而来（水坑里发酵的干草起了作用）。之后，她们把面团揉成迷你汉堡大小，在玉米油里一炸，就做出了有嚼劲的圆饼，尝起来有糖蜜、干草和谷仓的味道。

在我离开阿波洛班巴山脉的那天，村民组织了一次聚餐，所有周边村庄的居民都聚集一堂。有些人走了数英里的路来到这里，交流见闻、共享美食。各村庄的人带来的不同块茎都铺在毯子上，有五六十种酢浆薯、冻干土豆、脱水土豆，以及形状、大小及颜色各异的当地土豆。每一种块茎都适应了当地村落的环境，有些在较高的纬度，有些则在较低的纬度，让这一次聚餐得以充分展示了多样性。

有些人为了研究这一多样性而付出了毕生心血。美国植物学家伊芙·埃姆什威勒便是其中之一。她花了将近30年的时间在安第斯山脉间游走，多数时间都是在寻找被遗忘和濒危的酢浆薯品种，帮助秘鲁和玻利维亚政府保护酢浆薯的多样性。20世纪70年代，学生时代的她就对盖丘亚的音乐和语言产生了兴趣。而到了20世纪90年代，她开始关注他们的食物，并最终聚焦于鲜有人研究的酢浆薯。如今，她被视为世界级的酢浆薯专家。在她到访过的玻利维亚和秘鲁的所有村庄中，农民们一直种植着各种不同的酢浆薯，包括一些只有在当地才能找到的品种。然而，在每次实地调研的过程中，她都注意到了同样的问题：种植酢浆薯的人越来越少。一些农民表示，这是因为他们的酢浆薯作物备受虫害攻击。“他们告诉我，气候在变化，毁掉了他们的作物。”在另一些地方，她被告知所有的年轻人都去城市寻找工作了，村里已无人耕种。

仅在2006年到2011年间，玻利维亚就有三分之一的人口从农村搬到了城市。邻近拉巴斯的埃尔阿尔托在短短20年间，人口就增长了两倍，达到了90万居民。结果，那些村庄就空落了。

有一次，她来到秘鲁北部一个以酢浆薯闻名的村庄，那里几乎不再有人种植或食用酢浆薯了。她和随行的环保主义者四处询问，试图找出个中缘由，但酢浆薯的稀缺仍是一个谜。回程的路上，他们在一个加油站稍作休息，跟一位货车司机攀谈了起来。这位司机正在往附近的城市运送土豆。他说，这些土豆叫“云盖”（yungay），是一种黄色的大土豆，适合用来煎炸，很受城市居民的欢迎。随着城市人口的增长，批发商要扩大这种土豆的供应，这位司机便找到了这份将种薯运往各个村庄的工作。结果，这无意之中令安第斯地区的农民放弃了传统的块茎品种，转而在大块的土地上种起了黄色土豆。无论他们种什么，货车司机都承诺会买下来。如此一来，这些农民就成了云盖的种植者。

在安第斯山脉各地，埃姆什威勒都见到了为单一种植而放弃轮作的农民。他们在同一块土地上，年复一年地种植着同样的作物。他们通常会因此而使用更多的杀虫剂，而随着土壤更疲乏，不得不引入肥料。如此一来，他们不仅失去了仅存的古老酢浆薯品种，更丧失了一个自给自足的复杂系统。许多人就此放弃，搬到了城市郊外的棚户区。埃姆什威勒和政府委派的农学家一起收集所有能够找到的酢浆薯品种，为安第斯人民的后代守护酢浆薯的多样性。

如今的安第斯人民比以往更需要食物和种植上的弹性。天气变得越来越没有规律，小镇居民都受到干旱、洪涝和霜冻的巨大影响；气温正在升高，冰雪消融则导致冰川消退和消失（如此，长久以来用于灌溉和供应拉巴斯等城市的水源就断了）。制作冻干土豆和保存酢浆薯的工作变得更加不稳定，因为霜降不如从前那样有规律。气温升高也将作物疾病带到了更高的纬度，迫使农民们爬到更高的地方，以寻找安全、无真菌的土壤。许多植物无法适应如此快速变化的环境以及越来越多的虫害和疾病，但有些植物却可以。正因如此，拯救安第斯地区的多样性并支持当地农民是至关重要的。

“安第斯就像是理解气候变化的活生生的实验室。”国际马铃薯中心的资深科学家斯特夫·德哈恩说。国际马铃薯中心是位于利马边境的一个研究站，收藏着4600种安第斯块茎，其中的一部分块茎或许具备在未来派上用场的特质，但更多的则存在于数千个偏远的村庄里。在那里，多样的地方品种依然得到种植，并适应着当地环境。这一想法促成了“土豆公园”的成立。这个公园位于库斯科古城的圣谷，靠近秘鲁和玻利维亚的交界处。在这个庞大的保护区里住着6000名土著人，建立这一保护区的初衷是为了保存文化认同、药草和种植知识，以及多种块茎。2017年，650种块茎被从土豆公园送往斯瓦尔巴，作为备用。

拯救这种多样性的科学依据已变得越来越清晰。2011年，科学家们将土豆和酢浆薯的基因组进行了对照，解释了为何有些块茎更易患病，以及导致爱尔兰土豆大饥荒的枯萎病为何具有如此大的破坏性。

枯萎病依然在全球肆虐，摧毁作物并威胁全球食物安全。这些基因组有助于识别能够抵抗枯萎病的特质。研究结果显示，这种抗病基因就来自稀缺的地方品种块茎，包括酢浆薯和其他类似酢浆薯的野生品种（在玻利维亚的云雾森林，即块茎的诞生地，可以找到）。我们保护的多样性越丰富，就越有益，这不仅是对安第斯人民而言，对全球农民也是如此。“忽视这一点将会危害我们自己，”德哈恩说，“安第斯的农民是全世界一大基因资源的守护者。”

12 奥希格黄豆

日本，冲绳

从日本本土向南1000英里，就是位于太平洋的冲绳岛。在这个小岛中部，有一块1米长、5米宽的黄豆地——或许是世界上最小的黄豆地，四周围绕着热带丛林。照料它的是70岁出头的瘦小老头加力谦一，他正努力挽救日本最罕见的黄豆品种。罕见的黄豆？这怎么可能？新闻报道每每提及黄豆种植泛滥所造成的问题。在巴西塞拉多、阿根廷云家斯云雾森林和玻利维亚大查科发生的人为毁林，往往被归咎于Glycine max这种作物种植的不断扩张。我们将其称为黄豆，它是一种黄色的椭圆形小豆，富含蛋白质，是全球大多数鸡饲料和猪饲料最主要的配料。2020年，全球黄豆需求的增长速度达到了历年最高水平。

然而，加力谦一的黄豆是罕见的，罕见到他种了三年的黄豆，却一颗都不敢吃。他希望有朝一日能够收集到足够多的种子，与其他农民分享，并真正拯救这种豆子。因此，他保存了每一颗豆子，仿佛它们都是珍贵的手工艺品。对于加力来说，的确如此。

19世纪70年代，冲绳成了日本的一个县。在那之前的几个世纪，它叫琉球，有自己的语言、文化、宗教，以及黄豆。这种地方品种的黄豆叫作“奥希格”（オーヒグ），就是加力谦一正在试图种植的。奥希格黄豆之于冲绳人，就像是卡夫奥加小麦之于东土耳其人，或是山脉小扁豆之于施瓦本人，代表着生存、身份和自给自足。从14世纪开始，每到春天，樱花一开，农民们就会种植这种豆子。奥希格黄豆比其他品种的黄豆长得更快，这就意味着当雨季到来时，这些黄豆就能顶得住最大的威胁——更热、更潮湿的天气所带来的昆虫。因此，农民们将这些种子收藏起来，并代代相传。

黄豆起源于中国北方。6000年前，那里的农民开始种植这种植物。在3500年前的商朝，这种豆子首次出现在书面记录之中。当时，黄豆是动物的饲料，也是人们吃的粥的原料。即使是在煮了好几个小时之后，这种豆子还是有一层坚硬的外皮，以及一种浓厚的苦味。早期的黄豆加工品通过发酵——让细菌分解这种豆子——克服了这一问题。先是出现了一种名为“酱”的基础调味品。酱再加入盐、大米或大麦，就会变成味噌。然而，真正的妙举是将黄豆制成豆腐。如今，豆腐成了许多亚洲国家的日常食物，就像西方国家的面包一样。这是一种奇迹般地转化，带有苦味的豆子变成了美味的白色块状食物。在中国河南省，有一座距今2000年的陵墓，里面有一幅壁画描绘了豆腐的制作步骤：先将豆子煮成豆奶，然后在豆奶中加入海盐使其凝结，直到它足够丝滑黏稠，再将其压成块状。随着佛教及其茹素的原则从中国传到其他亚洲国家，黄豆和豆腐也传了出去。在12世纪，日本神道传教士将豆腐当作祭品放上圣坛。那时，黄豆已经传到了琉球。

在古琉球岛王国南部的首都那霸市，坐落着雄伟的首里城。琉球国王就在这座外围铺着红砖的城堡里统治琉球，而中国的大使也来到了那霸市。当时中国的影响力沿着大洋向西扩展，对于琉球王国的影响力最大；它赋予琉球国王权力，支持这个岛国的大部分贸易，并与之分享种子和烹饪技巧。奥希格黄豆和岛豆腐（Shima-dofu）就是这样来到冲绳岛的。岛豆腐比日本其他豆腐更软、更滑，更接近于中国的传统豆腐。19世纪末的《日本人民饮食调研报告》（当时的冲绳受日本明治政府统治）发现，典型的冲绳饮食中早餐、午餐和晚餐都包含豆腐、“番薯、味噌汤，以及大量蔬菜”。他们的饮食以植物为主，富含黄豆。冲绳因此成为世界上五大“蓝色地带”之一，这些地区的人均寿命特别长，人民生活得十分健康。然而，在20世纪中叶，冲绳人的饮食发生了一个奇怪而出人意料的改变。20世纪60年代，冲绳人依然在吃豆腐，但奥希格黄豆却销声匿迹了，他们吃的是美国中西部种植的黄豆。

在人类种植和培育的所有食物种子当中，黄豆的特别之处并不在于它所含的化合物种类，而在于其营养含量。一颗黄豆中约有20%的油和35%的蛋白质，含量对于豆类而言是相当高的。自18世纪以来，美国科学家就对黄豆产生了兴趣。19世纪50年代，它已成为美国南部轮作的豆类品种之一。然而，直到20世纪初，其蛋白质和油脂的真正潜力才得以发挥。这在很大程度上要归功于植物收藏家、创业者和宗教领袖们各自的努力。

20世纪初，黄豆开始在西方逐渐建立显赫地位。当时，美国农业部派遣植物学家——包括赫赫有名的种子收藏家弗兰克·迈耶——前往日本、韩国和中国，收集大量的黄豆品种。4500种黄豆样本被送回美国，进行田间试验。约有40个品种经美国农业部批准，成为商业化产品。随着黄豆供应量的增加，豆制品的需求量也相应增加。基督复临安息日会（Seventh-Day Adventist Church）认可黄豆符合其会员被要求遵守的严格的素食规定。会员之一、食品企业家约翰·哈维·凯洛格（因玉米片而成名）认为，黄豆在提升人类健康方面有着巨大的潜力。凯洛格当时已经开发了一些新的豆制品，其质感与当今利润丰厚的肉类替代品的最初原型相似，并且推出了“玉米黄豆丝”（Con-Soya Shreds）。“无可比拟的谷物！”广告如是说。

与此同时，实业家忙于用黄豆制造油漆、肥皂、纺织物和塑料。当时，物理学家正尝试分裂原子，而美国农业部的化学家则在分解黄豆，提取其中的成分，并寻找其油脂和蛋白质的用途。亨利·福特是黄豆的早期布道者，他曾用化学加工的黄豆来制造整辆汽车的车身，再喷上黄豆油漆，并安装上用黄豆纤维做的座椅。食品行业也爱上了黄豆，将其加工生产成更多的人造黄油和食用油。黄豆的另一成分——卵磷脂，则成了使用最广泛的乳化剂，也是速食半成品、沙拉酱和巧克力的重要成分。到了20世纪50年代，美国种植的黄豆（包括美国培植的品种，例如油脂更高、产量也更高的林肯豆）绰绰有余，足以将过剩的部分出口，而日本就成了美国黄豆最大的进口国之一。

1945年春天，美国海军和日本皇家军队在冲绳战役中对抗。这场长达82天的战役轰炸程度之激烈，被冲绳岛民称为“钢弹之雨”。9万名战士阵亡，冲绳的人口减少了一半。岛上数百个农场被毁，其他农场也被清拆，冲绳最终成为美国最大的海外军事基地之一，为5万多名美国军人所占据。美军占领期间，甘蔗作为经济作物得到了更大范围的种植，取代了农民在岛上种植的各类食物。与之相对的，当地进口了加州大米、堪萨斯小麦、罐装美国猪肉（午餐肉）和艾奥瓦州出产的黄豆。不仅是美国，越来越多的美洲其他地区生产的黄豆也出口到亚洲，使当地农民没有什么动力去拯救奥希格黄豆。

不过，黄豆产量的真正激增发生在20世纪70年代。这一增长与一种小型鱼有关。数十年来，渔民在秘鲁海岸捕获了大量鳀鱼，将其用作家禽和牛群饲料的主要蛋白质来源。然而，在1972年，过度捕鱼和厄尔尼诺现象导致秘鲁的鳀鱼捕捞下降了近90%。农业界掀起了一场蛋白质恐慌。为了保护美国产业（并防止肉价攀升），尼克松政府限制了美国黄豆的出口。彼时，日本已对美国的出口商品产生了严重依赖，美国出口的限制便殃及了日本。日本意识到了其对他国的依赖程度和自身的脆弱程度之深，于是开始从长计议。当时，世界上缺乏其他黄豆供应大国，因而不得不创造一个出来。巴西一度在黄豆交易中处于劣势，但凭借着日本的投资，以及砍伐包括塞拉多部分地区在内的原始森林，巴西成了黄豆出口大国。1960年，巴西的黄豆产量不足30万吨。20世纪80年代，随着适合塞拉多酸性土壤的黄豆栽培品种的开发，这一数字增长到了大约2000万吨。2020年，巴西的黄豆收成达到1.3亿吨，打破了所有纪录，并超过了美国的黄豆产量，巴西成为无可争议的全球第一的黄豆培植国。

随着黄豆产量激增，全球种子产业也悄然转变。价值40亿美元的黄豆种子市场成了主要的战场。南、北美洲各地种植的黄豆都基于少数基因相同的品种，且都是单一种植，这导致它们易受虫害和疾病的攻击。解决办法就是转基因黄豆。1996年，孟山都公司推出了“抗农达”黄豆，它能够抵抗“农达”这种草甘膦类除草剂。这个产品的开发是基于一次偶然的发现。生长在孟山都废水池中的一种细菌对农达有抗药性，人们便将这种细菌的基因转移到黄豆上，创造出了新的黄豆品种。先正达公司也紧接着推出了自己的品种“VMAX”。随后，拜耳也不甘示弱，推出了名为“自由链”（Liberty Link）的品种。2014年，在南、北美洲各地所种植的黄豆中，有超过90%都是转基因产品。

整合并不只是黄豆种子行业的特征，全球豆类贸易也高度集中在几家公司手中。多年来，这个小群体被称为“ABCD集团”：阿彻丹尼尔斯米德兰（Archer-Daniels-Midland）、邦吉（Bunge）、嘉吉（Cargill）和路易达孚（Louis-Dreyfus，D在其名字中间）。这些公司以及它们出售的黄豆，将食品生产变成了如今这样“复杂、全球化和金融化”的生意。他们的活动影响着食品价格、森林砍伐，以及土地和水的使用。2016年，情况（稍微）有所改变：一些亚洲公司——包括中国的中粮集团——开始对巴西的黄豆出口施加更大的影响力，而中国也成为南美洲黄豆增产的主要驱动力，为快速增长的养猪和养鸡行业提供饲料。塞拉多的未来在很大程度上取决于中国人的饮食。

2012年，我来到“ABCD集团”中的C公司——嘉吉。该公司拥有英国最大的黄豆加工厂“塞弗斯炼油厂”（Seaforth refinery），那是利物浦码头边一座看起来毫不起眼的大型建筑。我在那里见到了这家工厂的运营经理，他带我参观了一大片开阔的空地，蜿蜒曲折的钢管缠绕着整幢建筑，将难以想见的巨大机械设备连在一起。其中一套设备正将黄豆加工成碎片，并随之发出嗡嗡声。

除了这位经理以外，这里只有寥寥数人，因为大部分工作都实现了自动化，每年有近100万吨黄豆在这里加工（相当于每天加工3平方英里[1]黄豆种植园的收成）。每个月都会有一艘来自巴西的船运来6万吨黄豆，光是卸载这些黄豆就要花上5天。而将这些豆子变成油脂、蛋白质和卵磷脂所花的时间则少得多——大约4小时。这些工作主要是通过“溶液萃取”完成的，也就是用己烷（石油工业的化学副产品）分解黄豆的化合物，使所有蛋白质和油脂分子都派上用场。这一切都发生在一座40英尺宽、20英尺高的塔楼之内，那里有一套巨大的设备，在作业时会发出震耳欲聋的响声。我们沿着管道走，就看到了那台溶液萃取机，它能去除己烷，使黄豆可以食用。这位运营经理从他的口袋里掏出了一只小瓶子，里面装着一种黏稠的黄色油脂，那就是他们的产品。食品加工商用这一产品制造食用油、沙拉酱、蛋黄酱和人造黄油。在生产线的终端，巨大的黄色垃圾车停在一座由黄色粉末堆积而成的沙丘旁。我得知这些粉末含有48%的蛋白质，并会被转化成动物饲料。

大豆蛋白对我们的世界产生了巨大的影响，且在近代历史上，它比其他所有植物都更加根本地改变了人类饮食。全球约70%的大豆蛋白被用于喂养家禽和猪，剩余的部分则多数用来喂养牛羊群和养殖鱼群。黄豆增产后，全球生猪数量便翻了一番，达到10亿，而家禽数量则增加了6倍多，达到220亿。黄豆饲料还推动了一种新型

1　1平方英里约等于2.59平方千米。——编者注

养殖鱼群的增长：养殖的大西洋鲑鱼。然而，黄豆在为这个世界提供大量食物的同时，却减少了生物多样性，包括导致原始森林消失。2006年，一份黄豆停种协议得以实施，为减少亚马孙地区的人为毁林提供了帮助，但尚未涉及塞拉多。巴西仅剩下20%的热带雨林尚未遭到破坏。黄豆也对地缘政治有着巨大的影响，是贸易战中加征关税的主要征税对象之一。

在冲绳，有关奥希格黄豆和豆腐的大多数记忆都已变得鲜为人知，而握有最后的种子的一位农民死于20世纪70年代。在21世纪初，加力谦一开始寻找冲绳的奥希格种子。瓦维洛夫学院收到过一些种子，但数量过少，无法送给这位冲绳农民做试验。加力在浏览了瓦维洛夫学院的档案后，找到了收藏在冲绳琉球大学的一批种子。50年前，这所大学的一位植物学家将这些种子收藏了起来。如今正是这些种子在加力的黄豆地上生长着。

2018年，我到冲绳拜访了加力。当时，他刚好收集到了足够多的种子，可以与岛上的其他农民分享。“当我们吃上用奥希格黄豆制成的岛豆腐时，那就是个大日子啦。”他告诉我，“在超过半个世纪的时间里，没人吃过这种食物。”“二战”期间，古琉球王国的标志性建筑首里城遭到焚毁，但这座城堡尚可修复。而食物文化在失落后，要复兴就没那么简单了；它不那么可触，更为复杂，却也更为重要。加力说：“冲绳应当复兴其原有的作物。”对于外人来说，奥希格可能只是一颗微不足道的豆子。“但对很多冲绳人来说，重新种植这种豆子就像是对殖民和占领的一种反抗，是对我们自身身份的颂扬。”

种子的力量

相比其他作物，蔬菜带给我们的情绪反应是不同的。谷物通常被视为能量的源泉，米饭是碳水化合物的来源。然而，蔬菜却形状、颜色、质感各异，更能彰显美丽和多样性。蔬菜味道丰富，富含人体必需的维生素和矿物质，相较于肉类而言，是大多数人更赖以生存的食物。它们可以在小范围内种植，不像小麦和其他谷物那样，需要大片空地。因此，寻求更大程度自给自足的人，通常都会选择从种植蔬菜着手。这正是埃西亚·利维开始种植蔬菜的原因之一。不过，他对于可食用植物的兴趣远远不止于此。

他住在伦敦南部，并从这里将种子寄往世界各地。曾经装着信笺、账单和通告的信封如今被循环利用，里面装满了地方品种的种子：利维从牙买加亲戚那里发现的各类南瓜品种；各种各样的玉米，甜的、爆裂型的、红色的和“彩绘般的”；甜菜根、大黄和菜椒的种子。他在任何可种植的地方培植这些种子——在配给田里，在朋友家的阳台上，在邻居花园的篱笆上，在一只旧鞋子里，在他母亲住所周围的花坛里。利维的姐姐西里塔说：“就像是走进了秘密花园。”花盆不够用的时候，他就在超市购物袋里装满泥土，种下种子。他相信人们并不是因为没有地方来种植，而是缺乏这方面的知识和欲望。

这一切都始于同事送给他的一把名为“蓝色芭蕾”（Blue Ballet）的南瓜种子。他种下这些种子，看着它们成长。“那瓜肉棒极了，”他如此回忆道，“最好是烤着吃，令人齿颊留香。”他在自种的第一只南瓜里找到了数百粒种子，舍不得扔掉，便赠予他人。他对这场“从种子到餐盘”的奇迹般的旅程感到惊奇，便与他的两个孩子以及网上有相同理念的人分享这种体验。白天，他在伦敦地铁工作，负责查看信号灯；晚上，他会在社交网站Instagram上发布自己拍摄的照片——那些开放授粉的种子，以及他宝藏花园里种着的地方品种蔬菜。“我想好好利用大自然的馈赠，”他向世界各地的支持者发文说，“我有很多种子，且重要的是，我将免费赠出这些种子。”支持者只消提出要求，他就会把种子寄给他们——寄到格鲁吉亚、德国、牙买加、摩洛哥和加纳，“寄往世界各地”，他曾这样说，而那或许并非随口一说。每当看到有关灾害的电视新闻报道时，他就会给灾区人民寄送种子。“当我们心中有关怀，就会产生各种奇思妙想，而我们的想象力是无限的。”

许多人寄给他种子作为回报：来自波兰园丁的阿兹特克花椰菜，来自加拿大支持者的红色甜玉米，还有荷兰来的豆类种子，以及更多来自日本和美国的种子。人们从他发布的照片以及其中蕴含的希望获得了启发。他的一位支持者感激地说道：“魔力，纯粹的魔力。”利维也这么觉得。在他住的地方，并不总是那么容易就能找到新鲜食材，而这里却有着炸鸡店和大量贫民。种子为他们提供了更好的生活，帮助他们自食其力，且看得见、摸得着，也品尝得到。

2019年1月，年仅32岁的埃西亚·利维死于心律失常性猝死症。然而，借由他向世界各地寄出的种子，利维仿佛还活着。“我希望所有人都能共享种子，并去播种它们。”他曾说，“所有人都有责任保护我们的种子。”

第四章
肉　类

总有一天，人性的斗篷将庇佑所有生灵。

——杰里米·边沁《道德与立法原理导论》(1789)

在华盛顿的美国史密森尼国家自然历史博物馆里，有一块非常小的石化骨头，长不足2厘米。它的编码是FWJJ14A-1208，表面有两个凹洞，其中一个凹洞是一只大型觅食动物所为，而另一个则是人类用石器留下的。这根骨头（最有可能属于某种羚羊）是在非洲东部图尔卡纳湖附近找到的，就位于如今哈扎人捕猎地以北。FWJJ14A-1208有着150万年的历史，是迄今为止发现的人类祖先狩猎的最早证据之一。它反映了肉类在人类饮食中地位的上升。

狩猎带来了一系列变化。它让我们的祖先涉足更广，并成为探索者。追踪动物需要部族成员之间互相配合，他们的沟通技巧因而得到提升。他们通过观察秃鹫在空中盘旋来判断动物死尸的位置，这促使他们在脑海中形成了更为复杂的地图。食肉改变了人类的生理机能，大脑变得更发达，而肠道则萎缩了（因为不再需要消化大量的植物）。后来，大约在1.2万年前，有些人类不再狩猎、捕杀动物，而是把这些动物带到人类世界，并开始改造它们。

在150种有潜力的动物当中，人类祖先有选择性地饲养了14种。在这14种动物当中，又出现了“五大类”：绵羊、山羊、牛、猪和鸡。这五大类都满足六项标准：不怎么凶悍（不像斑马）；饮食不太复杂（不像食蚁兽）；长得较快（不像大象）；被圈养后依然能够快速繁殖（不像熊猫）；会跟随首领（不像羚羊）；在有限的空间内，或是面对像人类这样的捕食者时，不会太过紧张（不像瞪羚）。随着农业在新月沃土和中国广泛发展，动物饲养也在各地展开。就像作物适应了不同的当地环境而成为地方品种一样，动物也适应了当地环境，并逐步演变成不同的品种。

这一趋势无序地发展了数千年，直到18世纪，一位英国长老会农民开始在其位于中部地区的农场里进行有关动物基因的实验。罗伯特·贝克韦尔的实验旨在满足工业化的英国对于肉类日渐增长的需求，而这些开创性的工作培育出了体形更大、生长更快的动物。

在贝克韦尔做出这一激进的创举之前，动物是极其珍贵的，饲养动物远远超越了为人类提供食物这么简单。人们饲养绵羊和山羊是为了取其毛皮；饲养牛是为了牛奶、运输重物以及牛粪；养鸡是为了鸡蛋；而猪则作为活的食物储备，人们在食物充足的时候喂养它们，等到冬天没有食物的时候再将其宰杀。在世界上的许多地方，人们之所以饲养某些品种的动物，是因为它们具有神圣或重大的文化意义。贝克韦尔的新品种则以肉食生产为主要目标。他走访英国各地的农场，以便更好地了解农场动物的多样性，并尽可能地从最大的基因池中进行选拔。他记录下各地区之间牛、猪和羊种最细微的差别，以便选取某些特定的品性。他解剖农场动物尸体，研究其生理构造，分析骨骼结构，并观察肌肉运作。在此之前，培育农场动物一直是个相当随意的生意，贝克韦尔将它发展成了一门科学。

他的系统将雄性和雌性分开，以此防止不符合计划的繁殖，并采取了一套“反复近亲繁殖”的原则（让具备他想要的特点的动物近亲繁殖，并剔除那些特性不理想的动物）。通过这种方法，贝克韦尔将古老的牛种转变成了能更迅速累积脂肪并增长肌肉的动物。他将它们的兽皮变薄，缩小其骨骼架构，甚至改变了它们的肉的颜色和质感。他还培育出了一种绵羊，能够“在最短的时间内以最少的食物消耗产出最多的羊肉”。他的品种变得最为昂贵也最受推崇，而他的技巧也传遍了全世界。达尔文后来还引用了贝克韦尔的研究，来阐述他有关物种选择的想法。一切已无法回头。我们与动物以及肉类之间的关系永远地改变了。

在过去的60年里，贝克韦尔的原则被过度使用。全球肉类产量翻了两番，每年宰杀动物达800亿只。为了实现这一点，我们对动物生理机能的改变比历史上任何时候都要彻底，而且速度更快。“绿色革命”创造了大量过剩谷物，这些谷物不仅成为人类食品，还变成牲畜饲料。我们现在种植的谷物中，有三分之一被用来喂养动物，加速它们的生长和生育率。自20世纪中叶以来，饲养鸡的平均体重增加了5倍，其生命周期却缩短到区区5周。1900年，一只奶牛每年或可产出1500至3000升牛奶；而到了20世纪末，这一数字在8000升左右。这种增长的代价是，人类将动物带到了和植物一样的道路上：我们为了满足自身需求，缩减了世界的多样性。美国95%以上的奶牛都基于同一个“超级奶牛”品种——“荷斯坦”（且大多数奶牛的亲缘都可以追溯到少数几只公牛）。在欧洲大部分地区，包括英国和德国在内，荷斯坦奶牛占奶牛群的70%。全球家禽养殖主要集中于三个品种，而大多数猪肉都是基于单一品种“大白猪”的基因。

科技的进步令贝克韦尔开创的事业飞速发展。20世纪50年代，因为有了人工授精和精液冷冻技术，一个狭小的基因池传遍了全球。威斯康星州的一头牛成了50个国家的50万头牛的父亲。全球肉类加工行业就建立在这种划一性上；快餐连锁店能确保所有的汉堡都是一个味道，而超市也能在柜台里放满形状、大小相同的肉块。自然创造出多样性，而食物系统却将其毁于一旦。

我们已在前文了解到，谷物和蔬菜的单一种植是如何增加脆弱性，并带来风险的。同样的，在大型集约化的禽畜农场里，密集饲养着数千只基因几乎相同的动物，这也会带来脆弱性（动物疾病），对地球造成伤害（大量废水污染河流和土壤），并残害百万生灵。本书聚焦的是多样性，而非动物福利，但两者密不可分。

我们在加速肉类生产的过程中所损失的多样性令人担忧。许多濒临灭绝的牲畜都是土生土长的品种，历经数千年适应了当地环境，且每个品种都是当地错综复杂又相辅相成的食物系统的一部分。我们无法坐视它们的基因特征就此流失。几个世纪以来，西伯利亚北部的雅库特牛经自然选择，在世界上最寒冷的人类居住地生存，那里的气温可降至零下50摄氏度。如今，仅存的雅库特牛总数不足1000只，分散在三个村庄里。另外，还有波兰的史温尼亚卡羊（Swiniarka sheep），它身形轻巧，可以在易损的草地上吃草，而其他稍重一些的动物会轻易地毁掉这些草地。潘塔纳尔牛生活在巴西、玻利维亚和巴拉圭的热带湿地，它们能够忍受食物短缺，并在疾病和虫害彻底击垮集中饲养的高产品种后，依然存活了下来，还能在夏季40摄氏度的高温下生存。西班牙人将欧洲牛种引进南美洲后，当地农民经过500年的筛选才培育出这个品种。如今它已濒危，或许在未来10年内就会绝种。联合国粮农组织称，在7745种记录在案的禽畜品种中，约有四分之一为濒临灭绝的高危品种。然而，各国尚未就此达成一致意见，也许有更多品种正面临危机，或是在我们尚不知情时就已经消失了。

人类驯养动物已有1.2万年的历史。在其中的大部分时间里，人和动物之间的关系一直比现在的复杂得多，且更加相互依存。从早期的洞穴画和宗教图像中不难看出，我们的祖先对于那些作为食物的动物充满了敬畏和尊重。如今，虽然这种尊敬几乎已经荡然无存，但在偏远的村落和小规模的农场里，或许还能找到。然而，主流的民意已将动物变成了商品，它们不过是牲畜棚和屠宰场里无名的生产单位。生物多样性和珍贵的基因正面临危机，而我们对于肉类的真正起源、意义及价值也缺乏认识。在这一章，我将带领读者前往四个截然不同的地方，会一会那里的人和动物。他们可以让我们明白，亡羊补牢为时未晚，动物为世界人民提供了肉类食品，我们应当重新与其建立关系，更加尊重、关爱它们。

13 风干羊肉

法罗群岛

“我们进去以后，别慌。你会看见到处都长着霉，你会想要逃跑，而不是吃东西。”风正刮过眼前这片贫瘠的土地。不过，（我以为）幸运的是，有人承诺请我吃午饭。我们踏着嘎吱作响的地板，来到一间木屋里。在昏暗的灯光下，我扫了一眼午餐——椽子上钉着一只钩子，而我们的食物就挂在钩子上。正像我的同伴贡纳尔·纳斯塔德说的那样，“这看起来像是我在路上找到的一具动物死尸的一部分。”那一大块肉上包裹着一层厚厚的霉，夹杂着一片片奶黄色、粉白色和给人不祥感觉的深棕色斑块。“别担心，我会先洗一下再吃。”

法罗群岛涵盖了北大西洋上的18座小岛。这片群岛北临冰岛，向东是丹麦（它是丹麦的海外自治领地），200英里以南则是苏格兰的众小岛。纳斯塔德居住在法罗群岛，他是农民、店主、木匠以及屠夫。这一系列职业折射出法罗群岛对于自给自足的必然要求。有5万人居住在法罗群岛，还不如那里的8万只羊多。我正面对的就是其中一只羊的某个部位。我从它的形状判断出这是一只羊腿，但它的颜色和质感使它看起来更像旧羊皮纸或腐烂的皮革。它带着一种奇特的美，就像一棵倒下来的树，腐烂之后，树皮上长出了一块块苔藓。有两大因素影响着这个动物躯体：一是时间，二是发酵。这只羊是去年9月宰杀的，如今时值5月。在这9个月的时间里，带着海味的空气将这块肉变得坚硬而紧实。在这个寸草难生的地方，这种不同寻常的食物让一代又一代人生存了下来。

有关法罗群岛的历史记录相当简略，但我们知道，凯尔特族的探索者曾在6世纪来到此地，而爱尔兰的僧侣和维京人也在9世纪和10世纪相继来过。他们发现了这块寸草不生的地方。它美得凄凉，一派灰绿相间的景象。那里偶有峡湾出现，旁边就是陡峭的火山，冒着泡的岩浆流入翻滚着的冰冷大洋。在法罗群岛定居是人类忍耐力的伟大体现。传说中，那些没能在这一艰苦环境下生存下来的男女，“在入土时嘴里塞满了海藻”，表达着慢慢饿死的绝望。鲜少有历史性建筑能抵抗法罗群岛强风的侵蚀。在这里，最重要的文化遗产或许就是生存所需的知识和技能。

这间被当地人称为“沙特勒”（hjallur的音译）的木屋是羊肉保鲜的关键所在。当地人巧妙地设计出这样一种长方形的屋子，里面设有一根根横梁，可以用来悬挂食物，而两面侧墙则以竖直摆放的木板构成，木板之间留有拇指宽的空隙。沙特勒与法罗群岛上的其他建筑不同，它的设计正是为了让大西洋上的刺骨寒风刮进来。“这里的风特别猛烈且难以捉摸，”一位于19世纪40年代来到法罗群岛的访客这样写道，“风暴……吹倒了房子并……刮起了一块又一块大石头，来人不得不趴在地上，才不至于被风卷走。”法罗群岛的风还有一个特点，这位访客补充道：“法罗群岛上的雾气带着不少海盐粒……坐船出海一趟就会满脸都是盐。”沙特勒的作用就是将海的侵蚀力量转化为一种保鲜方式。

在法罗群岛裸露的土地上，树木和其他植物都无法生存。没有树，就没有柴火，也就不可能以烟熏的方法保存羊肉，或是通过煮海水来获取盐。岛民只能通过建造风干小屋，并借助海风中所含的盐分来发酵羊肉。“风干羊肉并非发明创造，”贡纳尔·纳斯塔德告诉我，“它是小岛的馈赠。小岛做出了这种肉。”

在世界上其他任何地方，把死羊放在木屋里可都不会有什么好结果。“它很可能会腐烂，长满蛆虫。”纳斯塔德说，“但在这里，海上吹来的风会逐渐将这些肉变成‘风干羊肉’（skerpikjøt）。”skerpikjøt这个法罗语单词指的是已经达到特定发酵程度的肉块，它处在其腐烂之前的最佳食用时间点。风中的海盐逐渐吸收了悬挂着的羊肉中的水分。与此同时，微生物群落慢慢分解羊肉中的蛋白质。这个过程短则几个月，长则数年。不论是外观，还是味道，风干羊肉的一切都是耐力的体现。“几个世纪以来，这里的人口一直很少。”纳斯塔德说，“岛上的人一旦找到出路，通常就会离开；留下来的人之所以能活下去，大都有赖于风干羊肉。”

住在这里的人很坚韧，而他们养殖的动物更是不屈不挠。法罗群岛早期的羊是一种古老的动物，它灵活、强壮、矮小——维多利亚时代的人称之为“原始品种”。在欧洲的边远地区还能找到一些类似的古代品种，比如在无人居住的苏格兰索厄岛，就有一种（以岛名命名的）“索厄羊”。这种“原始”动物的毛可以连根拔起，而无须剪短。这种基因特征更普遍地出现在尚未被人类养殖的动物身上，它们可以自然脱毛。人类为了更易于“收割”羊毛，而选择了不脱毛的羊（这与新石器时代农民选择不落粒小麦一脉相承）。原始羊的行为习惯也有所不同。它们不像现代品种那样成群结队，而是四散开来，更难放牧（在没有捕食性动物的岛上，它们或是形单影只，或是以一小群为单位，快乐地吃着草）。法罗群岛的羊长着栗色的毛，皮毛下是不同寻常的肌内脂肪，有助于它们在极端气候下生存。

早期定居者带来的羊可以将数千英里草地（小岛上少数的充足资源）中蕴含的能量都释放出来，这些能量得以转化成人们的生活必需品：羊毛用于制作衣物；羊奶和黄油成为食物；动物油脂被制成蜡烛，作取暖、照明之用；干粪用作燃料。这种动物的重要性体现在这片群岛的名字中——法罗群岛意为"羊之岛"。13世纪的《羊之书》是法罗群岛历史最悠久的文献，其中阐述了该群岛的法律（从土地所有权到放牧权），体现出羊对于此处居民的重要性。对群岛居民来说，羊毛就是货币。有个古老的法罗谚语"Ull er Føroya gull"，意思就是"羊毛是法罗之金"。

肉是副产品。它很重要，但仍只是副产品。既然这些羊提供了人类在岛上生存的一切必需品，那么岛民们最不愿意做的事情就是将其杀死——至少要等它贡献出一切。因此，待羊群被屠宰、羊肉被制成风干肉时，它们可能已经四五岁，甚至年纪更大。这种成熟的肉夹杂着肌间脂肪，显现出大理石般的纹路，风味浓郁，在大多数国家被称为mutton（成熟羊肉）。在法罗群岛上，羊依然得以长久放养。从新石器时代到一个多世纪前，这种做法在欧洲的大部分地区都相当普遍。食用小羊羔肉是新时代才有的一种现象。

直到20世纪初，成熟羊肉一直和牛肉一样广受欢迎。羊肉搭配刺山柑和奶油是种宫廷佳肴，而羊肉馅饼则是街边小贩卖给工人的美食。“黏稠，馥郁，如胶似膏。”主厨弗格斯·亨德森（“从鼻子到尾巴”[1]烹饪主义的大师）如此形容它。成熟羊肉远比羊羔肉更加诱人、尊贵和复杂。1912年，“泰坦尼克号”的乘客们在遇难前的最后一顿午餐就是它。同年，斯科特船长在最后一次探险途中的生日大餐也是它。阿瑟·柯南·道尔在福尔摩斯的16次冒险过程中都加入了有关羊肉的描述，而查尔斯·狄更斯（他在烹饪方面很用心）不仅安排笔下的人物享受羊肉大餐，还发明了一道菜肴——在烤羊腿里塞满小牛肉和牡蛎。

成熟羊肉在工业革命时期成为人们的主要食物，其受欢迎程度却每况愈下。到1900年，英国人食的羊肉中有近一半是用冷藏船从“新大陆”进口而来的，特别是新西兰和澳大利亚。由于羊肉这种新的肉食的供给非常充沛，英国人才开始以宰杀和食用羊羔肉为目的饲养羊群。到了20世纪中叶，成熟羊肉被认为太肥、味道太重，且烹饪时间太长。如今，人们的口味更偏向于年幼的动物以及较嫩的、味道不那么浓的肉。

在英国，流传了几个世纪的屠杀技巧和加工技术已经失传了。在设得兰群岛，一种名为vivda（古诺尔斯语中的“腿肉”）的羊肉干已经销声匿迹。因为设得兰岛离法罗群岛很近，有关vivda的描述近似于风干羊肉也就不令人意外了。设得兰岛的居民甚至有他们自己

---

1 原文“nose to tail” cooking，即从鼻子吃到尾巴，指不浪费动物身上任何部位的料理哲学。——编者注

版本的沙特勒——名为helyar或skeos的方形石屋，墙上的通风口足以让空气吹进来，腌制挂在屋子里的羊肉。在英国其他地方，成熟羊肉仿佛已经从烹饪和文化记忆中消失了。20世纪60年代，在尼龙等合成织物兴起后，羊毛价格大跌，而英国农业部也不再记录成熟羊肉的市场价格。对于农民来说，养羊超过一年以上变得很不划算；如今真正有价值的是羊羔肉而非羊毛。这就导致动物饲养发生了变化。到20世纪70年代，大多数曾经遍布欧洲北部的多用途品种就此消亡或是濒危，取而代之的是体形更大、肌肉更发达、肉也更多的荷兰品种"特克塞尔"。如今，那些更顽强的"原始"品种仅占基因池的0.3%，而且还在继续减少。不过，在偏远的法罗群岛，人们基本上还是以更古老的态度对待羊和肉类。

在等待羊腿逐渐腌制成风干羊肉期间，法罗人会食用羊身上的其他部位过活。比如，将seyðahøvd——羊头（羊脑已取出）——切成两半，风干后煮熟食用。羊血则被制成黑布丁。除了味苦又有毒素的胆囊以外，羊身上的所有部位都物尽其用。

食用风干羊肉时，你可以尝到一股腐败味，但只是一点点而已。发酵的过程会使脂肪略有变质，你在吞咽时就能感觉到那种腐臭味。"对我们来说，那是一种美好的感觉，"纳斯塔德说，"它是一种奇怪的味道，但是一种好味道。"了解风干羊肉的法罗群岛人知道，吃得多了，自然就懂得欣赏这种食物了。"它就像葡萄酒一样；如果这只羊一辈子都在山上，风干羊肉就会带有某种特别的味道；如果它生活在有遮拦的山谷中，那又是另一种味道。"羊肉的味道还跟风干屋的方位和风向有关。

有一种奇特的诗文描绘了风干羊肉发酵的各个阶段。首先是“萎缩”（visnaður），此时羊肉开始分解，变得更嫩。在小屋中经海风腌制3个月后，它会变得“半腐烂”（raest），“就像是肉里的细胞已经饱含汁液，而细菌则正在发酵”。纳斯塔德在描述这个阶段时，脸上带着知情人才有的微笑。“在外人看来，这种食物很可怕。”raest一词有刺鼻之意，这种味道介于帕尔马奶酪和死尸之间。不过，入冬后，发酵进程就会慢下来，寒风将肉裹在咸咸的雾气之中，一切归于平静。肉块最终变成了风干羊肉——水分退去，它变得更干、更坚实，味道也更平和。

在法罗群岛上，动物蛋白质的另一主要来源是季节性捕鲸（gridadrap）。每年夏天，一到捕鲸时节，小岛就忙碌起来。成群迁徙的领航鲸群离海岸如此之近，以至于渔民们可以用船将它们包围起来，然后赶到海滩边。他们一天可以捕杀近千头鲸鱼，把大西洋的涡流染成血红色。17世纪的教堂记录显示，在鲸鱼迁徙未经过此地的那些年里，小岛人口大幅下降，人们要么出走，要么饿死。这样一来，沙特勒里挂着的风干羊肉就成了救命稻草。

要想用其他传统方式获取肉食，就必须拿出不怕死的勇气。我们来到沙特勒附近的一条海边小路上，纳斯塔德越过悬崖峭壁的边缘指向一些地方。一代代猎人曾在那里冒着生命危险搜寻鸟巢。他们借助绳子沿着峭壁往下爬，寻找年幼的塘鹅或海鹦蛋。每个家庭似乎都会听到这样的故事：某个亲戚为了搜寻食物而滑下悬崖，命丧九泉。沿着海边小路往下走，我们看到了几幢房子，房子的屋顶都长着厚厚的草，以此隔热。鱼干像风铃一样挂在屋檐上。风干鱼肉（ræstur fiskur）是风干羊肉的水生动物版本，制作方法是将两条鳕鱼绑在一起，让其在咸空气中风干、发酵。需要用榔头才能将坚实的鱼干切成块，并把骨头拆出来。这种鱼肉干得很，你必须不断咀嚼，而这个过程也就带出了鲜鱼的风味。

14世纪，法罗群岛成为丹麦领土时，这些饮食传统遭到了质疑，特别是风干羊肉。风干羊肉仿佛是一个可耻的秘密，被一代又一代人藏了起来，不足为外人道也。第二次世界大战后，凭借着更大的船只和新科技，法罗群岛的渔业迅速发展起来，人均GDP在欧洲名列前茅。岛民们终于买得起全世界的食物了。如今，每周都有一艘丹麦船到港，为岛民提供鸡肉、猪肉和牛肉，而风干羊肉则成了濒危食物。

2004年，来自北欧各地的12名主厨共同签署了《新北欧宣言》。他们多数都接受过正统的西欧餐饮培训，却就此宣布自我解放，转而探索家乡的传统和食材。这十大宣言包括“基于家乡独特的风土人情，用当地食材进行烹饪”，以及“利用……传统北欧食材进行创新”。勒内·雷哲度就是其中一位签署人，他的餐馆Noma以其采用的野生配料被评为2010年全球最佳餐馆。另一位主厨则是来自法罗群岛的利夫·索伦森。

索伦森20岁不到就离开了这片群岛，去丹麦学习。在那里，他思念家乡美食，一度在窗外悬挂起一片片风干羊肉。他的同学抱怨那味道太臭，肉干便消失了。他说：“我一直不知道他们怎么处理了我的肉干。”大学毕业后，索伦森在哥本哈根当上了主厨，在米其林星级餐馆烹饪法国菜。10年后，他再回到家乡时，却几乎已找不到儿时的家乡风味了。红木蛤在冰冷的水中缓慢生长却无人问津，有些都已经300岁了。即使是海岩边等着被撬开的多汁牡蛎也备受冷落，海胆和小龙虾也是如此。安康鱼被扔回大海，而海鸟、海鹦和刀嘴海雀的味道也随着老一辈消逝。富足的小岛如今将天然的风干羊肉视为令人作呕的食物，是穷人才吃的东西。索伦森决定要改变这一切。

他开了一家餐馆，只供应法罗群岛的传统美食。餐馆名为Koks，意为“极度追求完美”。餐馆的菜单上有管鼻鹱和刀嘴海雀，这些鸟生活在海岸边的峭壁间，它们的肉有海的味道；也有鲜绿、芳香的亚北极药草白芷；当然，还有风干羊肉。即使是在他的家乡，为这些食物赋予新生命也不是一件易事。“我的妻子并不理解风干羊肉的好处，”索伦森说，“不过话说回来，她是丹麦人。”他的岳父甚至拒绝走进放有风干羊肉的屋子。

之后，索伦斯将Koks餐馆传给了新的法罗主厨波尔·安德里亚斯·吉斯卡，而索伦斯自己则专攻《新北欧宣言》上的另一项内容——用古老的烹饪方法来创造新的食物。吉斯卡依然将风干羊肉保留在餐馆的菜单上。

还有一家餐馆名为Raest——风干羊肉制作过程中最强烈、“最扭曲”的阶段——它位于法罗群岛首府托尔斯港（意为“雷神托尔的港湾”）一条狭窄的巷子里。这家餐馆的主厨是卡里·克里斯蒂安森。他很年轻，长着金黄色的胡子。我见到他时，他正在制定当晚的菜单。上面的菜肴全都是法罗群岛的发酵食物，包括风干羊肉。“我们不再为自己的食物感到羞愧，”他说，“是时候告诉全世界，‘这就是我们，这就是我们的食物’。”

在风干屋里，纳斯塔德为我准备了午餐。我们的头盘菜是黑色耐嚼的煮熟的鲸血，它带有焦糖和铁的味道。其次是鲸脂块，它像土耳其软糖般保存完好，带着一丝粉色，在我的手指上留下一层细腻的油脂。之后便是风干羊肉了。纳斯塔德递给我一小条羊肉干，满脸骄傲的样子，因为那是他亲自饲养、宰杀而后腌制而来的肉。风干羊肉的味道就像意大利熏火腿一样微妙，有甜有咸，还有一丝带着酸劲的霉味（也就是纳斯塔德所说的那种“扭曲的”味道）。

“外界批评我们屠杀鲸鱼和野鸟，嘲笑我们吃所谓腐烂羊肉。”在午餐进行到尾声时，纳斯塔德这样说，“但我相信，我们才是真正理解宰杀动物并食用其肉意味着什么的人。”

法罗群岛捕鲸和血红色海水的照片传出去之后，全世界都攻击法罗人太过残暴。“但是，那些鲸鱼在死亡前都是自由自在的，我们还会让羊群慢慢生长到老。在你们的世界里，动物们被关在看不到外界的棚屋里。你们的工业屠宰场无情地宰杀数百万只动物，其过程毫不透明；相比之下，凭什么认为我们吃肉的方式更凶残呢？”

我们头顶上悬挂着既丑又美的风干羊腿肉，那是千年历史的结晶。风干小屋里到处都是死亡的迹象和气息，但也充满了敬畏和关怀。

14 乌骨鸡

韩国，连山

我在参观英国最大的屠宰场之一时，几乎看不到对死去动物的尊重。这个隐秘的屠宰场占据了好几栋楼，外面圈着安全防护栏。我跟随一辆载有6000只鸡的货车，沿着生产线参观。一辆叉车驶了过来，上面摞着8只蓝色塑料货箱。货箱被一一摆放到传输带上，里面装满了鸡，透过网眼就能看见它们白色的羽毛。箱子在传输带上盘转，并被送到一个房间里。那些鸡先是被毒气杀死，再由自动机器切开脖子。一切都是自动化的，不停地运作着。每只死鸡都被吊在滑轮系统上，这套系统就在我们头顶上方运作，覆盖全场。屠宰场很大，从一头走到另一头要花15分钟。一条管道沿着生产线铺设，里面都是蒸汽，从两边喷出的热水柱可以将死鸡身上的羽毛烫掉。沿线员工站在站台上，平视着那些鸡。他们穿着塑料围裙和橡胶长筒靴，戴着橡胶手套，在那些机器无休无止的噪音中，他们偶尔会轻推一下经过的某只死鸡，确保其位于正确的位置。

这辆货车只是当天到达屠宰场的众多货车之一，货车上的鸡也只是每年英国屠宰的10亿只鸡（这个数据是20年前的两倍）中的一小部分。相比每年在全球范围内屠宰的690亿只鸡，这更是微不足道的。无论实验室培养肉和素肉在将来成功与否，也不论它的品相和味道如何，饲养鸡的屠宰量还是会不断上升。如今，全世界范围内的饲养鸡达到了230亿只，大于其他所有鸟类数量之和。我们生活在鸡的时代。可以想象，人类世的地质象征之一就是在化石记录中能找到大量的鸡骨头。“人类文明的标志已经被记录了下来，”莱斯特大学的地理学家卡蕾丝·本内特说，“而这个标志就是现代鸡。”

养鸡行业也经历了一场类似“绿色革命”的巨变。虽然这场变革没有如此光鲜的名称，但它几乎是与“绿色革命”并行发生的。在这场巨变中，鸡所经历的生理改变，比其他动物都更加彻底和迅猛：它的寿命缩短到区区35天（只不过比家蝇的寿命长那么几天），体重则增长得飞快——如果人以同样的速度生长，会在两岁时就达到24英石[1]。从食品生产的角度来看，这是惊人的成就，但这样的转变却给人以不祥的预感。在短短几十年里，人类吃的鸡越来越单一化，其生产方式越来越划一，且规模巨大。这种策略充满了风险。

人类和鸡最初的互动具体是何等情形至今还是个谜。不过，一份刊发于2020年的报告详细分析了鸡的基因，提供了人工养鸡最初的时间和地点。在20年间，进化生物学家收集了近1000种亚洲和非洲土鸡的基因，以及它们共同的祖先红色原鸡的基因。他们的结论是，现代鸡的起源地包括中国西南部、泰国北部和缅甸东部。在公元前7500年后的某个时间点，这些地方开始驯养原鸡。一种广为流传的说法是：并不是人类找到了鸡，而是鸡找到了我们。亚洲农民长期养殖牛、猪、绵羊和山羊，引起了这种胆小的、住在枝头的鸟

1 1英石约等于6.35千克。

的注意。水稻种植正兴起，而对于这些野鸟来说，稻田里充满了食物：野草、种子和虫子。鸡的祖先就是这样受到稻田的吸引，与人类反复接触起来。随着对人类的依赖加深，它们变得越发温和。对农民来说，这也不乏益处：这些鸟有助于抑制虫害；它们的粪便成了肥料的来源之一；当然，它们还能下蛋，供人类食用。或许，人类之所以接纳这种鸟还有美学上的原因。红色原鸡比如今家养的鸡个头要小，但它全身的羽毛则更华丽，红绿相间，带着金属的色泽。在一些古老的文化中，穿戴装点着羽毛的帽子、披风或服饰被认为是与神灵交流的一种方式。在夏威夷，人们相信，当酋长祈求好收成或是在战前祈求力量时，这些与仪式相关的物品能够为他们带来超自然的力量。

作为羽毛的来源，这些野鸟本身亦被视为神圣的信使，是穿梭于天地之间的灵物。鸡既受到崇拜也被用来献祭。在梅加拉亚邦[1]产野生柑橘的地方，卡西族相信这种鸟承载着人类的所有罪恶，因此将其作为祭品来净化心灵。而在其他地方，传统的信仰疗法术士和巫医则用鸡身上的不同部位入药：肉、骨、器官、羽毛、鸡冠和鸡蛋。鸡成了活生生的药房，可以医治偏头痛、癫痫、哮喘和失眠等疾病。鸡的全身都是宝，肉和蛋不过是其中之二。在一些地方，斗公鸡的活动又赋予鸡以娱乐性；而在另一些地方，人们通过观察鸡的行为来算命。某些品种的公鸡善于打鸣，发出的啼叫声又响又长，它们被带到横渡印度洋的船上，以警告其他船只切勿靠近。到了公

1 梅加拉亚邦，印度东北部的一个地区。

元前1000年，人工养殖的鸡被带到近东；而到公元前800年，又被带到了更遥远的欧洲。罗马人将鸡传遍其帝国的每一个角落，包括英国。人类从此便牢牢掌握着这种鸟的生理未来，人工选择和养殖让这种基因可灵活组合的动物产生了多个品种。

在魁北克，特拉普派修士威尔弗雷德·查特拉因培养出了钱德克勒鸡（Chantecler chicken）。这种鸡生命力极强，即使在最严酷的深冬也能下蛋。在巴西，土鸡（galinha caipira）是一种颈项羽毛呈金色的黑鸡。人们用其深色的肉和骨头，再加入椰子调味，制作一种名为pirão de parida的鸡汤。在埃及，毕佳韦鸡（Bigawi chicken）所产的小小的、奶油色的蛋被视为春药，人们会在春季的闻风节食用这些鸡蛋。法国的巴伯济约鸡则非常高大。在《厨房里的哲学家》中，著名的美食家布里亚·萨瓦兰就描绘了如何食用一只塞满松露和鹅肝的巴伯济约鸡。

在鸡的诞生地亚洲，体形较小且生长速度较慢的古老品种依然存在，包括世界上最罕见的品种之一——韩国连山乌鸡。这种鸡全身——包括羽毛、皮肤、喙、冠、眼睛、爪子和骨头——都是黑色。这种独特的鸡最早出现在14世纪朝鲜学者李达中（音译）的一首诗中。17世纪，连山乌鸡被收录到《东医宝鉴》——朝鲜宫廷医生许浚撰写的、长达25卷的医学百科全书。这本著作称，乌鸡从头到脚每个身体部位，甚至是粪便，都具有药效。

连山乌鸡的体型类似于红色原鸡，而且与其野生祖先一样善于飞行，能飞到枝头上啄掉树叶并找到虫子。连山乌鸡的行为举止也很像野鸟——它会在地上挖坑，在泥地里清洗自己，且比起谷粒，它更喜欢吃草。与那些长得更快、更高产的现代品种不同，它每隔三四天才产一只蛋。这种异常漂亮、外表神秘的动物与当今的家禽产业格格不入。20世纪30年代到40年代，日本占领下的韩国引进了成长速度更快、体形更大的鸡。也就在那个时候，乌鸡和其他传统品种开始衰落。

李承淑（音译）的家族已连续五代养殖连山乌鸡了。如今，韩国大部分仅存的纯种连山乌鸡都是她在护养。她家族的农场就在连山的鸡龙山山麓，位于首尔西南方向100英里处。在这里，李承淑的曾曾祖父将乌鸡敬赠给了当时身患疾病的朝鲜王朝第25代国王哲宗。幸运的是，哲宗在喝了鸡汤后就恢复了健康，遂颁发法令，将乌鸡列为能够救命的特殊动物。

直到21世纪，人们都一直相信连山乌鸡具有药效，有益健康。“它们的骨头很硬，全身都是肌肉。”李承淑说，“将其肠道移除后，可以把整只鸡慢慢熬成浓稠而有营养的汤。”她之所以致力于拯救连山乌鸡免遭灭绝，还有其他一些原因。“在韩国，它成了历史生生不息的一部分，”她说，“这种鸡跟我们的祖先在这片土地上生活了至少700年。连山乌鸡如果消失了，就像带走了我们魂魄的一部分。它如果变得像渡渡鸟一样，成了一个传说或是一种从前才有的动物，只有通过照片或标本才能看到，那将是一大悲剧。”

在太平洋那一头，美国农民有他们自己最喜欢的鸡的品种。就像在欧洲一样，一直到20世纪，鸡在美国虽然因能够产蛋而得到重视，但对人们的饮食和全国经济的贡献微不足道。对商品化和越来越集中化的肉类加工业来说，猪和牛才是主角。鸡只能勉强跑个龙套，且在很长一段时间里，鸡养殖一直都随意得多，品种也相当多样化。在20世纪20年代出版的《美国家禽杂志》中，分类广告刊登了可供农民选择的不同鸡品种，长达数页：单冠白色来航鸡、安科纳鸡、浅黄奥品顿鸡、黑色米诺卡鸡、罗德岛红鸡、雪花鸡、银羽怀恩多特鸡、棕色来航鸡、黑色狼山鸡等。

全美各地数千名养殖者培养出这些品种后，出售给数百万个家族农场，再由这些农场饲养、销售。这些农场大多规模较小，混合经营，拥有一系列农作物和家禽家畜。正如农民会视周围环境来选择种植各种当地品种小麦，对鸡品种的选择亦如此。另外，就像保留羊群主要是为了羊毛，只有在其生命将尽时才将其宰杀一样，养鸡也有双重目的——留着母鸡不断下蛋，只在其无法产蛋时才作为鸡肉出售。美国（以及世界其他地方）的家禽行业长期如此，一直持续到20世纪40年代。

后来，大约就在诺曼·博洛格在墨西哥的田地里改良小麦品种的同时，有人雄心勃勃地想要改良鸡的品种。美国农业部与家禽组织以及一个名为“大西洋与太平洋茶叶公司”的零售商（相当于当时的沃尔玛）合作组织了一场比赛，选取有史以来最高产的鸡。刊登在报纸上的广告宣称，要寻找最敦实的鸡，个头大到足以喂饱一家人，鸡胸肉厚到可以切成鸡排，鸡腿肉颜色深而多汁；最重要的是，这种鸡还得价格便宜。家禽行业受到了挑战：鸡蛋不再重要，重要的是生产出更多的鸡肉，并增加经济效益。

这个名为“明日之鸡”的比赛兴师动众，成了一场全国性的活动。为了赢得可观的奖金，全美各州的科学家、大学、公务员和农民都参与其中。从1946年到1951年，这场竞赛以不同的形式持续了好几年。这几年的时间足以令参赛者推动鸡的加速进化，达成“明日之鸡”期许的美好特点：更壮实、肉更多、长得更快。

最后，来自加利福尼亚州的万崔斯家禽养殖场赢得了比赛。其他农民都是从纯种鸡中选出最佳选手来参加比赛，而万崔斯则是将两种不同的鸡——加州考尼什鸡和新罕布什尔州鸡——进行交配。获得亚军的则是由康涅狄格州的爱拔益加农场培养出来的新罕布什尔州鸡。在这场比赛中培育出来的鸡非常高产，以至于在20世纪50年代初，美国近70%的商品化肉鸡都有它们的基因。

这些“明日之鸡”迅速在美国遍地开花。许多鸡种经过世代农民和养殖者的培养，已适应了当地环境，却先后走向濒危。后来，这些当地品种逐渐在市面上销声匿迹了。不仅是鸡本身变了，整个行业的架构也变了。在新的混合品种背后，是复杂的混交技术和千丝万缕的家族关系，这恐怕连罗伯特·贝克韦尔都难以看明白。正如F1杂交玉米的到来意味着农民无法存放、播种种子并产出纯种玉米一样，农民们几乎别无选择，只能年复一年地向商业化养殖场购买这些经过精心养殖的大肉鸡，来补充其鸡棚的存货。而就像博洛格的小麦被推广到全世界一样，这些新品种鸡的基因和集中养殖系统也传遍了全世界。

结果，在“明日之鸡”比赛后的70年里，全球每年宰杀的700亿只鸡中，大多数都是那场比赛获奖品种的后代。老品种的鸡具有数千年来流传下来的“开放性来源”基因；相形之下，如今主导家禽生产行业的鸡，就和种子公司生产的高产玉米品种一样，是一项知识产权。

每年，用于保护这些纯种谱系的资金投入达数千万英镑。21世纪初，有三家公司控制了全球的家禽基因：科宝、安伟捷和哈伯德。2018年，安伟捷收购了哈伯德，三家公司并成了两家。科宝和安伟捷拥有全世界最主要的肉鸡品种，包括科宝500、罗斯308和哈伯德·弗莱克斯（Hubbard Flex）。这些鸡可以在35天左右的时间里长到约两千克。也就是说，人们能在最短时间内以最少量的饲料，生产出最多的鸡肉。然而，更快的生长速度会增加鸡瘸腿的风险，并增加死亡率，且这些鸡不太善于表现出自然行为（包括觅食和尘浴）。因此，生长缓慢的商品鸡变得更受欢迎，特别是在欧洲。

受到家禽行业快速发展影响的，不仅仅是鸡的寿命。在美国，屠宰场每分钟可宰杀多达175只鸡（比欧盟法律允许的速度更快）。商品鸡因此越来越便宜，但这也创造了一种工作环境：美国部分家禽场员工声称，加工线的工作压力使他们无法去厕所，而不得不穿上纸尿裤。

在大型的集中系统中，鸡棚里有数千只遗传均一化的鸡，一旦出现问题，其影响将扩大到可怕的程度。在发达国家，多年的研究和投资已经产生一系列高度先进的生物安全措施，并由兽医加以监督管理。然而，这种家禽生产的工业模式如今却在缺乏这些资源和技术的地方推广。一些动物疾病专家认为，这可能滋生更多的人畜共通传染病。即便是在更发达的经济体，问题也可能出现。在连山乌鸡的产地韩国，2020年10月暴发的禽流感在全国的商品鸡群中迅速蔓延。几个月之内，农民们不得不选择性地宰杀了2000多万只鸡。在面对禽流感时，系统中所有的鸡都是脆弱的。这个例子证明，病毒一旦入侵大型集中系统，就会在鸡群中迅速传播。

正当我们意识到家禽多样化的重要性时，全世界的鸡群却也正越来越同一化。全球约有1500种适应了当地环境的本土品种。这些鸡有着多样化的基因，高度适应周遭环境，并学会了在各种不同的环境里觅食。在发展中国家，人们食用的鸡肉和鸡蛋中仍有一半左右是当地品种。然而，随着商业化农作在全世界的进一步推广，这些当地品种正在消失。在一个越来越难以预测的世界，面对气候变化的影响，我们保留这些动物的多样性是明智之举。我们将来或许会需要更宽广的当地品种基因池。

养鸡业并没有千禧种子库或是斯瓦尔巴种子库。不过，尚有像李承淑这样的人，在自己连山的农场里守卫着韩国的乌鸡。如果没有全球各地小型农场的农民和业余爱好者的努力，数百个鸡品种早就消失了。幸运的是，鸡的多样性尚存，只不过它们都生长在农家后院里。英国国家家禽收藏陈列处也在进行更大规模的拯救行动，它位于萨默塞特北部一条航线下的某处偏僻田地。一些英国最濒危的品种就在这个朴素的地方得到了保护。杰出的家禽专家安德鲁·谢皮带我参观了这里，他指出那些曾备受瞩目的品种，包括南京矮鸡、濒临灭绝的布拉斯巴鸡（Beussbsrs）和一度非常有名的伊克斯沃思鸡。“它们都不适合集中系统。”谢皮说（他于2017年去世）。我问他，纯粹就口感而言，他会选哪个品种。他毫不犹豫地回答，沼泽雏菊（Marsh Daisy）。这种鸡的羽毛呈浅棕色，鸡腿则是柳绿色的，头上顶着玫瑰色的鸡冠。谢皮告诉我：“那味道太鲜美了。”

不过，每一种鸡都有自己的特色。

如果无法挽回多样性，那我们还能做些什么呢？我们或许会禁不住诱惑而不断强化集中系统，建造更大的鸡棚，并继续“改良”鸡的基因。牛津大学进化基因组学教授格雷格·拉森是养鸡专家，他曾听说巴西某个鸡棚的故事。在一幢巨型的大楼里，鸡如此之多、密度如此之大，以至于它们彼此攻击——这个严重的问题在家禽行业屡见不鲜。结果，鸡纷纷死去，利润也下降了。然而，在鸡棚的一个角落，有一群鸡却表现得很不一样。它们更冷静，也更安静，没有任何侵略性的对啄行为。“原来它们都瞎了，”拉森说，“对周边发生的一切毫无知觉。”盲鸡能成为“明日之鸡”吗？

在20世纪80年代，有人用一种因基因变异而生来就眼盲的鸡作过探索。就像那个巴西故事中的鸡一样，这些鸡没有任何啄对方羽毛或自相残杀的行为。几年后的一份实验回顾报告称：“它们似乎没有任何其他显著的健康问题，而且更高产。”该报告还补充说，参与实验的科学家“认为盲鸡在未来可以起到一定的作用……这看似是一个所谓的双赢局面——农民们可以赚更多钱，而鸡群可以活得更好。”我们让鸡长得更大、更快，而我们为了利益，甚至还要让鸡变瞎吗？动物伦理学家将此称为“盲鸡挑战”。当选择食用某些鸡时，我们或许尚未获得所有必需的信息，又或许我们的收入限制了我们的选择。然而，我们都在参与这场盲鸡挑战，应当自问：愿意冒多大的风险？因此，我们应该了解鸡的历史；我们应该记得，在这些动物尚受到尊敬的时代，我们与它们之间的关系曾经有多么不同。

15 中白猪

英国，瓦伊河谷

最初，猪是人工养殖可能性较小的动物之一。绵羊、奶牛和山羊则适合养殖；人类无法消化草，而这些动物可以吃草并提供奶、肉等。相形之下，猪更像是人类的竞争对手。比起那些反刍动物，猪的牙齿、下颌和消化系统与人类的更接近，且一有机会，猪就可以毁掉田里的庄稼，并吞食人类储藏的谷物。然而，大约在8000年前，猪成了农民不可或缺的宝贝。农业和定居带来了食物盈余和浪费，包括谷粒外壳和人类粪便这些“有机物”。猪心满意足地把这些废物照单全收，并将其转换成身上的脂肪和肌肉，成为人类活生生的食物储藏。人们对待猪，就像对待羊和鸡一样，会尽可能地推迟为吃肉而进行的宰杀。养着它们，能获得一大更为宝贵的资源：有助于作物生长的粪肥。猪的驯养使长途迁移成为可能。有了这些能带着走的、活生生的“食品储藏柜”，人们就可以探索未知的地域，并在到达新地方时继续养猪，避免挨饿。例如，第一批在太平洋偏远小岛定居下来的人类之所以能成功，正是因为他们带了猪。

在猪与人类共处之前，狩猎采集者一直靠追踪宰杀野猪来获取肉食。驯化猪的最初步骤肯定和驯化狗相类似。野猪因为觅食而接近人类，那些太凶悍的遭到了宰杀；而那些太腼腆或是害怕人类的，就无法获取食物。于是，我们的祖先就开始和那些比较顺从人类、愿意与人类为伍的野猪相处。猪的驯养过程发生在不同的时间和地点。这一过程是在哪里、如何发生的，事关重要。它能够解释猪是如何成为世界上工业化程度最高、全球交易量最大的动物之一。

1999年，考古学家在中国北方发掘一处杂乱的新石器时代遗址陶寺墓地时，于数千个坟墓之下发现了人类养猪的证据。与玉制首饰、精美的陶器和乐器埋在一起的，是完整的猪骨架。在这个约4500年前的社会，猪是财富的象征，具有陪葬的资格。在另一处距今2000年的汉朝坟墓遗址中，这种象征意义更为复杂精妙。坟墓里摆放的不是猪骨架，而是猪的黏土雕像。这两处遗址都为我们提供了线索：在中国数千年的历史中，猪不仅仅是逝者的陪葬，还是生者的伙伴。

猪之所以在中国社会如此重要，还因为利用稻田系统种植水稻使得中国人口大幅增长。公元2年，汉朝首次有记载的人口普查显示，在人口密集的肥沃河谷和中国北方平原，有超过6000万人在那里居住和耕作。在这些人口密集的地方，为避免猪对作物造成威胁，农民们不允许猪自由地走动和觅食，而是把它们圈到猪圈里，让其在饲料槽里进食。当时的陶土模型展现了家宅之下围起的猪圈。这样，人类的厨余就可以掉下来给猪吃。反过来，猪粪又滋养了土壤，帮助农民生产出更多的食物，养育更多的人。在中国人的家庭生活中，猪扮演了主要（且亲密）的角色，而这一点也体现在中文里。"家"这个字在几千年前就有了，就是在"豕"字（代表猪）上加一个代表屋顶的符号。"肉"字单独使用时，仅指猪肉；其他所有动物的肉都需要加上动物种类，予以区别，比如“牛肉”和“羊肉”。

猪是地方生态系统必不可少的一部分。因此，农民培养出适合当地特定环境的品种，它们大多身形滚圆、皮肤苍白、腿短且肚大。其中一个品种是梅山猪。它或许是世界上最古老的品种，或至少是最古老的人工养殖品种之一。这种驯良的动物适应了与人类近距离的猪圈生活，并凭借吃杂食而茁壮成长。在全中国，有超过100个家猪品种。20世纪70年代之前，它们最重要的作用一直是为作物提供肥料。唯有在危难时刻，或者庆典时，它们才会被宰杀。猪肉是鲜有的奢侈品。就像法罗群岛上的羊一样，在最终宰杀时，整头猪都已被物尽其用。在中国，猪脸一直是一道佳肴，而烹饪过的猪脑则“软若蛋奶羹，油腻得吓人”，研究中国美食的专家扶霞·邓洛普如是说。猪的胃、大小肠、尾巴、耳朵和猪红也广受欢迎。基于它们的基因和人类喂给它们的猪食，这些古老品种的肉都很肥。中式菜系受此影响，有了诸如梅菜扣肉这样的菜，以及有着浓郁风味的猪油炒蔬菜。

欧洲人饲养猪的历史则全然不同。养猪始于新月沃土，又传到了西方，不过相当零星。从新石器时代到青铜时代，欧洲的人口密度不如中国高，农业便不那么集中，森林采伐也较缓慢。因此，欧洲不同地区的人们开始对猪进行“半驯化”（半养殖、半野生）。在大多数时间里，猪可以自由地在森林里觅食，吃的是山毛榉坚果和橡果。人类不过是用长棍子从树上敲下更多果子，来帮助猪获取更多的食物罢了。这一“林间放猪”的系统介乎驯养和野生之间，曾经在欧洲非常普遍。在大约1000年前的中世纪中期，随着欧洲人口增加一倍以上，森林遭到大面积砍伐，这种系统开始衰败。不过，“林间放猪”一直在个别地区的小范围内存续，直到16世纪。罗马尼亚的红毛曼加利察猪、西班牙的伊比利亚纯种猪和意大利的席恩那琴塔猪（Cinta Senese）就源自这一季节性的古老系统。在“林间放猪”的季节，即9月到11月，猪依然可以在英国的新森林国家公园里自由漫步。它们翻找食物的过程，有助于植物幼苗生长，改善森林的生态系统。

正因为养猪的方法不同，欧洲猪的样貌和行为与中国猪的不尽相同。其一，它们与野猪群依然保持着密切的联系，因而具有这些野生动物的习性；它们更凶悍、更灵活，腿较长，脂肪较少（它们可以为了寻找食物而一天漫步4英里之多）。它们产下的仔猪数量也比亚洲猪少。人们对这些猪相当警惕。在中世纪的欧洲，数百头猪因为“谋杀”人类的行为而在动物审判中被判处死刑。基于这些因素，反刍动物（奶牛、绵羊和山羊）对于人类定居而言就重要得多，而猪只是边缘化的动物。然而，之后发生的事却令猪成为欧洲乃至全世界最集中饲养的动物之一。

在18世纪，英国正经历着农业和工业革命。罗伯特·贝克韦尔的方法改良了牲畜，许多猪品种都发展成了农场动物，甚至成为城市生活的一部分（它们能消耗酿酒厂和乳品厂的废料）。但随后，英国养猪人遭遇了瓶颈。欧洲猪产量低，不适合大规模养殖。就这样，亚洲猪被引进到英国。自17世纪初以来，柑橘、香料、茶叶、丝绸和瓷器就相继从亚洲运往欧洲；而在18世纪初，亚洲的动物品种也被带到了欧洲。1760年的《农民指引大全》就提到了中国的猪："这种体形小而肚子低垂的猪更强壮，且什么都吃；它能产下很多小猪，在很多方面都优于欧洲猪。"另有消息称，中国猪受到青睐，还在于其"肉质鲜美"，且"烤着吃……很美味"。英国农民开始培育亚洲猪，在此过程中，仔猪的个数加倍，母猪身上的乳头增加了，猪的身体变长（有些猪多长了两节脊椎），猪的脾性也改变了，更适合猪圈生活。这为工业时代养猪业的发展奠定了基础。

随着中国猪的基因的到来，一切既有的英国品种都发生了改变，包括威赛克斯白肩猪。这是从新森林的"林间放猪"系统中发展出来的一个皮实品种。随着英国西南部乳制品行业的发展，可供动物食用的废料产生了，威赛克斯白肩猪的数量也随之增加。另外，格洛斯特郡花猪则是一种"果园猪"，它随着苹果酒和苹果行业的发展而数量激增。在英国东部的谷物带，一个拥有古老、纯种血统的品种——巴克夏猪（克伦威尔曾在英国内战时期的快件中提及）也与中国猪进行了杂交。19世纪50年代，在亚洲猪基因的帮助下，英国成为牲畜养殖中心。全国性的集中饲养活动培养出"大白猪"（因其毛色全白得名），又因其在约克郡诞生而得名"约克郡猪"。不过，当时在英国最受欢迎的品种是大白猪的另一变种——稍小一些的"中白猪"。这种猪体形小巧，适合城市居民，又名"伦敦猪"。正因为它以家庭废料和厨余为食，直到20世纪30年代，从伦敦人家的后院到东北部的采矿村庄，它都是英国最受欢迎的猪。然而，20世纪中叶，这种猪就像大多数其他英国品种一样，几近灭绝。与此同时，大白猪正席卷全球养猪业。

1868年，大白猪正式登记为一个品种；此后不久，英国农民就开始出口这个品种，先是出口到欧洲，后来又销往全世界，包括澳大利亚、阿根廷、加拿大、俄罗斯和美国。这种猪因极其高产而大受欢迎；它的躯体很长，且增重很快。它很灵活，室内室外皆宜，且能产出优质的猪肉。丹麦农民设立的合作社是第一批购买大白猪作为种猪的群体之一，他们之后又养出了一种更高产的猪，其名称具有相当的讽刺性——“长白猪”（Landrace）[1]。这种猪令丹麦成为全欧洲最高产的养猪大国。20世纪30年代，英国农民饲养的猪已难以与丹麦进口猪抗衡。第二次世界大战后，为了帮助英国不景气的养猪业拼死一搏，英国政府设立了一个委员会来解决这个问题。该委员会于1955年发表结论：英国养猪业因为多样化而滞后，英国有太多不同品种的猪了。该委员会建议英国养猪业集中生产某个单一的商业品种猪。

如其所愿，农民们开始集中养殖大白猪及其变种（包括丹麦的长白猪）。20世纪70年代，随着政府向人民提出新的饮食建议——减少饱和脂肪的摄入，这些动物品种不得不变得更瘦。古老品种被替代，只剩下一小撮高产品种。1973年（同年，哈伦提出了有关“基因之灾”的警告），一些心怀忧虑的英国农民采取了行动，成立了一个珍稀品种保育组织，来共同防止动物灭绝。在这个组织的首批保

1 英文landrace，意为“当地品种”。

育对象中，就有中白猪。当时，全英国所剩的中白猪数量已降至两位数。

为了寻找中白猪，我来到了位于英国西部的世外桃源——瓦伊河谷。理查德·沃恩的亨特舍姆公园就坐落在那里。沃恩家族早在12世纪就在此地定居了，而这片庄园则建于17世纪50年代。如今已是古稀之年的沃恩看起来像是来自另一个世纪的乡村绅士。他在20多岁时就把家族农场变成当时英国最现代化、最集约化的牛肉生产厂。他曾在美国研究当地农民如何养殖牲畜，回到家后，他利用美国农民的养殖方法加快了自己农场的肉类生产，并使用了新型的高能量饲料。“我将牲畜从出生到屠宰的时间缩短到了一年以内。”他说，“那些可怜的动物无法享受生活，但零售商还不断要求降低肉的成本。”一次偶然的对话改变了他对肉类生产的看法。他凑巧打了一通电话给屠宰场——他将自家农场养殖的动物送到这家屠宰场宰杀，而后屠宰场通常会直接将肉送到超市。沃恩询问屠宰场是否可以给他也送一份牛肉，让他尝尝自己养出来的牛是什么味道。“电话那头传来阵阵狂笑，”他这样回忆道，“他们告诉我，我的牛肉只适合出售，不适合拿来吃。不值得一试。”这些牛的生长周期太短了，被宰杀的时候如此年幼，不仅未曾享受过生命，它们的肉也没有任何滋味。

沃恩大失所望，他不再从事肉类生产生意，并将庄园变成了一座农场公园。他想，如果人们不愿意花大价钱买肉，或许他们会愿意花更多的钱来观赏动物。他的公园里有一些珍稀品种，包括珍稀品种保育组织推荐的中白猪。当它们的数量增长到一定程度时，他不得不宰杀一些，结果令他恍然大悟。他说："我从来没有吃过这样的肉。"中白猪的肉与现代品种的不同，有多层脂肪，吃起来多汁而风味十足。沃恩对这种风味念念不忘，便决定饲养、售卖中白猪，以保护这个品种。

在亨特舍姆公园，沃恩带我来到怀孕母猪所居住的安乐小窝。小窝里点着灯，我们见到了一窝刚出生的猪仔，它们挤在一堆干草上，簇拥在母猪胸前喝奶。那头母猪看起来就像儿童绘本里的猪一样，身材高大、两耳竖起、鼻子扁平。沃恩说："这是你能找到的最友好的猪了。"这些猪喜欢享受节奏缓慢的生活，缓慢成长，缓慢生育。"它们享受着生命，而肉就应该以这样的方式生产。"如今，全球仅有的中白猪大都集中在亨特舍姆（约有60头母猪），这不仅有赖于沃恩对于这一品种的管理，还基于对这种肉的需求日渐增长。英国的许多顶级大厨都被中白猪的风味和起源深深吸引，将这种猪肉添加到餐馆的菜单中。沃恩说，与现代品种相比，饲养中白猪就像是在世界一级方程式锦标赛中派出福特T型车。"我不能参与竞争，也不想，猪太珍贵了，不应该那样去养。"在这个偏好高产品种的世界里，中白猪如今比喜马拉雅山区的雪豹更加罕见。

大白猪的命运则截然不同。如今，它是全球各地最大养猪场的主要品种，包括美国。这些养猪场平均可以容纳3万头母猪，每年产出80万头小猪仔。很多猪终其一生都不能自由行动，它们站在铺着石板的猪栏里，吃着饲料、喝着水，接受疫苗和抗生素注射。这些石地板的设计有利于猪的排泄物流入巨大的废水处理池。北卡罗来纳州有数千个这样的废水处理池，里面的废料如此之多，却还没有人想出任何治理污水的方案。怀孕的母猪住在2米长、0.6米宽的妊娠箱里。动物行为专家坦普尔·葛兰汀认为，这等同于让一个人居住在飞机的经济舱座位上（75%的美国农场曾采用这种母猪栏，英国自1999年起禁止使用，全欧洲则自2013起禁止使用）。研究人员称，自20世纪50年代以来，养猪行业使用抗生素来促进生长，导致抗药性病毒增加，如今这已成为一种严重的公共卫生风险。养猪行业则表示，风险被夸大了。

这种猪肉生产模式之所以日渐全球化，正是因为大白猪的基因传遍世界，取代了传统品种的基因。大白猪于19世纪来到美国，但农民们直到20世纪40年代之后才开始发展这一品种（大约是在开发“明日之鸡”的同时）。这一品种使猪肉行业在伊利诺伊州、印第安纳州、艾奥瓦州、内布拉斯加州和俄亥俄州得以扩张，并最终扩散到全美各州。到20世纪末，美国约克郡猪的基因成了所有猪之中最广受研究的对象，养猪人想尽办法让它长得更快、更大、更瘦。如今，从巴西、印度到越南、中国，大白猪在全球缔造了史无前例的养猪规模和划一性。对于一个应当有更强适应力的食物系统来说，这是一大问题。

16 野牛

美国，大平原

19世纪，美国大平原上发生的野牛大屠杀，是现代历史上野生动物所经历的最大规模毁灭。它始于19世纪20年代，血腥地持续了60年，在此之后，野牛几乎彻底灭绝，平原变得寂静无声。迄今为止，在一种动物毁灭另一种动物的事例中，它仍然是最令人毛骨悚然的。这些野牛一度自由地生活在广阔的生态系统中，占据了美国内陆的大部分地区：北起蒙大拿州1500英里处，一路向南至得克萨斯州，西起落基山脉，东至密苏里河下游。大平原是全美最接近非洲稀树草原的地方，那里生活着很多野生动物。然而，伴随着野牛的灭亡，这片大草原彻底改变了。

估算结果之间的差异很大。我们现在普遍认为，曾有约3000万头野牛生活在大平原上。然而，如果再加上北美其他地区——从加拿大西北部平原一直到墨西哥北部——的零散群落，整个北美的野牛数量或许在6000万左右。无人确切知晓。个别野牛群极其庞大（有些牛群绵延25英里），以至于人们骑着马也要花上好几天才能越过它们。它们的数量似乎无穷无尽，但事实并非如此。1883年，一群猎人描绘说，他们看到了5万头野牛向北迁徙到加拿大。他们原以为这些动物还会回到平原，只需等待数月，就能继续狩猎。然而，那些野牛再也没有出现。那些猎人所看到的或许就是最后一批野牛群。它们甚至可能在到达蒙大拿州前就全部被宰杀了。

位于华盛顿的美国国家博物馆意识到野牛即将灭亡，便于1886年派遣动物标本剥制师威廉·T. 霍纳迪前往西部，宰杀其中一头仍幸存的野牛。他们认为，这样一来，未来的美国人还能看到这种动物的样子，纵然它只是一个陈列在博物馆的没有生命的标本。霍纳迪向博物馆汇报，他找到并宰杀了三只野牛："一头老公牛、一头年轻的奶牛和一头一岁大的小牛，都被我杀死了。我请求您在我命归黄泉后保护这些标本，切勿任其损毁。"它们于1888年3月得以展出。几年之后，人们对野牛灭绝的担忧成了现实；大平原上的屠杀仍在继续，据霍纳迪推算，野牛的数量已下降到1000头左右。

人们可能永远也无法看到或感受到5万头野牛狂奔的景象（名副其实的"地动山摇"），但还可以一睹艺术家阿尔伯特·比兹塔特的画作《最后的野牛》。这幅画完成于1889年，足有10英宽。画的前景布满了死去的和受伤的野牛，而早已被杀死的野牛的头颅则四散在地上。一大片金黄色的干草场和一派远山环绕着画面中心，而占据正中央的，则是一个骑马的美国土著人，正要将矛刺向一头奔跑的野牛的脖子。前景或许体现了技巧娴熟的现实主义画法，但背景却纯属虚构：在视线的远方，依然有野牛在吃草。同年出版的一本书以其标题道出了真相——《美洲野牛的灭绝》。

这是动物的悲剧，也是人类的悲剧。自冰川时代以来，土著人和野牛便一直共享大平原，美国土著崇拜并捕猎这种动物。野牛对于他们的生存至关重要。野牛的脂肪和肌肉是食物来源，毛皮则是遮盖物和衣物的原材料，骨头被制成工具，而胫腱则变成了捕猎所用的弓弦。随着野牛的消失，美国土著人不仅失去了一个重要的食物来源，还失却了一种生活方式。

这场大屠杀是如何发生的、发生的原因是什么，人们仍争论不休。一些人认为，这场屠杀充满政治动机，是美国政府和军队战略的一部分：借此将土著人驱逐出大平原，从而获取西部地区的土地。也有人认为，就是贪婪驱动了这场屠杀。野牛成了一种商品，它们被杀害、屠宰，并被贩卖给肉贩子、兽皮贩子和骨头贩子。

最近，一则更有说服力的报道称，养牛行业也是背后的原因之一。报道认为，美国现代肉类加工行业的诞生有赖于大平原的重建——以奶牛替代野牛。

如今，全美有接近1亿头牛，其中大部分都生活在美国中部的广阔地带，包括达科他州、内布拉斯加州、堪萨斯州、俄克拉荷马州和得克萨斯州。从这个角度来看，这场屠杀便是以一种放牧动物取代另一种放牧动物。这一说法在人种上也成立：大平原上的土著人被逐出，而大农场主取而代之。历史学家乔舒亚·施佩希特提出一种观点：养牛和获取牛肉导致了对野牛的屠杀。他认为，“大农场主不仅是这一屠杀的受益者，还是屠杀的实施者。”三大因素——政府支持的土地掠夺、资本主义、兴起的牛肉行业——可能都起到了作用。然而，结果都一样：土著人被迫搬迁到保留地，野牛濒临灭绝，整个大平原的生态系统也发生了改变。

大平原是世界奇观之一。“它是美国的塞伦盖蒂平原，是一个诗情画意、令人叹为观止的地方，那里有野马、灰狼和土狼。”另一位美国西部史学家丹·弗洛里斯说，“赶牛、‘印第安人战争’和猎杀野牛都发生在这里，西部的历史就在大平原上展开。”早在“人类的故事”在此上演之前，野牛就已经在大平原上生活了。13万年前，它们从西伯利亚大草原出发，沿着陆桥来到北美大平原，与曾经在这里生活了数百万年的猛犸象一起吃草。野牛是“关键物种”，有助于整个生态系统的运作。在觅食的过程中，它们用蹄子疏松土壤，其粪便肥沃了土地，还将种子散播到平原的各个角落。这为其他物种开辟了栖息地。数千年来，长嘴鹬和卡氏猛雀鹀等鸟类都与野牛所吃的各种草木共同进化发展。这种生物多样性进而使数百万只狼、草原犬鼠和长得像鹿的美洲羚羊在大平原上生生不息。进化生物学家贝丝·夏皮罗研究了野牛的兴衰，她得出的结论是，除了野牛之外，对北美生态和环境造成如此巨大影响的，就只有人类的入侵。大约2万年前，人类和野牛沿着同样的陆桥迁徙；直到两个世纪之前，野牛和人类都和平共处。

西班牙的征服者为了掘金来到科罗拉多的圣路易斯山谷，成为第一批看到大平原野牛的欧洲人。美国土著人靠射箭徒步狩猎（通常需要15支箭才能击倒一只野牛），而西班牙人则用马和步枪占了上风。19世纪初期，美国大农场主在平原上放养牛羊，这给野牛带来了新的竞争。大农场主可以自行使用枪支，杀死了不少野牛，而真正的屠杀是在19世纪60年代开始的。当时，野牛皮毯和野牛肉交易量持续增长，大批野牛捕猎者在大平原大开杀戒。1865年南北战争结束时，全美流通着200万支步枪，有100多万名退伍军人接受过枪支使用训练。他们中的一些人无家可归，其农场或农庄在内战中被毁，但只要有了枪和骡子，他们就能成为野牛捕手。这就酝酿了一场“完美”风暴。仅在1872年，就有100万头野牛的皮从堪萨斯州运出。随着美国西部武器化程度的加深和土地争夺愈演愈烈，土著人也被卷入野牛交易，为了生存而出售野牛皮和野牛肉。

美国人和土著猎手提供的野牛皮，通过新建成的联合太平洋铁路售往美国东部，随后遍布世界各地。这些野牛皮最终会被制成各种货品：从货运马车和长途客车的隔热材料到工厂的传动皮带，从制作鞋子的材料到奢华的家具。野牛皮比奶牛皮更坚实，因而备受美国人和欧洲人的青睐。新发明的冷藏技术意味着野牛肉也可以被运送到更远的地方，其中就包括干肉饼这种传统的美国土著食品，它是由野牛的脂肪和肉风干、碾碎而成的。这种产品实现了工业化生产，野牛肉在工厂里加工、装罐，并被送往更多国家。工人们进一步向西建造铁路，新的军营也建设在铁路沿线，这都增加了对野牛肉的需求。铁路启用后，列车将一大批新的猎人带到了大平原，而从马车窗口射杀野牛就成了一项运动。一位工作于圣塔菲铁路（穿梭于科罗拉多州和堪萨斯州之间）的工程师说，沿着数英里长的铁道线漫步，很可能会接二连三地踩到死野牛。野牛骨头被用于化肥业、糖加工和陶瓷制作。然而，被屠杀的大部分野牛不过是悲惨地白白死去；许多牛肉买家只对野牛的某些部位感兴趣，例如舌头和部分牛背肉。因此，无数野牛被杀害后，尸体上的大部分肉都留在原地腐烂。

19世纪60年代末，大平原上的野牛数量急剧下降，农场饲养的牛很快就取代了野牛。经由铁路，牛肉可以被轻松地运往肉类贸易中心——芝加哥，而美国人也从此爱上了牛肉。19世纪末，野牛屠杀造成了大量的牛肉超额供应，以至于每年都有14万吨牛肉从美国运往大西洋彼岸的英国。与此同时，“旧世界”的人（他们习惯了只偶尔在特殊场合吃肉）刚刚移民到美国，他们在看到菜市场和肉店内陈列的大量肉时一定非常讶异。

1906年，记者厄普顿·辛克莱出版了《屠场》一书——20世纪最有名的抗议小说之一。他在书中描述了备受压榨的屠宰场工人的经历，以及屠宰场令人作呕的肮脏情形。该书在美国引起了强烈反响，并促使《联邦肉类检验法》在同年得以通过。辛克莱写这本书的原意是批评工业化资本主义，但读者似乎忽略了这一点，他们更担心的反而是不卫生的食品生产环境。后来，辛克莱在谈到这本书时说：“我瞄准的是大众的心，却一不小心击中了他们的胃。”正如历史学家乔舒亚·施佩希特所说的那样，“他希望掀起一场社会主义变革，但最终不得不勉强接受更为严格的食品标签。”

当时，数百万美国土著人都居住在保留地，在那里虐待、腐败和治理不力导致许多人因饥饿而死。那些幸存的土著人所购买的牛肉，都来自如今在平原上放养的牛。更具侮辱性的是，这些肉的质量非常差，难以入口，被芝加哥的屠宰房拒之门外。

也有人试图拯救野牛。包括爱达荷州、新墨西哥州、怀俄明州和亚利桑那州在内的各州出台了对捕杀野牛以及野牛肉和牛皮交易的限制措施。然而，这些法令颁发得太晚了，在一些地方，野牛早已销声匿迹。直到1900年，联邦政府才颁布了《雷斯法案》，禁止野生动物交易。然而，真正拯救野牛并防止它们彻底绝迹的，是四散在大平原上的、互不相干的一小群人：一个得克萨斯州的养牛农场主、一个来自堪萨斯州的野牛猎人、一个来自加拿大的探险者、一个居住在蒙大拿州保留地的美国土著人，以及一个在南达科他州工作的交易商。他们互不相识，却都在19世纪70年代和80年代意识到了野牛所面临的困境，便在自己的农场中保留了一些小野牛，以期拯救这一物种（成年的野牛太难养殖）。他们为每只被救下的小野牛配了一头喂奶的奶牛。

其中一些人拯救野牛仅仅是为了保育（得克萨斯州农场主查尔斯·古德奈特受到妻子的鼓励，试图拯救野牛）。另一些人则意识到，野牛正成为越来越稀有的珍稀品种，具有成为商品的潜力，而猎人查尔斯·杰西·琼斯（多数人称其为“野牛琼斯”）正有这样的想法。1886年，一场暴风雪席卷了大平原，四分之三的农场牛在暴风雪中丧命，而更强壮的野牛则安然无恙。琼斯开始将他救下的野牛和农场牛交配，得到的新品种跟野牛一样强壮，而肉的品质则和农场牛的一样[这一混交品种被称为“杂种牛”（Cattalo）]。这些野牛的保育者或许有不同的初衷，但他们的行为带来了相同的结果。如今，生活在大平原上的大多数野牛都是（由这五人所守护的）五大基础牛群的后代，而在1888年，这些基础牛群中野牛的数量总共只有不到200头。

1903年，坚定的自然资源保护者威廉·霍纳迪将一部分幸存的野牛转移到新建的布朗克斯动物园（他是动物园的负责人）。刚开始，这座动物园不过是野牛们的避风港，而在罗斯福总统（他也是一位自然资源保护者）的帮助下，该动物园在野牛群重新回归大平原方面起到了关键作用。霍纳迪和五大基础牛群的所有者是先驱；如今，他们被视为拯救大型濒危哺乳动物的首次重大行动的发起人，也成为后来世界各地自然资源保护工作的榜样。

如今，美国最大的野牛群有5000头野牛，生活在美国黄石国家公园，而它们正是布朗克斯动物园和其他基础牛群的后代。2016年，就在大平原的野牛几乎灭绝一个世纪之后，奥巴马总统将美洲野牛命名为美国的“第一种国家哺乳动物”，这反映了野牛在美国国民心目中的地位。

如今，美国虽然拥有约50万头野牛，但其中仅有一小部分是纯种野牛。这在一定程度上是早期的自然资源保护者将这种野生动物和农场牛进行交配的结果，这一做法一直持续到了20世纪早期，以更快地补充流失的野牛群数量。现在，通过基因测序和选择性宰杀，农场牛的基因正逐渐被剔除。多项致力于将野牛带回大平原的工作都在美国的保留地开展。其中一项便是科罗拉多州立大学的动物繁殖教授珍妮弗·巴菲尔德与基奥瓦人和纳瓦霍人的合作项目。巴菲尔德花了数年时间来增加纯种野牛的数量。在将这些野牛送到大平原之前，部落的成员们会为它们祈福。巴菲尔德一度将重心放在培养“野牛宝宝”（她的原话）上，但在观看这些仪式后，她不得不重新审视自己的工作。在其中的一场仪式上，她就站在牛棚边，野牛在被放回平原前都圈在这里。“这些动物感觉到了什么，”她说，“它们有些焦躁，腿一直在踢。”仪式开始了，部落领袖跟着鼓点唱起野牛之歌，一切都静止了，动物们也安静下来。她和这些动物相处了一年，已经非常了解它们了。通常，当野牛听到不熟悉的声音时，它们的感官会更敏锐，变得焦躁不安。然而，此刻巴菲尔德所看到的，则是野牛紧紧盯着围栏之间的空处。它们一动不动地听着鼓声。那一刻，她明白了眼前的一切已经超越了科学、基因和保育。她说："这些动物和土著部落之间有着非同寻常的联系。"或许，那是可以觉察到的。数百人聚集在外面，等着看野牛回归平原，其中一些人跋山涉水数英里来到这里，"而当动物们纷纷冲向旷野、四处奔跑时，人们开始哭泣"。

为了寻找野牛，我来到了科罗拉多州西南部的圣路易斯山谷的一个沙丘上。风在我耳边咆哮，沙尘刺痛我的脸。这座山谷有着绵延30平方英里的沙丘，有些沙丘高达750英尺；它既像是电影《阿拉伯的劳伦斯》又像是意大利式西部片里的场景，远方的路都消失在群山之间。对此番景象的书面记录最早写于1807年，出自一位27岁的美国士兵泽布伦·派克。他和12个饥寒交迫的同伴一起，徒步穿过了一个山头。他用望远镜眺望那些"绵延到白色山脉山麓地带的沙丘……它们就像是风暴中的海洋，只不过颜色与海洋不同，完全看不到一丁点植物。"不过，在远处，有着大量的野生动物：短角蜥、沙丘鹤和庞大的野牛群。

在这些沙丘边缘，有成堆的野牛骨头。1.1万年之前，狩猎采集者将这些动物赶下悬崖，将其摔死，这是获取野牛肉的最有效的方法。直到19世纪70年代，在犹特印第安部落迁移到保留地之前，美国土著人一直跟野牛共同居住在这个地方，当牛群在科罗拉多西南部草原上迁徙时，他们也随之转移居住地点。如今，有个极其雄心勃勃的项目在这里展开，其目标就是将野牛带回大平原。这个项目就是萨帕塔牧场——一个占地10万英亩的保护区，由日裔美籍建筑师太田久（音译）于20世纪80年代购入。他原先的计划是将这个牧场建成一家高级度假村。然而，他读到这个地区野牛的历史后，便转而致力于帮助野牛回归平原。太田久开始从私人农场购买野牛，并把它们带回牧场。20世纪90年代末，萨帕塔已有数百头野牛。也就在那个时候，他将牧场交给了大自然保护协会（Nature Conservancy Trust），该协会至今仍负责管理牧场并照顾野牛。

牧场周围有着平原沙漠、干枯的小溪沙床、涓涓的泉水、大片的草场，以及罗斯福所说的"闪着光的、微颤的"棉白杨树——它们就是沙漠中的绿洲。我第一次遇见野牛时，有三只母野牛正在尚未干涸的小溪边饮水。它们身材高大得像马一样，牛角向前弯曲成字母C的样子。冬天即将来临，它们巧克力棕色的皮毛开始变得粗长而蓬乱。它们看起来很强大，但懒洋洋地享受溪水的样子又显得漫不经心，它们时不时地抬起头瞥我一眼。"它们在观察我们，"萨帕塔牧场经理凯特·马西森说，并安慰道，"别担心，它们并不好斗。"它们的鼻孔很宽大，三角形的头上覆盖着毛茸茸的毛发，下颚上还有一簇簇胡须。野牛虽然看起来笨重，但它们在短距离内的奔跑速度可以超过30英里/小时，比大多数马还快。它们隆起的腰腿肉连接着后背，非常结实，像是活生生的史前洞穴壁画。

我们驱车向萨帕塔牧场深处，途经四头小公牛，它们身材如成年大丹犬，顶着一对弯曲的角，正处在青少年时期。它们生于春天，而现在其橙黄色的皮毛开始变厚、颜色变深，为即将到来的冬天做准备——这里的气温最低可达零下40摄氏度。它们附近有一群成年公牛。这群单身汉很快就会一起四处游走。但目前它们依然和母牛们在一起，不时闻闻，看看有没有母牛处于发情期并准备交配。这些体形庞大的、坦克般的动物体重在2000磅左右。又过了一段路，我们把吉普车停下来，上千只野牛围绕着我们。我着了迷似的看着，它们抬起头瞪我们两眼，又非常缓慢地低下头继续吃草。

和理查德·沃恩拯救中白猪的任务一样，萨帕塔项目旨在通过消费来实现物种拯救。每年秋天，牧场四周会建起篱笆网，以便开展一次大胆的放牧。牧人（当代的男女牛仔）会用摩托车和一架小型飞机将野牛们赶到一起。七头野牛的肉就足够萨帕塔的木屋餐馆使用一整年。其余宰杀了的野牛则出售给科罗拉多州各地的主厨们，从而为这个拯救项目筹集资金，并有助于提高公众有关保护野牛的意识。野牛肉很嫩，比普通牛肉稍微粗糙一些，更有野味和嚼劲。

150年前，大平原上的野牛遭到大屠杀，而其他动物也面临灭绝。我们并未像大平原的猎人对付野牛那样捕获某个单一物种，却在毁坏整个生态系统。据估计，自20世纪70年代以来，人类砍伐森林以及为获取食物而破坏野生动物栖息地，致使脊椎动物的数量平均下降了60%。世界野生动物组织发布的研究报告显示，生物多样性正以前所未有的速度消失。我们能否成为地球的捍卫者，而非破坏者？野牛的故事让我们看到了全面屠杀的巨大破坏力，而萨帕塔项目体现了我们恢复物种和重塑生态系统的能力。我们会犯错，但也能予以补救。

溢出效应

人畜共通传染病专家普遍认为，长久以来，野生动物交易一直令人担忧。我们长期面临的、最普遍的疾病都是由动物传染给人类的，包括天花、百日咳、腮腺炎、艾滋病和埃博拉出血热。麻疹也被认为是在人类与牛近距离、长时间接触之后才出现的。对这种疾病的最早描述来自9世纪和10世纪的丝绸之路。当时，城市人口不断增长，而人口居住密度的增加为病毒的传播创造了完美的环境。当欧洲人将天花和麻疹带到“新大陆”后，数百万土著人因此丧命。殖民者最大的武器居然是疾病。

21世纪，我们可能还要面对更多的致命疾病。我们在扩张农业、毁坏森林和其他自然生态的过程中，破坏了数百万年来逐步形成的屏障。这就像是摇晃一个雪花玻璃球，野生动物和农场动物的生活秩序被打乱，两者在前所未有的局面下混杂在一起，各种动物正以不可思议的速度和密度互相接触。如今，新出现的疾病被认为与土地使用的改变有关。举个例子，20世纪90年代，马来西亚的养猪业变得更加密集，人们为了增加养猪量而建造了更多的新农场。这些农场渐渐侵占了野生栖息地，而为了种植果树林，野生栖息地的土地也遭到清理。野生蝙蝠的其他食物来源因人为毁林而大量减少，它们为养猪场周边的水果所吸引，因而越来越接近养猪场。1998年初，这些蝙蝠的粪便污染了喂猪的泔水，一种名为“尼帕”的病毒疾病感染了猪群。结果，马来西亚价值10亿美元的养猪业面临崩溃，105人因此死亡。正如科学作家大卫·奎曼所言，当我们破坏生态系统时，我们便将病毒从其自然宿主身上释放了出来。“这样一来，它们就需要新的宿主。通常，人类就成了新宿主。”因此，病毒便从野生动物种群溢出，传染给了人类。如今，拯救物种多样性有了一个最为自私的理由：人类自身的福祉。

第五章
海　产

“鱼群铺天盖地，一连几周的捕获量都非常大……它们源源不断，是一种合理的侵吞，不会有问题。然而，还是出现了问题。”

——简·格里格森

海洋生物学家蕾切尔·卡森在1951年出版了著作《海洋传》。她在书中写道：“即使我们用所有现代器械在海洋中进行探测和采样，都无法保证我们最终会解开有关海洋的终极之谜。”70年过去了，许多“终极之谜”仍未解开。在这一章中，我们也将探索海洋的秘密，其中有几种生物的数量严重衰减，几近灭绝。某些生物的消失是我们可以解释的，但还有很多是我们无法解释的。虽然我们甚至不确定到底有多少种生命形式正濒临灭绝，但我们能确定的是，人类是它们衰减的一大共同因素。

为了研究这个问题，2007年夏天，来自90多个国家的300名科学家开展了一项课题：为人类已知的海洋物种编目。这听上去似乎是不可能完成的，因为地球各大洋最深处的地图还不如火星表面的地图详尽。据估计，海洋生物的物种总数在70万到200万之间。

这个课题（“世界海洋物种目录”项目的一部分）开展了十多年，迄今无止，编入目录的物种数量已接近24万。从软体动物到哺乳动物，从鱼类到甲壳类动物，随着新的物种加入这份名录中，这一数字每天都在改变。“我们应该还没看到全景，”参与“世界海洋物种目录”项目的科学家之一塔米·霍顿这么说（她负责部分甲壳类动物，已记录了1万种，而且还在不断更新），“太多物种在我们还没完成记录前就走向灭绝了。”

海洋生物用数十亿年逐步完成演变，又花了数百万年创造出难以想象的多样性。然而，人类却在不到一个世纪的时间内就破坏了一切。工业化捕鱼开始后，某些鱼类严重衰减，令人震惊。太平洋蓝鳍金枪鱼的数量相比历史水平下降了97%；地中海剑鱼则下降了88%。近期，太平洋沙丁鱼这类基本物种的数量也下降了95%之多。

全球捕鱼业造成鱼类严重衰竭，每年捕捞鱼的价值约为1000亿美元，而非法渔船还能捕捞价值100亿至230亿美元的鱼。人类的海上捕鱼活动范围如此之广，以至于全球海洋区域的三分之二已因人类行为而“显著改变”。也就是说，海底世界的野生性正在消失。

我们曾经以为，来自海洋的食物无穷无尽，而我们已经变得太擅长捕鱼了。19世纪80年代，在以帆为动力的渔船的基础上，人类发明了以蒸汽为动力的拖网渔船；随后在20世纪初，发明了以柴油为动力的渔船，可以开往更远的深海区域捕鱼。20世纪20年代，尼龙的发明不仅让我们的穿着发生了革命性的变化，还大大改变了我们的捕鱼方式：用尼龙制成的渔线和渔网可以长达数英里。与此同时，我们还能将捕来的鱼在船上进行速冻，这就意味着渔夫可以在海上逗留更久。"二战"中用于追踪潜水艇的声呐技术被用来追踪鱼群，这就像是人类对海洋生物发动了一场水下战争。1954年，世界上第一艘拖网加工渔船"Fairtry"启用，每天可以处理600吨鱼。它成了一座漂流的金矿，很快就得到仿效。如今，全世界有460万艘渔船，包括1.7万艘强有力的深水渔船。跟这些船相比，Fairtry便是小巫见大巫了。鱼的藏身之处越来越少。有些拖网渔船可以深入海底，发出阵阵短暂的电流，令鱼类因肌肉抽筋而无法动弹，这样紧随其后的渔网就更容易捕获它们了。

从一个全然自私的角度（将海洋视为人类食物的一大来源）来看，这是一大问题：33亿人要依赖海洋提供的蛋白质。自1990年以来，全球人均鱼类摄取量增长了一倍，且似乎还会继续增长。然而，从地球的角度来看，大量捕捞海洋中的鱼类显然是灾难性的。我们捕捞如此多的大型成年鱼类，或是为了喂食养殖的鲑鱼、海鲈鱼和海鲷而捕捞小鱼，这便剥夺了海洋中的鱼卵、鱼苗和其他物种所需的食物。整个生态系统被颠覆，原本完整的食物链遭到破坏。随着海洋生物的衰竭，某些人类生存的基本要素也消失了。

在200万年前，我们的祖先就开始食肉。而在那之前，原始人类就通过抓鱼和打捞软体动物，在海洋中觅食。捕鱼很有可能是人类历史上最古老、使用最广泛且持续最久的觅食方式。智人由此形成了沿海群体，并在岸边定居。海洋食物塑造了我们的文化，造就了我们的身份。本章提到的四种濒危食物反映了人类的某些文化历史，也说明了许多传统社会就像其赖以生存的鱼类一样，正濒临消失。

这并非我们第一次不得不重新思考人类与大海之间的关系。1000年前，北欧人就经历过一场捕鱼危机。从那个年代挖掘出来的鱼骨来看，仅仅在50年间，北欧人就被迫经历了一轮饮食的巨大改变，从食用湖泊河流中捕来的淡水鱼（白斑狗鱼、鲷鱼、鳟鱼和鲑鱼）改成吃诸如鳕鱼、鲽鱼和鲱鱼之类的海鱼。淡水鱼资源被过度开发后，人们开始建造越来越大的船，编织越来越大的网，到海里去寻找新的鱼种。约克的一群科学家发现了这一改变，并将其描绘为“捕鱼业大变革”和“当今捕鱼业危机的终极源头”。

历史告诉我们，人类应该保护鱼类，而非大肆毁灭它们。13世纪，法国国王菲利普四世听闻鱼类资源大量流失后勃然大怒，并宣称：“但凡属于我们的每一条河流，不论大小，都因渔人的邪恶而无鱼可捕……鱼群因为他们的捕捞而无法成长到正常的大小。”他下令，所有的渔网必须将网洞变大，以便年幼的鱼可以逃脱，并保护数英里的河流和溪水。现在，我们需要下更大的决心，在全球范围内采取措施。而正如800年前菲利普四世所理解的那样，我们应当减少捕捉，加强保护。我们也明白，现在的问题要比“渔人的邪恶”复杂得多。气候变化正在削减海洋生物的数量，在有些地方，削减量高达三分之一；大气中二氧化碳含量的增加正在使海洋酸化，威胁到了复杂的海洋生物系统。

本章将描述那些正在损害海洋物种多样性的势力，其中一些鲜为人知。有些疾病和物种的消失无法轻易解释清楚；我们可以看到它们的影响，却不清楚具体发生了什么。卡森或许是对的：我们或许永远都无法解开“有关海洋的终极之谜”。

17 野生大西洋鲑鱼

爱尔兰和苏格兰

大西洋鲑鱼充满悖论。一方面，这种鱼已成为海洋中最罕见的动物之一：我们中很少有人能有幸见到它（或是吃到它）。然而，鱼类养殖又让它成为全世界最司空见惯的动物之一。在短短几十年之内，水产养殖已经把这种原本仅为少数人享用的美味，变成了一种全球化商品，以及全世界交易最广泛的鱼类。或许，在人类饲养牛、猪和羊的一万年之后，我们把这种鱼也带到了同样的道路上：通过人工养殖，这种动物在笼中（海洋里的水下鱼笼）大量繁殖，却在自然环境中消失。然而，我们不得不担忧野生大西洋鲑鱼的命运。这种鱼是地球状况的天然标志，有着无可企及的地位。它可以自行从淡水鱼变成海鱼，然后再变回淡水鱼。这就意味着，随着生命周期的发展，它会从内陆河流来到海洋，然后再回归河流。通过鲑鱼，我们可以看到一系列人类活动（从砍伐森林、修建水坝、污染、过度捕鱼到推动气候变化）对自然界产生的累积影响。这种鱼类的锐减为陆地和海洋发生的变化鸣响了警钟。我们如果想要拯救鲑鱼，就要停止破坏地球——就是这么简单。

这种鱼难以捉摸，它的生命周期更是神奇。一条雌性鲑鱼会在河流的砾石之间产下约8000粒鱼卵，然后雄性鲑鱼会竞相以精子令这些卵子受孕。8周后，小鱼就会从金黄色的蛋中孵化出来，并在之后的30天内依靠卵黄囊中的营养物质成长。它们从小鱼长成幼鱼后，便能离开铺满砾石的浅水流域，游向更深、更危险的水域。在深水区，一条鲑鱼必须存活长达3年，并找到足够的食物，生长到15厘米长，且有着足够的肌肉，才能最终完成游向大海的伟大旅程。鲑鱼必须在大西洋中完成几千英里的耐力游泳，才能在大西洋北部找到丰盛的食物来源。之后，它如果它足够幸运地躲过了捕食性动物和风暴，就会在两三年之后逆流而上，克服途中的所有障碍，回到最初孵化它的砾石小河。它会在这个标志着它的起点和终点的地方产下鱼卵。在最初产下的8000粒卵子当中，只有两个能完成前述的整个生命周期。这是自然界最令人惊叹的过程之一。

为了离开其在淡水河的家乡，并游入含盐分的海洋，鲑鱼会经历一种名为"溯河洄游"的体态转变。数百万年前，随着海洋冷却并成为更丰富的食物来源，鲑鱼演变出了这种生物特性。这个过程使鲑鱼得以"银化"；它的体态会更具流线型，外皮会变成银色，且更易反光，能更好地在大海中自我掩护。在河流中，鲑鱼具有很强的领土意识，攻击性也很强；随着它游到更深的水域，并与其他鲑鱼汇聚成一群，它的性情也变得越发温和。在更接近大海的河流下游，鲑鱼会在它即将离开的水域中最后汲取一次水中的化学成分。科学家们认为，正是这一"印记"帮助它在大海中遨游数千英尺后，依然能找到回家的路。在淡水和海水交汇的入海口，鲑鱼会转换鱼鳃并改变呼吸方式，以便适应新的环境，在贴近海面的地方游泳。在那里，它能找到甲壳类动物、鱿鱼、小鱼和磷虾等大型浮游动物来填饱肚子。然而，它们在捕猎其他生物的同时也成了猎物。它们的捕猎者包括鸬鹚、鲨鱼、海狮、海豹，当然还有人类。

鲑鱼种群这一令人难以置信的壮举就发生在北大西洋，跨越了欧洲和北美的2000多条河流和支流。北上挪威，南至西班牙和葡萄牙，东起俄罗斯，西到加拿大，都能找到大西洋鲑鱼。然而，无论它们的起源地在哪儿，大西洋鲑鱼最终都会聚集到格陵兰西海岸和法罗群岛附近的海域捕食。在这里，所有鲑鱼都会长到原先的两倍大，还会贴膘，以抵御北大西洋的寒冷，并为洄游提供能量储备。

鲑鱼生命周期中发生的许多事都应该纳入蕾切尔·卡森的“终极之谜”。我们并不真正了解鲑鱼是如何找到洄游的路（那或许是记忆、气味、太阳领航和地球磁场的综合作用），也不清楚它们是如何判断何时洄游的。我们只知道鲑鱼会不惜一切代价洄游。在爱尔兰多尼戈尔郡的克洛亨镇附近，沿着40英里长的芬河，鲑鱼遇到了一个似乎不可逾越的障碍。水顺着10英尺高的瀑布奔涌而下，猛烈地撞击着坚硬的岩石。鲑鱼会从底部的水池向上游，然后不断地尝试跳跃。一些鱼用尾巴将自己甩离水面或岩石表面，进行阶段性的弹跳，而另一些鱼则一跃飞天。在这个阶段，洄游的鲑鱼依然在消耗身体里的能量储备。一旦回到河里，无论需要几天、几周还是几个月才能回到出生地，它都不再进食。然而，鲑鱼已在大海中捕食多年，各方面能力都正处于巅峰。因此，对于在河岸边等待它的捕食者（人类和其他动物）而言，洄游时的鲑鱼正处于最佳状态。

诗人谢默斯·希尼从小就喜好垂钓，他在北爱尔兰多尼戈尔郡的克洛亨瀑布以东垂钓鲑鱼。他说，自己曾看见鲑鱼银光闪闪的身躯、蓝绿色的鱼鳞和鱼雷般的脑袋，它们破水而出，奋力游向其出生的水域。希尼的诗《鲑鱼垂钓者致鲑鱼》刊发于1969年。当时，野生大西洋鲑鱼的总数在1000万左右。如今，这个数字不到200万。相形之下，另一种鱼类——太平洋红鲑鱼（2000万年前，与鲑鱼出自同一进化群体）则数以千万计地洄游到其出生的河流。正因如此，大西洋鲑鱼的大幅减少才如此可怕。50年前，每100万条离开河流游向大西洋的鲑鱼之中，就有一半成功洄游，在家乡产卵，并完成其生命周期。如今，能做到这一点的只有3万条鲑鱼。虽然全世界都在努力搞清楚此事的始末，但是我们依然无法完全明确，大西洋鲑鱼为何会遭遇此等锐减。对任何物种来说，当个体数量变得如此之小时，其未来都将举步维艰。一些海洋科学家认为，野生大西洋鲑鱼真的有可能会灭绝。

想象人类与任何鱼类之间的最初相遇，是一件颇为复杂的事情；在考古学记录中，软骨和皮肤并没有留下多少线索。在高加索地区格鲁吉亚的一个山洞中，考古学家找到了人类与鲑鱼互动的迄今最古老的证据。在山洞里，尼安德特人留下了一堆鲑鱼的大骨头，它们可以上溯到大约4.5万年之前。大约在2.5万年前，智人不仅捕捉鲑鱼来吃，还把它们画进了岩洞的壁画。在法国的多尔多涅地区，靠近多尔多涅河畔莱塞济镇的地方，一位狩猎采集者将鲑鱼的形象刻画在了山洞顶部的软石灰岩上。他肯定花了很多时间来制作这幅长达一米的精细图像，画中鲑鱼的尾巴、鳍和鳃上有着数百道微小划痕。它上翘的下巴和张开的嘴体现了这条鱼是如何筋疲力尽地逆流而上，为的就是回乡产卵。在这幅古老的壁画周围，有一些全然不同的划痕：笔直的、印记很深的线条，几乎可以肯定，它们不是史前留下的。1912年，有人试图将这条刻画在石灰岩上的鲑鱼挖走而未果，这正讽喻了人类几个世纪以来对鲑鱼的所作所为。

除了艺术品，考古学家还在土壤中找到了关于鲑鱼对大西洋地区早期定居者的重要性的证据。他们在爱尔兰发现了新石器时代人类最初的定居点之一，就位于谢默斯·希尼最爱的班恩河附近。9000年前，这里的狩猎采集者带着鱼叉和用柳条与黏土制成的鱼兜，靠捕食鲑鱼生存了下来。这种鱼对于生活在斯堪的纳维亚半岛北部和俄罗斯部分地区的游牧民族萨米人也殊为重要。4000年前，沿着流经挪威和芬兰的塔纳河，萨米族的渔人乘着木船逐个停经沿岸的水潭，用诱饵钓鲑鱼。在威尔士的泰威河、泰菲河和塔夫河，渔人的传统做法是驾驶科拉科尔（coracle）小舟，拉网捕捞鲑鱼。这种圆形小舟以一支桨掌舵，只能坐得下一位渔人。在坎布里亚，渔人依然沿用“哈夫捕鱼法”（haaf netting），也就是在浅水处行走，用一张类似足球网的渔网捕鱼。在大西洋的另一边，每年春天，佩诺布斯科特人[1]的祖先就会在流经新不伦瑞克和新斯科舍的河流中，利用长矛和由桦树皮制成的独木舟捕捉鲑鱼。在这些气候寒冷的地方，人们无法用盐来保存鲑鱼（阳光不足，难以彻底蒸发鱼肉中的水分），便将鲑鱼埋在地下，任其发酵（创造出一种与法罗群岛的发酵羊肉

---

1 佩诺布斯科特人，缅因州佩诺布斯科特流域的美洲印第安人，以渔、猎及采集为生，根据食物资源按季迁徙。

干同样奇特的食品）。后来在1世纪，普林尼[1]曾提到，居住在法国西南部阿基塔尼亚河畔的高卢人更喜欢鲑鱼，“胜过所有海鱼”。也就在彼时，这种鱼被冠以鲑鱼之名。罗马军团惊讶地看着鲑鱼在莱茵河谷逆流而上，穿越激流，沿着瀑布往上游，并将这种鱼命名为“salar”，即“跳跃者”，这就是后来其学名“*Salmo salar*”的由来。

在苏格兰的东海岸，也有人同样对鲑鱼充满惊奇。在7世纪，皮克特人在其文化彻底消失之前，建造了刻画着跳跃鲑鱼的石碑。在其中一块石碑上，一条鲑鱼在一条蛙蛇和一面镜子之间周旋。它的象征意义是考古学家仍在试图解开的另一个鲑鱼之谜。

多方证据显示，野生鲑鱼是一种地位较高的食物。1000年前，就在捕鱼业大变革热火朝天之时，在法国中部索恩-卢瓦尔省的克吕尼修道院里，修道士们留下了非同寻常的记录。他们一生中的大部分时间都被迫在沉默中度过，主要依靠手语交流。在一份写于1090年的手语指南中，“鱼”的手势就是将双手手掌相合，在胸前扭动。然而，鲑鱼却有单独的手势——将双手大拇指放在下巴下面。这可以理解为只有“非常骄奢、富有的人才能经常食用这种鱼”。

正因为鲑鱼价值高，在13世纪的爱尔兰，鲑鱼的每次捕获、出售和购买都被严格地记录下来。修道院是最大的地主，掌控着大多数河流和鲑鱼贸易。这门生意利润丰厚，数吨爱尔兰鲑鱼被抹上盐、装进桶里，运往法国、西班牙和意大利的港口。据记载，到了17世纪，这些货物的规模十分庞大，以至于“普通人看到都会吓一跳”。

---

1 普林尼，古罗马著名科学家，百科全书式作家。

同样是在爱尔兰，鲑鱼数量的锐减也得到了详细的记录。19世纪末，作家奥古斯塔斯·格林布尔为了研究鲑鱼而走遍了爱尔兰。格林布尔说，在北方的班恩河，鲑鱼损失最为惨重。“可怜的班恩！”他写道，“我们从未见过如此不幸的河流。别的河或许会遭遇一两桩或者最多几桩恶行……但在悲哀的班恩河，却发生着可以将鲑鱼置于死地的、所有可以想见的恶行。”这些“恶行”包括沿河而建的亚麻厂排放污染物。工厂向河流排放的废物（包括石灰、漂白剂和染料）“毁灭了所有残存的鱼”。政府虽然颁发了法令，“但是罚款额度很低，做出这些恶事的人也毫无羞耻感”。与此同时，幸存的鱼遭到过度捕捞。正如格林布尔所描述的那样，“大规模偷捕”相当普遍，“覆盖了方圆数英里的渔网就在海上防卫队的眼皮底下非法捕捞”。

班恩河或许是个极端的例子，但这些来自陆地和海洋的压力对欧洲鲑鱼群都产生了非常大的影响。鲑鱼在淡水河的往复旅途延续了数百万年，如今却为越造越大的水坝所阻挡。鲑鱼依然坚持不懈，试图跃过这些巨型的混凝土障碍物而未成功，直至死去。随着完成生命周期的鲑鱼越来越少，它们也在沿岸居民的生活中渐渐消失。在德拉纳河上，就有一座建于“二战”时期的大坝。2016年，一位渔民称在德拉纳河看到两条鲑鱼，当时这件事还上了新闻头条。这是50多年来人们第一次在德拉纳河里看见鲑鱼。

20世纪50年代，更严格的欧洲环境法使野生鲑鱼所生活的许多河流得以恢复，但鲑鱼的衰落似乎势不可当，其数目再也没有恢复到历史水平。在爱尔兰农村，野生鲑鱼活了下来。直到20世纪60年代，它们一直是村民享用的美食。著名的大厨理查德·科里根就是在那个年代长大的，他生活在都柏林西部米斯郡的沼泽地。在那里，鲑鱼每年都会出现一次。清晨时分，他会听到家里的渔民朋友将农场的门打开，并把麻袋挂在后门。他们会在厨房里打开麻袋，当里面的鲑鱼掉到桌子上时，便能看到一道银光，并听到“砰”的一声。他的父亲会拿上一把旧切肉刀——专门用来切这些珍贵的鲑鱼——将整条鱼切成若干厚块，然后在铸铁平底锅里用黄油烹饪。科里根说：“我们向往鲑鱼油的香味。”他们将一片片苏打面包浸在鲑鱼油里，一口一口慢慢地吃着，一言不发。“我们很穷，但在那些早晨，我们吃得就像国王一样。”

尽管鲑鱼十分稀有，且处境也很危险，但鲑鱼的捕捞并未因此减少。人类不停地捕捉鲑鱼。从维京时代开始，爱尔兰沿海的渔人就会将岸上的船推下海，并撒下小型围网。这些围网形似降落伞，从海里将其拉出来，就有可能逮到鱼。20世纪60年代，爱尔兰最权威的鲑鱼科学家肯·惠兰（当时还是个孩子）曾在肯梅尔湾看见渔人们坐着船，围在一起，等待“那种鱼”的出现——他们就是这样形容一大群鲑鱼的。他们会连续数个星期仔细观察河水，寻找鲑鱼游入海湾的标志：水面上会出现一个V字型。一旦有人见到鲑鱼，镇上的人们都会兴奋不已。“大多数渔人都已经60多岁了，”惠兰说，“但他们拉网时的动作快如闪电。”

有一次，鱼群规模很大，渔人们试图把渔网拉上来时，渔网太重而撞上了一块岩石，他们因此错失了大量鲑鱼。回到岸上，他们似乎有些沮丧，但其中一位微笑着对围观者说：“哎呀，好吧……就把它们留给河流了。”这些渔人知道自己捕鱼的方式效率不高。“正因如此，这个方法才行得通，”惠兰说，“总要有足够的鱼留在河流。”

然而，20世纪60年代末，围网为漂网所取代。漂网的一头系在船上，其余部分钩在浮子上漂着，可以覆盖数英里。而且，由于漂网是用尼龙细网制成的，鱼就无法看见它们。潜艇声呐探测技术也被用来定位鲑鱼。两三张漂网就能覆盖整个海湾，那些使用围网和小船的老渔人就什么都捞不到了。捕捞鲑鱼成了热门行当。有许多年，颁发捕鱼许可证就像撒五彩纸屑一样。惠兰说：“每一张网都成了巨大财富的来源。”20世纪70年代末，随着鲑鱼数量的急剧下降，政府试图限制捕鱼。结果，爱尔兰西海岸附近的水域就成了战争地带，非法漂网使用者和渔业工作人员正面交锋，其中海军巡逻船和漂网渔人也发生交火。一夜之间可以收缴8英里长的渔网。然而，在更遥远的海域，大西洋鲑鱼面临着更为严峻的问题。

大西洋鲑鱼最主要的觅食区域就位于格陵兰的西海岸，来自不同河流的数千条鲑鱼聚集于此。如今，这块海域成了工业化捕鱼的目标。20世纪70年代，挪威的大型船队每年都能捕获200万至300万条鲑鱼，比如今全球的鲑鱼总数还要多。直到20世纪80年代，才有了一份国际协定，以阻止肆无忌惮的劫掠。如今，大多数营利性的鲑鱼捕捞都已被禁止，而在爱尔兰，仅有少数历来就有许可证的渔人才能在河口捕鱼。在苏格兰、英国和挪威，撒网捕鱼的现象也大大减少。然而，鲑鱼的数量依然不断下降。我们的河流和海洋出现了严重的问题。

肯·惠兰认为，海洋温度的改变是一大潜在因素。他说：“在鲑鱼觅食的部分区域，浮游生物已经消失了。”与此同时，爱尔兰的南海岸出现了新的鱼类。“变暖的海水引来了加勒比海的炮弹鱼和地中海的鲷鱼，它们与鲑鱼争夺食源。海洋正在发生变化，而鲑鱼就是受害者之一。”

悖论就此产生。虽然野生鲑鱼的数目在下降，但是大西洋鲑鱼的总数却在迅速增加。据估计，仅在挪威海岸，任何时候养鱼围栏里都有约4亿条鲑鱼。仅10个这样巨型的养鱼围栏里的鲑鱼数量，就超过了全世界所有河流、小溪和大西洋里的野生鲑鱼总数。随着野生鲑鱼数量减少，养殖鲑鱼却在茁壮成长。有些人认为，两者是有关联的。

全球大多数养殖鲑鱼都出自少数几家挪威养鱼公司，包括莱瑞海产集团和萨尔玛，而最大的则是美威。美威在挪威及其法罗群岛、苏格兰、加拿大、爱尔兰的水域都设有养殖场，其产出的鲑鱼数量接近全球总消耗量的四分之一。美威的全球业务甚至将大西洋鲑鱼养殖场延伸到了赤道以南的智利沿海。我有幸在苏格兰的西海岸从头到尾地参观了美威的养殖业务。在孵化场，我看到刚孵化出来的小鱼苗，它们的眼睛紧紧包裹在卵鞘里。美威在苏格兰拥有25个养鱼场，我在其中一处看到了数十万条鲑鱼在鱼棚里不停地绕着圈游，不时也会有一条鲑鱼冲破水面，一跃而起。“我是以环境保护主义者的身份进入这个行业的，”美威的一位经理伊恩·罗伯茨在带我参观渔场时这样说，“我想要阻止渔人从海里捕捞仅存的野生鲑鱼，便为他们提供了另一种选择。”他之所以产生这样的想法，是因为近几十年来，全球对于鱼类日益增长的需求大多是通过水产养殖来满足的。

人类食用的海鲜有一半以上来自水产养殖。

在苏格兰西海岸内陆，有一家隶属于美威的养殖场。在那里，鲑鱼生命周期的前7个月都是在一个仓库般的巨型孵化场里度过的。在这个位于洛海勒特工业园的孵化场里，鲑鱼生活的所有微小细节都受到全天候的控制和监测。只要维持较低的压力水平，鲑鱼便能保持较快的生长速度。在金属楼梯的顶端，我看到15万条鱼在一大缸消过毒的水中沿着顺时针方向游动。为了引起鲑鱼的生理变化，使其从淡水鱼变成深海鱼，养鱼场会用光线来诱导鲑鱼。在连续几周内，光照都非常弱，为鱼群创造一个"虚假的冬天"；之后，仓库会被照亮，宛如春天降临。这样一来，鱼群便会开始朝反方向游，它们的鳃和皮也开始发生变化。但在洛海勒特的孵化场，它们无法沿着河流游向大海，取而代之的是沿着巨大的管道游到油罐车里。你只会看见一群慌乱的黑影在水泵的拉力面前奋力挣扎，而其中最厉害的"游泳健将"也只能在透明的管道中停留那么一秒。一艘改装过的捕鲸船会将这些送到岸上的鲑鱼运往下一个目的地：在湖中用笼子固定的多只鱼栏里。在那里生活一年半以后，它们会被宰杀并经过加工处理。其中，有一半会成为英国超市货架上的货品，其余的则会出口（如今，养殖鲑鱼是英国最主要的出口食品之一）。

我看到的其中一只鱼栏就位于威廉堡附近的利文湖。在那里，美威每年能产出1600吨鲑鱼，而这不过是美威全球养殖场50万吨总产量的一小部分。从岸上看，这些鱼栏就像是湖中心的若干小岛。我坐着小船来到鱼栏附近，才看到水中插着用来固定鱼栏的金属杆，而鱼栏上方则设有防止飞鸟捕食鲑鱼的网。每过几分钟，鱼栏旁边的木甲板上就会传出一阵撒播声，就像是在沙滩上踢石子的声音。那是一架自动旋转器，将蛋白质颗粒撒到水里。在水下22英尺深，隐藏着16个鱼栏，里面有50万条鱼正在进食。

按照目前的趋势，从大海中捕捞到的野生鱼类将越来越稀少，而水产养殖则将越来越发达。一种起源于中国的做法如今在全球流行了起来。在稻田系统中，鱼可以为水稻作物控制虫害，其粪便则为作物施肥。20世纪70年代，水产养殖业发生了根本性的变化。挪威的两兄弟西韦特·格鲁特维德和奥韦·格鲁特维德意识到了野生鲑鱼的衰退，便针对封闭式鲑鱼养殖进行了一项试验。他们在自家位于希特拉岛的养鱼场附近，将野生大西洋鲑鱼投放到了漂浮在峡湾里的一个围网里。试验结果相当成功，两兄弟卖了鱼，也挣了钱。后来，挪威渔民便相继仿效他们的做法。然而，他们都开始意识到生产力受到了鲑鱼本身的限制。野生鲑鱼生长得太慢了，而且并不能高效地将鱼食转换成脂肪和肌肉。鱼类养殖者所需要的是“明日之鸡”或“大白猪”的水产版本。此时，挪威的一批动物饲养员参与了进来。

为了解决问题，他们参考了水产养殖的200年历史经验。罗伯特·贝克韦尔在18世纪制定的原则依然站得住脚。20世纪40年代，改造了美国肉类加工行业的美国科学家杰伊·卢什进一步发展了贝克韦尔的理论。挪威的饲养员借鉴了贝克韦尔和卢什的想法，在几年内就改变了野生鲑鱼的基因。他们从三条河中选出具有不同特点的鲑鱼，培育出一种比野生鲑鱼长得快且吃得少的品种。第一代鱼的生长速度比过去的品种快了15%；10年后，这个数字翻了一番。饲养员所养殖的鱼无疑是鲑鱼，但从基因角度看，可以说是一个全新的品种。一些科学家认为，养殖鲑鱼和野生鲑鱼（*Salmo salar*）之间的区别非常大，应该将新品种命名为“家养鲑鱼”（*Salmo domesticus*）。

无论对挪威的饲养员还是对全世界而言，这都是一大突破。“绿色革命”的小麦和水稻喂饱了人们空空如也的肚子，牲畜专家创造出了更便宜、更充足的肉类供应。养殖鲑鱼可以让更多人吃到这种鱼。他们相信，这种新品种的鱼可以提供新的蛋白质来源，同时也有助于解决过度捕捞的问题。然而，事实上，其中的利弊远比想象的要复杂得多。

我于2020年2月来到利文湖的这座美威渔场。而在此两周前，这家公司位于科伦赛远海的一只鱼栏被撕破了。渔网无法承受台风布伦登的一顿猛击，有7.4万条养殖鲑鱼逃出鱼栏，游入了大海。将鱼栏放置在更遥远、水流更湍急的海域，解决了在内陆海域所遇到的一个问题：在鲑鱼行业中，鱼栏内产生的废物——鱼食、粪便和化学品——会对鱼栏之下的海洋生物和海湾生态产生影响。反过来，海湾生态也能毁掉鱼栏里的鱼；厚厚的藻华会威胁鲑鱼的生命，破坏其鱼鳃，并消耗水中的氧气。这样一来，数千条鲑鱼都会丧命。

鲑鱼行业还面临着另一个同样棘手的问题：海虱。在野生环境中，这种身长半厘米的寄生甲壳类动物与鲑鱼共同进化。当鲑鱼生活在海里时，它们身上或许会有那么几只海虱，但它们无法在淡水中存活，因此会在鲑鱼逆流洄游的过程中脱离鱼身。然而，装满了数万条鱼的鱼栏则为海虱制造了机会。一旦鱼栏里有海虱出现，它们就会快速繁殖。海虱会在鲑鱼表皮移动，寻找鱼脸和鱼鳃附近最柔软的肌肤组织，一旦找到了就开始啃食。鲑鱼遭到过度啃食后，就会死亡。与此同时，这些“养殖”的海虱会更广泛地传播，危及野生鲑鱼种群。另外，逃脱的养殖鲑鱼会对野生大西洋鲑鱼的长期福祉造成威胁。

在天然环境中，两条来自不同河流的鲑鱼之间的基因区别，会超过两个人之间的基因区别。经过无数代的进化，每一种鲑鱼都适应了自己家乡的环境：河流的长度、河流的湍急程度、河中可觅得的食物量、河水的温度，以及河水中的各种味道和气味。每条河里的鲑鱼品种都适应了当地环境，具有其独特的优势和劣势，并发展出特有的、适合自身的生命周期。而成就这一切的，正是野生鲑鱼的洄游本能——回到它们出生的水域进行繁殖的本领。

养殖鲑鱼却不同。它们的养殖基于一系列严格甄选的基因，目的只有两个：大量进食；快速生长。它们不具备野外生活所需的基因工具箱，也无法完成从河流到海洋再回到河流的伟大旅程。在数十万条养殖鲑鱼从鱼栏中逃脱后，它们或许会与野生鲑鱼杂交。养殖的雌鱼有可能存活下来并产下卵，而这些卵则会在河流中受精。专家担心，这样的基因渗入——野生鲑鱼和养殖鲑鱼的基因混合在一起——可能会逐渐改变野生鲑鱼，增加其得病和被捕食的风险。

在爱尔兰，野生鲑鱼的衰减也意味着一种生活方式的消逝。莎莉·巴恩斯经营着全爱尔兰最后一间专门熏制野生鲑鱼的熏制房。她在爱尔兰西南角的卡斯尔敦申德村工作和生活，距离斯基柏林镇5英里远。这里曾经有数百家熏制房，在春、夏两季会接收许多鲑鱼。熏制房里的师傅们很善于用盐和烟让鱼肉中的水分蒸发，这样腌制好的鲑鱼便能保存下来，以备食物不足或长途旅行的时候食用。如今，莎莉·巴恩斯和她的雇员每年只能收到300多条鲑鱼。正是那些依然持有河口捕鱼许可证的渔人把这些鱼卖给了她，而这些渔民的人数也越来越少。

她会手工剖开每一条鲑鱼，取出其内脏，将鱼身切成块。她经手的每一条鱼都有它自己独特的故事：生于哪一条河流，如何历经数千英里游到海洋，又如何千辛万苦地洄游。巴恩斯说："这是养殖鲑鱼所缺乏的。"她就像外科医生一样，仔细剖析这些鲑鱼，以研究出最合理的熏制方法——估算出熏制的温度、需要多少烟和盐，以及要熏制多久。她研究鲑鱼的骨头和肌肉结构，以及它们身上一层层的脂肪。有时，这些鱼被送来的时候，由于旅途波折而受了皮肉之伤，而她能温柔地按摩鱼肉，让伤痕消失。她将鲑鱼放入小熏箱后，就开始摆弄烟道，并调整穿堂风，将榉木屑发散出来的烟调到最佳。巴恩斯熏制一条鲑鱼所需的时间，短则12个小时，长则3天。"那要看湿度，"她说，"每次熏鱼时，都得仔细观察周遭。"熏好的鱼呈浅粉色（从来不会是亮橙色），并带着甜美而温和的烟熏味。烟熏之后，她会手持小镊子，将鱼身上所有的细小鱼骨都拔掉。"过不了多久，我就要失业了，"她说，"我可以改而熏制养殖鲑鱼，但我不想那样妥协。我觉得自己已经变成一条野生鲑鱼，逆流而上了。"

18 伊梅拉根乌鱼子

毛里塔尼亚，阿尔金岩石礁国家公园

伊梅拉根（Imraguen）是西非的一支游牧民族。几个世纪以来，他们生活在毛里塔尼亚海岸的沙丘和泥滩之间，以捕鱼为生。鱼群随着季节而动，他们也就追随鱼群而居。如今，伊梅拉根族有1300人，居住在阿尔金岩石礁国家公园内的9个村落里。这座国家公园位于西撒哈拉沙漠以南，紧邻毛里塔尼亚沿海最富饶的海域。公园覆盖了一个巨大的开放式海湾。那是西非最大的海洋生物保护区，并在1989年被联合国教科文组织列入世界遗产保护区。这里的海水营养丰富，有许多浮游生物，是数百种鱼类、候鸟、僧海豹和海龟的理想栖息地。当鱼群游到海岸边，伊梅拉根人便蹚水而行，用长棍子击打水面，通过水波震动将鱼赶向围成圆圈的渔网。一些报道称，海豚群会帮助渔人，它们排成行将鱼赶进渔网里。近来，渔人们用上了一种名为lanches的帆船，可以抵达更遥远的海域。

伊梅拉根人捕捞并处理的东西十分特别。鲻鱼（*Mugil Cephalus*）身长60厘米，呈橄榄绿和银色。11月左右，鲻鱼在准备繁殖前会聚集到一起；雌鱼会排出一团团卵，雄鱼则会围绕过来，为鱼卵受精。如果伊梅拉根人能在雌鱼产卵前就抓住它，那就是中了大奖。在鱼肚里有一个袋子，里面塞有约2万粒鲜黄色的鱼子，这些鱼子外面包着一层薄如蝉翼的薄膜。这是营养最丰富、最奢侈的海产品之一。

男人们将抓到的鲻鱼带回岸上后，女人们会小心翼翼地一步步将这10厘米长的鱼子袋取出来。每个鱼子袋都挂在木架子上风干，然后经挤压、上盐，直至变硬。这时的鱼子袋看起来就像是平滑的弧形琥珀。这些风干了的脂肪和蛋白质块在阿拉伯语中被称为butarikh（意为“乌鱼子”），它们可以储存多年。商队曾带着乌鱼子穿越西撒哈拉沙漠，直至北非。20世纪30年代，法国商人开始从伊梅拉根人那里购买乌鱼子袋，再把它作为昂贵的美味卖到欧洲。

在世界其他地方，也有类似的鱼卵处理方法。腌制的鲻鱼卵在地中海地区被称为bottarga或poutargue，而在日本则被称为karasumi。在这些地方，干鱼子袋——也称为“鱼子”——是一种非常受欢迎的食物。它们富含幼鱼所需要的一切营养，蛋白质、维生素、矿物质和氨基酸含量都很高。切成片或磨碎的干鱼子袋可以为食物增添香浓鲜美的风味，那味道就介于帕尔马奶酪和热带水果之间。对于伊梅拉根人来说，乌鱼子是种珍贵的商品，并具有药用价值。“它是一种春药，”一位伊梅拉根妇女轻声说道，一边笑了起来，“我们的伟哥。”然而，近几十年来，伊梅拉根人承受着来自阿尔金岩石礁国家公园之外的各种压力。在重重压力下，他们改变了捕鱼方式，也因此改变了生活方式。如今，来自欧洲和亚洲的拖网渔船也在西非的海岸线上捕鱼。这种工业化规模的捕捞活动彻底改变了这个地区的海洋生态系统。这些工业拖网渔船驶入西非水域，在很大程度上揭示了我们海洋如今的处境。

从人类最初造船出海开始，海洋就成了人类共有的资源。20世纪下半叶，人类就捕鱼和获取其他海洋自然资源的权利争持不下，于是各国便签署了一份国际公约。1982年，《联合国海洋法公约》通过决议，赋予了各主权国对距离其海岸线200海里的海域（从水面到海底）的经济专属权。各国可以在公约界定的专属经济区内捕鱼，该权利从此受到国际法的保护。缺乏大型捕鱼船队的国家可以通过签订合同来出售捕鱼权，准许外国船只到他们的海域捕鱼。在自家海域过度捕捞的国家，则可以向其他拥有更丰富海洋资源的国家购买捕捞权。在20世纪90年代，毛里塔尼亚人和一些西非政府与其他国家签订的正是这种合约。这种策略并无新意。在20世纪初，欧洲渔船就来到非洲西海岸捕鱼，造成了比斯开湾沙丁鱼的消失；20世纪50年代，欧洲渔船再次抵达，导致了金枪鱼的衰减。购买专属经济区的捕捞权使这一策略变得正式化，为欧洲最大的船只进入世界上最多样化的渔场铺平了道路。

如今，约有200艘来自西班牙、法国、葡萄牙、意大利和希腊等国的拖网渔船在非洲海岸捕鱼。这些船都大大受惠于一系列“可持续渔业伙伴关系协定”（SFPAs），而这些协定都是在欧盟纳税人的税款支持下签订的。在2020年签订的13份协定中，有9份是与非洲国家签订的。欧盟每年支付给毛里塔尼亚政府6000万欧元，便可按照约定的吨数在其深海海域捕捞金枪鱼，并在浅海海域捕捉相对较小的鱼类（如小沙丁鱼，通常可以用作水产养殖业的鱼粉）。反对者提出，欧盟支付的费用只占其捕捞鱼类的真实市场价值的一小部分（据非政府组织加拿大生态信托基金会计算，这一比例仅为8%）。对欧洲渔船而言，这一安排相当有利可图，而欧洲消费者也能在本土海域因过度捕捞而缺乏鱼类供应量时，依然源源不断地获取鱼类资源。欧盟人食用的海鲜中，有将近一半来自欧洲以外的海域，其中大部分源自非常贫穷的国家。

IUU捕捞[1]占全球捕捞总量的20%，占西非海域捕捞总量的40%。大多数长途跨国捕捞都有赖于各国政府支出的津贴，每年可达354亿美元，这些津贴覆盖了从造船、燃料、冰块到劳动力的一切成本。非洲的渔船无法和这些有补贴的工业渔船竞争，也就无法充分利用自己国家海域的资源。

那些拖网渔船的目标并不一定是伊梅拉根人通常捕获的那类鱼，例如出没于海岸线附近的鲻鱼，但这些渔船仍会对庞大（且极其复杂）的食物网产生巨大的影响。鱼类在受保护的区域——如养鱼场——产卵，但是这些保护区的边界正如海洋生物学家所描述的那样，是有漏洞的。随着季节变化，鱼会游进游出，鱼卵和幼鱼亦是如此，这样一来，就会影响大片区域的鱼群资源。

20世纪90年代，抵达西非海岸的拖网渔船越来越多，鲻鱼资源量开始减少，从而影响了伊梅拉根人的食物和收入来源。沿着海岸线向南，塞内加尔人也发现他们的鱼群资源减少了，便乘着机动独木舟来到毛里塔尼亚的水域。捕捞鲻鱼的压力增加，竞争也越发激烈。伊梅拉根人便开始使用更大、更高效的船只，驶向更远的海域去捕捉鲨鱼和鳐。这两种鱼利润丰厚，但也都濒临灭绝。亚洲消费者愿意为这些

1 IUU捕捞，指非法（illegal）、不报告（unreported）和无管制（unregulated）的捕捞活动。

鱼支付每千克500美元的高价，因而助长了这种捕捞行为。阿尔金岩石礁国家公园以外的批发商开始在交易中掌握更大的主动权。在鲻鱼存量恢复后，伊梅拉根人已无法再靠传统的捕鱼维持生计。他们已经被卷入全球供应链之中，并将注意力转向了其他鱼类。在阿尔金岩石礁国家公园，受影响最大的是伊梅拉根女人。她们失去了鲻鱼的稳定供应，无法再进行鲻鱼加工和出售。很多人被迫离开公园，到城市里打工，或者像其他渔村里出来的数千名西非人一样，尝试冒险偷渡到欧洲。“欧洲船只的工业化捕鱼给非洲人带来了更大的生活压力，迫使他们移居海外，”英属哥伦比亚大学渔业专家丹尼尔·保利教授说，“而当他们来到欧洲，欧洲人却谴责他们。”

伊梅拉根渔民的生计对于阿尔金岩石礁国家公园的未来至关重要。这座公园是他们的家，他们依赖于这里的生物多样性，也是保护此地生态系统的最佳人选。根据法律，他们是唯一有权居住在这座公园里并在此捕鱼的人。

近年来，一些非政府组织通过小额贷款项目帮助当地女性购买、加工鲻鱼，否则这些鲻鱼就会售卖给批发商；还有些组织在园内建立了合作社，创办了工作坊。意大利北部的一座渔业小镇也在为此作出贡献：托斯卡纳区的奥托贝洛（Ortobello）是意大利少数几个仍在制作传统乌鱼子的地方之一。慢食协会资助伊梅拉根女性到这座小镇学习如何提高伊梅拉根乌鱼子的质量，这样就可以将加工好的乌鱼子再售卖到欧洲。2015年，有超过200名伊梅拉根女性再次开始制作乌鱼子。从那以后，鲻鱼产量持续下降，而阿尔金岩石礁国家公园也继续受到各方压力。2020年，世界自然保护联盟称，阿尔金岩石礁国家公园边界线上的国际渔船队“绵延不绝且规模庞大”。这份报告还称，该公园的自然保护前景“令人倍感担忧”，原因之一就是“公园内外的不可持续的捕鱼活动”。重振伊梅拉根乌鱼子意味着一种濒危食物得到了挽救，但它的未来却是脆弱的，这座公园亦是如此。

19　腌鲣鱼

日本，西伊豆町

芹沢安久住在日本南海岸的渔村西伊豆町，他就像濒危物种一般，是全日本最后一位腌鲣鱼匠人，而腌鲣鱼则是日本最古老的加工食品之一。和伊梅拉根人一样，安久也会使用盐，但他采用的是整条鲣鱼。就像法罗群岛的风干羊肉一样，制作腌鲣鱼也相当困难，需要小心翼翼地运用高超的技巧。这种食物强韧、味咸而可口。

我见到安久的时候，他正拿着一条半米长的腌制鲣鱼。这条鱼的银色外皮和白色眼睛都完好无损，但身体却干瘪了，还裹上了一层细盐。那是我见过的制作最精美的食物。鱼嘴、鳃，乃至全身上下都穿插着金黄色的稻草。这些晒干的稻草用盐水浸软后，两头就可以打成复杂的大结。需要高超的技巧才能将稻草穿插于晒干的鲣鱼鱼身，而不损害一片鱼鳞。安久腌制一条鱼需要花费几个月的时间，因而他既是食品匠人，又堪称艺术家。

死后的鲣鱼之所以能配以如此优雅的装束，是因为它不仅是食物，还是日本神道的祭祀品。每到新年，西伊豆町人便会将腌制的鱼放在家门口和公共神殿门口。编织的草绳和鱼分别代表着来自大地和海洋的礼物。安久说："我们在神殿祈祷渔人们平安，并祈求来年能有好收成。"在祈祷仪式后，鲣鱼干就成了食材。可以将它磨成鲜美的细粉末，加入菜肴中便可化腐朽为神奇。

渔人们通常会在9月将抓到的鲣鱼送到安久那儿。经过数月的进食，9月的鲣鱼身体条件最佳，全身长满肌肉和肥膘。鱼的内脏和鳃会被即刻取出，以避免产生任何异味。然而，因为鲣鱼有着神圣的象征意义，鱼眼会被完好地保留下来。然后，安久会用竹棍将鲣鱼掏空了的腹腔撑开，里里外外都抹上厚厚的盐，以慢慢吸收鱼肉当中的水分。两周后，腌过的鲣鱼就会浸泡在之前若干批鱼都使用过的特殊鱼汁里。这一步骤就引入了细菌，并开启了发酵的过程。安久说："这会让它的味道略有些奇怪。"用大量盐腌制好的鱼会被成双成对地系在一起，悬挂在户外长达数周——就挂在安久那座加工厂屋檐之下的阴影处。此时，他就开始编织、结扎稻草，将稻草在鱼身上穿进穿出。这项工作会持续好几周。

解除腌鲣鱼仪式性的装束后，鱼肉便被切成薄片，有棕色、黄色和银色的，还闪闪发光。将这些鲣鱼薄片加入米饭和蔬菜中，就能释放出一种香浓的肉味。将鲣鱼碎撒在一盘简单的菠菜上，入嘴的菠菜就会有出人意料的复杂滋味。"一加一等于三。"安久在描绘这种风味的变化时如是说。一千多年来，仅仅是靠这些鲣鱼碎片，便将"清贫"的食材变得高贵。

腌鲣鱼的一种现代版本——"鲣节"（也就是鲣鱼干），在日式料理中更广为人知，也更普遍。传统上，这种岩石般坚硬的腌制鱼需要花6个月的时间、经30个步骤才能制成。和腌鲣鱼一样，鲣鱼干也是用鲣鱼制成的，但其制作过程更为复杂。首先，通过烟熏使鲣鱼肉脱水、变硬，随后在鱼身上涂一层灰带蓝曲霉孢子。待发酵一周左右后，便将其放在阳光下晒干，并刮掉表皮上的霉菌（这一晒干、刮霉菌的步骤可多次重复）。最后，便制成了一块浅棕色、手掌大小的弯曲状物体——据说这是世界上最硬的食物。将刨下来的鲣节薄片和昆布放在一起，就能制成日式高汤。就像腌鲣鱼碎片一样，日式高汤也很神奇。原本在腌制过程中锁在鱼肉里的酶、乳酸、氨基酸、肽和核苷酸如今都被释放出来，产生的化学反应带来浓郁、鲜美的风味。

腌鲣鱼是种较为古老的食物，只在西伊豆町作为当地传统保留了下来。如今，只有芹沢安久一个人会制作腌鲣鱼，这种食物全靠他传承下去。我盯着他手里拿着的那条鱼，依然对鱼嘴和鱼肚子里冒出来的稻草感到惊奇。我指着鱼问他："我需要花多久才能学会制作它呢？"他上下打量了一下我，说道："15年吧。"之后，他又仔细看了看我的手说："也许20年。"

腌鲣鱼的衰败始于1853年7月8日。当时，美国海军准将马修·佩里来到江户（如今的东京）口岸，强烈要求日本结束长达220年的锁国政策。在那以前，日本的海外贸易极少，且控制严格；日本人无法出国旅行，甚至不能建造出海航行的船只。日本基本上是自给自足的，且在佛教和神道教的影响下，日本人多为素食主义者。他们靠米饭填饱肚子，用蔬菜、腌菜和汤下饭，而腌鲣鱼这样的食材可以提升菜、汤的口感。他们摄入的动物蛋白质大多来自海产。

19世纪50年代末，佩里代表美国向日本提出开放要求，局面从此改变。日本重新开始对外贸易，出口丝绸和茶叶，进口枪支和棉花。日本知识分子注意到，西方国家正处于上升趋势，而亚洲国家则停滞不前，甚至在走下坡路。他们还推断，西方的强势与他们食用肉类和奶制品有关，而日本则备受素食主义文化的阻碍。他们声称，日本想要与他国竞争，就要改变国民的口味。1872年，似乎是为了推广动物蛋白，日本政府向全国人民宣布，新天皇已成为肉食者。士兵们收到的军队配给中有了肉，各地也有了供应牛肉、猪肉和啤酒的新式餐馆“洋食屋”。从英国进口的猪被运往日本各城市，以城市厨余为食，这有助于增加日本的肉类供应。从美国进口的牛肉被运抵神户口岸，而这座城市也从此因肉食而闻名。

这一系列因素共同引发了日本饮食文化的巨变。曾经，食用鸡肉原本是一种禁忌；在多数乡村地区，奶牛被视为家庭的一员，死后甚至会被埋葬起来。人们总觉得只有社会异类——“满身刺青的流氓或受西方文化影响的学生”——才会经常光顾肉店。人们难得吃一次肉，通常也是基于健康方面的考虑，将此作为食疗。然而，到了20世纪初的数十年里，不吃肉的便只有那些落后于日本快速转型的老年人。

第二次世界大战之后，战败的日本又经历了一轮饮食文化的巨大转变。美国占领者为了避免食物危机，执行了一项新的计划。他们将小麦、脱脂奶粉和罐装火腿进口到日本（就像在冲绳发生的那样）。大米的消耗量开始锐减，从1962年的人均每年170千克下降到1986年的人均每年71千克。与此同时，日均肉类消耗量则从每人30克增长到80克。就从那时起，食用蓝鳍金枪鱼（现已濒危）成了日本的“传统”。现在，这种鱼是日本人最推崇的食物之一，而且大家都以为它自古以来就是日本料理的一部分。实际上，就在一个世纪之前，蓝鳍金枪鱼还被视为一种油腻的、血淋淋的、高脂肪的低等鱼类。在当时的日本，最受欢迎的寿司食材是比目鱼和鲷鱼这样的白鱼，以及蛤蜊和鱿鱼等海鲜。日本饮食历史专家特雷弗·科森说："人们会瞧不起出售蓝鳍金枪鱼的寿司师傅，认为那是一种垃圾鱼。"战后，红肉的到来改变了蓝鳍金枪鱼的地位。蓝鳍金枪鱼的外观和口感都与最嫩的牛肉相似，因而在20世纪70年代，随着日本人越来越喜欢这类风味和口感，蓝鳍金枪鱼变得越来越流行。

与此同时，日本的科学技术迅猛发展，货运飞机将日本生产的相机、电子产品和光学镜片出口到美国。为了避免昂贵的回程空舱，日本航空公司的物流人员便找来可以带回日本销售的货物。其中一位物流工作人员冈崎明（音译）发现，北大西洋沿岸的游钓者在抓到蓝鳍金枪鱼后，又会把它们扔掉。于是，航空公司便创造出一套冷藏系统，将这些大鱼运回日本。有了这样的供应链，蓝鳍金枪鱼便成了最令人向往的食物，也成了濒临灭绝的海鱼之一。大众爱上了肉更多的新食物，谁还需要腌鲣鱼，或是用它给一碗不起眼的蔬菜调味呢？

不过，芹沢安久并未就此放弃。作为日本最后的腌鲣鱼匠人，他发誓要继续这份事业。每年，他都会和一群西伊豆町的朋友参加当地的烹饪比赛，以提醒民众还有腌鲣鱼这样特殊的食物。有一年，他们做了一道乌冬面，佐以海带、青葱和日式高汤，再加上一只水波蛋，撒上升华风味的腌鲣鱼粉末。"那味道太好了，"安久说，"我们赢得了比赛。"而他最担心的，是自己膝下无子女可以继承他的事业，腌鲣鱼的制作工艺无法得到传承。"我出生于这个作坊，我不会让这一传统消失。"

20 欧洲牡蛎

丹麦，利姆水道

利姆水道并不适合在10月底造访。位于丹麦西海岸的入海口毫无遮蔽，阴冷而灰暗，从浅水区望向地平线和大海（通常因为下雨而变得模糊不清），要说那景色迷人，实在是一种慷慨。然而，这里却是欧洲最特殊的水域之一。在海底的沙石间，生活着世界上濒危情况最严重的海洋生物之一，它有很多名字：本土牡蛎、欧洲牡蛎、扁牡蛎，以及它的学名"*Ostrea Edulis*"。在欧洲其他水域，这种双壳贝类已接近灭绝。欧洲牡蛎藏身的暗礁，有95%都已遭到破坏。两个世纪以来，过度捕捞、疾病以及寄生虫和捕食者的攻击带来了额外的压力，使这一物种几乎销声匿迹。利姆水道是极少数依然能捕捉到相当多牡蛎的地方。我正是因此来到了这里。

在沿岸的树下，我穿上厚实的橡胶套鞋，慢慢走到冬天冰冷的海水里，直到及腰的高度。我手拿一根长木棍，木棍的一头像是厨房漏勺。我的向导、当地渔人彼得解释说："这些牡蛎看起来像是石头，只要再仔细看两眼，你或许就能看到它们壳上的一丝绿色。"我用漏勺在海里打捞，再提起时就发现沙砾和海藻之间有三块灰绿色的盘状物。我将其中一块放在手心，其扁平的表面看起来就像石板瓦，带有零星的棕色、黄色和金色斑点，如秋天的叶子一般。在外壳的另一面，则能看到从壳尖延伸至边缘的螺旋状纹路。它像是一块古老的化石。彼得从漏勺里捞出一只牡蛎，轻轻敲了敲。“很重。这只应该有很多肉。”

无人确切知道为何其他地方的牡蛎都消失了，而利姆水道的牡蛎却生存了下来。有一种说法是，这里入海口的水很冷，牡蛎可以在此存活，而牡蛎寄生虫和虫害却无法生存。另外，这里的水域也足够浅，夏日阳光引来的浮游生物（微藻）足以喂饱牡蛎。这样一来，利姆水道就成了非常罕有的适合牡蛎生活的生态系统，或者说是牡蛎的最佳栖息地。

即便你不吃牡蛎，也应当关心它的命运。牡蛎是一种关键物种，支持着海洋中大量物种的生命。一只牡蛎每天会过滤并清洁200升海水。随着牡蛎群体的壮大，它们就会为其他海洋动物创造一个安全的生活环境：约有100多种不同的生物生活在牡蛎层间。等到牡蛎的数量累积到数百万只（甚至数十亿只）时，它们就会形成缓冲区，保护海岸线不受侵蚀。牡蛎也是世界上最可口、最健康的食品之一。作家萨基[1]笔下的一个小说人物就讲到“牡蛎那种富有同情心的无私奉献”，他真是说得太对了。

作为食物，牡蛎有一种魔力，可以让食客仿佛顷刻置身于某一特定的时间和地点。它是少数可以生吃且整个（除了它的外壳）吃下去的动物之一，其肌肉、腹部和消化道、心脏、鳃和血都可以一口吞下。每个部位都有其独特的风味和口感。牡蛎的肌肉甜美而有

1 萨基，原名赫克托·休·芒罗，英国作家。

嚼劲，而腹部则带有其生活环境中植物的味道。一只牡蛎或许带有青草味，另一只则可能带有橄榄味或煮熟的蔬菜味。牡蛎“血液”（或者至少是其循环系统当中的液体）的主要成分是海水，而海水又是影响牡蛎风味的另一大因素。有些牡蛎生活在非常咸的海水中，而另一些则来自淡水与海洋交接的微咸的水域，生活在那里的牡蛎吃起来就没那么咸。

季节也会影响牡蛎的味道。在深冬的休眠期前，牡蛎会饱食并长肥。这是它们吃起来最肥美、鲜甜的时候。春天的时候，海洋复苏，牡蛎又开始进食，它们的味道就会再次改变。夏天是牡蛎繁殖的季节，牡蛎壳里装满了卵子和精子，牡蛎的野味也就更为浓郁。牡蛎在8月完成产卵后，就耗尽了大部分的能量，达到全年最为消瘦的状态（正因如此，我们才被告知，要在名中有字母R的月份[1]才吃牡蛎）。其他因素也会影响牡蛎的味道。捕捞牡蛎时的天气是冷还是热？是否在下雨？汇入大海的水流是否饱含养分？一只牡蛎的滋味综合了时间、地点、气候和基因等各方面的影响。有些牡蛎品尝专家声称，他们剥开壳、吃下牡蛎、喝掉咸咸的浆液，便能辨认出这只牡蛎是在哪一段海岸捕获的。以这种方式来品尝牡蛎的话，它就仿佛是大海产出的葡萄酒了。

在利姆水道的岸边，彼得拿出刀，撬开了一只牡蛎。这只动物在色彩斑斓的珍珠母内壳里显得镇定自若。我将它倒进嘴里，“嗖嗖”地品尝着当天海洋那又甜又咸的味道。我嘴里有种被金属刺痛的感

1 名中有字母R的月份，指9月至第二年4月。

觉。20多岁的渔人彼得是在附近一座村庄长大的，他很喜欢吃牡蛎，但他的父母和祖父母并不喜欢。虽然他们生活的地方有数以百万计的牡蛎，但老一辈人从来不碰牡蛎。“他们觉得牡蛎很恶心，并把它们当作鱼饵。”如今，这些牡蛎成了世界上最濒危也最受推崇的食物之一。这相当奇怪，因为从最早的人类出现到一个多世纪以前，牡蛎一直是最为普遍的食物之一。

利姆水道有一大显著的特点：在平坦的风景线上，不时能看到低矮的“小山丘”。它们是由数千年来人们吃剩下的牡蛎壳堆积而成的，被称为“贝冢”（来自古丹麦语mødding，意为“垃圾堆”）或“厨房贝冢”（køkkenmøddinger）。这两个术语都是在19世纪由生物学家亚帕图斯·斯滕斯特鲁普创造出来的。他意识到，丹麦北部风景线上的许多小土堆实际上是由前人吃牡蛎留下的壳堆砌而成的。

世界各地的沿海地区都有贝冢。有些贝冢长达1000米，有着4万年的历史，规模远超英国的巨石阵。每个贝冢都有着独特的历史。有些贝冢可以用作庇护处，既能挡风遮雨，又可以阻挡入侵者（尖锐而回音巨大的牡蛎壳有一定威慑力）。在日本，有一处贝冢是马蹄铁形状的，中间有灶台和烹煮坑，仿佛有人吃下了数十万只牡蛎，又慢慢用废弃的牡蛎壳搭出了一整个生活空间。在澳大利亚，生活在沿海地区的土著人会在贝冢上举行当地的仪式，他们将这些贝壳视为祖先留下来的物质遗产。在西非的加蓬，人们在伊古拉湖附近发现了高5米、占地2500英亩的巨型贝冢。曾有100万非洲奴隶在这里等着被送上船，横渡大西洋。牡蛎是这里唯一的食物，也成了他们在登船前的最后一餐。他们的旅程充满了艰辛，并且往往会有人死去。

在丹麦，人们在7000年前的贝冢里发现了陶器和满是人类骸骨的坟墓。在利姆水道，斯基沃沿海地区的贝冢长达一公里，由数百万只牡蛎壳堆积而成。这些贝冢有20米宽，是新石器时代人类在丹麦定居的最早的证据之一。春季，狩猎采集者会聚集于此。他们不用刀剥牡蛎，而是凭借火和高温打开牡蛎壳。即使在这些狩猎采集者成为农民后，这个地方和这些牡蛎大餐对他们仍然很重要。冬末，当粮食储备耗尽时，农民们便会搬到海边，在那段“饥饿期”靠牡蛎为生。这种大规模的、群体性的牡蛎大餐可以持续好几周，而这种季节性的搬迁则持续了数千年。

要是没有牡蛎的话，人类很有可能活不到今天。在大约16万年前，一次为期很长的气候变化带来了非常严重的干旱，沙漠大规模蔓延，以至于非洲大陆的大部分地区——当时唯一有人类居住的地方——都变得几乎无法居住。人类从一万人大幅下降至区区几百人。正是牡蛎拯救了几近灭绝的人类。仅存的人类搬到了海边，包括非洲南部的海角。那里的化石记录和挖掘出来的贝冢显示，人类靠吃贝壳类动物生存了下来。这一饮食上的转变改变了我们。牡蛎富含锌、碘和氨基酸，而这些元素都有助于提升人类的大脑功能。从那时起，智人在不断进化和适应环境的道路上就一直有牡蛎相伴。在欧洲西部沿海地区、大西洋和地中海盆地，现代人类吃的牡蛎可能都是欧洲牡蛎。唯有到了20世纪，牡蛎才成为欧洲人特有的稀罕美食。

在维多利亚时代的英国，牡蛎可以做成多种菜肴，厨师们写下的牡蛎食谱比鸡蛋食谱还要多。它们可以用来做馅料，做成牡蛎牛排馅饼，也可以烤成牡蛎面包。在19世纪50年代，伦敦有3500家铺子出售牡蛎，而这种小吃文化也有其独特的语言：牡蛎可以打开吃（被称为hockley），或是配鸡蛋一起吃（被称为curdley）。维多利亚时代的酿酒师漫不经心地将数百只牡蛎倒进他们的铜制酿造壶，以此为甜味黑啤酒和波特啤酒添加一些盐味（并起到一定的防腐作用）。在南威尔士，直到20世纪早期，啤酒和牡蛎一直是酒吧的经典食物组合，贫富皆宜。苏格兰有大量牡蛎，牡蛎壳被用于房屋的石料制作，以增加砂浆的强度。

19世纪40年代，亨利·梅休记录下了伦敦比林斯盖特市场商贩的生活，并造访了"牡蛎街"。在那里，一排排渔船停泊在码头旁，缠绕的绳子、桅杆、牡蛎和人交错在一起，那画面令人头晕目眩。他写道："仿佛这些小船会和那些拥挤在甲板上的男男女女一起沉没。"每艘船的货舱里都装满了牡蛎，有"一堆灰色的沙和贝壳……是'当地货'"。梅休在记录下这一派嘈杂的同时，也听到了牡蛎商贩和船夫的叫喊："活鱼！鲜活！鲜活的哦！"

在梅休记录下这一场景后不久，戏剧化的事情便发生了。1850年，比林斯盖特市场售出了5亿只牡蛎；到了1870年，这一数字就下降到了700万；10年之后，牡蛎只剩下不足70万只；在20世纪初，牡蛎的存量持续下滑。正如鲑鱼的衰减一样，对于牡蛎的消失，我们掌握了一些特征，但仍有大量调研工作要做。其中的影响因素包括入侵物种的到来（比如指甲履螺，它们与送往牡蛎养殖场的美国进口牡蛎一同出现），以及杀害了一层又一层牡蛎的疾病。气候也有所影响，极其严酷的寒冬会造成“热冲击”，导致大量牡蛎死亡（20世纪60年代就发生过一次）。不过，有一个因素最能解释欧洲牡蛎的消失：人类的贪婪。

两个世纪的过度捕捞使欧洲牡蛎几近灭绝。过度开采普遍存在。在19世纪，铁路扩建使数百万只牡蛎从沿海地区被带到日渐扩张的城市。从北爱尔兰的斯特兰福德湖到苏格兰的福斯湾，从威尔士的曼布尔斯到英格兰南部的泰晤士河口，牡蛎从英国各小岛周边的沿海地区流入城镇。然而，到了20世纪中叶，所有这些地方乃至欧洲其他地方的牡蛎层几乎都空了。就在那时，牡蛎却再次成为欧洲人餐桌上的常客，而在此之前发生了一连串奇怪的事情，且人们吃到的牡蛎也与当初的欧洲牡蛎全然不同。

在18世纪的法国，牡蛎养殖成了一大新兴行业。拿破仑对此相当鼓励，因为他相信这能成为新的食物来源，有助于法国经济的增长。因而，牡蛎场被当作礼物送给退役军人，一支牡蛎养殖大军诞生了。由于当地的欧洲牡蛎已面临供应短缺，这些养殖场便引入了其他牡蛎品种。首先引入的是葡萄牙牡蛎。19世纪60年代，一艘装满葡萄牙牡蛎的船原本准备驶向波尔多的阿卡雄湾，却因为一场暴风雨被迫在附近的河口卸货。牡蛎在那里的沿海地区生存了下来，并最终成就了法国的现代牡蛎养殖业。20世纪50年代，葡萄牙牡蛎生病了，因而在1966年，养殖场引入了如今很常见的太平洋牡蛎，即长牡蛎。今天你在欧洲——事实上是在世界上大部分地区——吃到的牡蛎，基本都是长牡蛎。20世纪初，有人将它从日本带到美国进行商业养殖。它的数量迅速增长，很快就超过了本土的牡蛎品种，包括奥林匹亚（也被称为奥利）牡蛎。

几个世纪以来，亚洲人一直在养殖太平洋牡蛎。它们比欧洲牡蛎长得更快，个头更大，也更易于养殖，不那么容易生病。与外表光滑、扁平并带有卵石花纹的欧洲本土牡蛎不同，太平洋牡蛎有着尖锐、参差不齐且互相交叠的外层（正因如此，它又被称为岩石牡蛎）。在20世纪，它传遍了世界各地。如果说欧洲牡蛎是维多利亚时期的街边小吃，那么长牡蛎就相当于麦当劳。每年，各地养殖场能产出500万吨太平洋牡蛎，并在除南极洲以外的各大洲进行交易。虽然牡蛎在全球的传播大多是有意为之，但最初有不少太平洋牡蛎是从养殖场溜出去的，它们甚至在人们本以为太过寒冷的水域里大量繁殖了起来。

我从利姆水道出发，沿着丹麦的海岸线向南驱车两个小时，又在瓦登海齐腰高的水里跋涉了三公里。这是一片巨大的开放型浅水区，远处能见到一条条暗影——某种预示着灾难的黑色阴影，看起来就像是巨型鲸鱼的背部。实际上，这些是数十亿只太平洋牡蛎堆积而成的牡蛎堆。“堆”，是一种保守的说法；靠近一看，那简直是活牡蛎堆成的小岛，其面积大到足以让人爬上去来回行走。它们应该就是从南边的法国养殖场逃出来的牡蛎的后代。这些入侵者数量如此众多，那些巨大的牡蛎堆每年都在增长。如今，这些岩石牡蛎堆成了观光食客的目的地。你只消支付少量入场费，就可以自己挑选海鲜。我们当时正站在一座牡蛎岛上，瓦登海国家公园的克劳斯·梅尔比说：“牡蛎通常是一种奢侈的美食，每次只能吃一点点。在这里，你想吃多少就吃多少，吃饱了还能带些回去。”这是处理入侵物种的一种方式：把它们吃掉。这些牡蛎的数量令人咋舌。它们在你的脚下咯吱作响，其生长之处都变得又黑又亮。我们把桶翻过来，坐在上面，吃上了最大、最光滑细腻的牡蛎，其中一些长得尤其肥硕，仅是一只就撑满了我的嘴。

太平洋牡蛎也正在向北繁殖，并出现在利姆水道的入口，而利姆水道是欧洲本土牡蛎品种最后的避风港。梅尔比说：“有一天，它们甚至可能会让欧洲牡蛎无处生存。”一旦出现这样的情况，利姆水道的整个生态系统就会改变。不同牡蛎品种（及其各自的细分品种）的独特之处并不仅仅在于大小、形状、颜色和味道，每个牡蛎品种都在某一沿海地区的生态平衡中扮演着独特的角色。在海域中，牡蛎和数以千计的其他物种达成了一种平衡关系。如果本土牡蛎最终败给太平洋牡蛎，我们并不知道这里的生态系统将会作何反应。“入侵物种往往最终会占领栖息地。”延斯·谢吕尔夫·彼得森教授说。他是丹麦国家水生资源研究院的研究主任，负责观察太平洋牡蛎向北繁殖的趋势（它们甚至来到了瑞典的海岸）。“不能过分简单地说，它们是不受欢迎的，但当一个新的物种进入某一环境时，对于现有的物种并不总是一件好事。”欧洲牡蛎和太平洋牡蛎之间的竞争倒不在于食物，而在于空间。太平洋牡蛎非常善于建造礁石，这样一来，别的物种或许就无处生存了。

这是人类活动导致环境变化的又一个例子：我们侵吞某个野生

品种，又大量养殖另一个品种。令人惊奇的是，这与我们对陆地环境造成的改变非常相似：从用荷斯坦牛进行单一化的奶牛养殖化，到散播大白猪的基因，都是如此。如今，人类就像太平洋牡蛎一样，进入了不熟悉的新水域。我们并不知道这样做会造成什么后果。然而，牡蛎已经在地球上生活了5亿年——它们的出现甚至早于青草，更别提人类了。在人类消失后，它们或许还在过滤这个世界的海水。希望会有足够多样的品种继续存活下去，包括本土牡蛎。

海洋保护区

海洋物种多样性的损失似乎成了一个毫无希望、无法克服的问题。全球渔业依赖于各政府每年数十亿美元的资助。配额制似乎也难以改变。然而，海洋生物学家卡勒姆·罗伯茨找到了一个办法。20世纪80年代，罗伯茨还是一名博士生，他接到了一项任务，即统计生活在吉达红海海岸一处礁石周围的鱼的数量。他第一次潜到水下时，就在高耸的珊瑚城堡周围看到数千条鱼在轻快地游动，那景象就如烟花绽放般，鲜黄色、绿色、蓝色和灰色的鱼在水中穿梭。那是他所见过的最美的景象，从那时起，他便立志要将这奇幻的水下世界作为自己的终生事业。

罗伯茨看到，在珊瑚周围的浅礁上布满了大片的鲜绿色水藻，毛茸茸的，像是台球桌面。对于一英尺长的刺尾鱼来说，这就是食物来源。在水藻地里，刺尾鱼能赶走所有竞争对手，小热带鱼除外——它们只有刺尾鱼的十分之一大，盘旋在刺尾鱼的肚子下方。这两种鱼都将水藻作为食物，共同保护着水藻。许多类似的例子让罗伯茨意识到，海洋世界远比我们想象的有规则，生物之间也更能相辅相成。另外，当这些稳定的系统被打乱时，整个生态系统都会受到影响。他认为，最大的破坏之一就来自对较大型鱼类的过度捕捞，因为这些鱼类能推动海洋生物的繁殖。

后来罗伯茨开始研究人类行为对海洋的影响。而问题是，没有人亲眼见过那个一度更为富饶的海洋。他仔细研究古典欧洲绘画，企图在这些艺术作品中寻找线索，以了解从前捕获的鱼类比如今的大多少，品种又有多少。其他的历史资料，包括海员写下的日志和探索“新世界”的殖民者发出的电讯，都帮助他构建了一幅如今已经失却的图景。18世纪的船只对海洋鱼类进行了最为详尽的记录，包括捕获地点和数量（他们在海上靠吃鱼为生）。他们的描述令人震惊。在美国东海岸，水里的鱼似乎比水还要多；还有人报道说，出海的船被大量的巨大鳕鱼包围而寸步难行。对于现代人来说，这些故事听起来或许像是天方夜谭。“然而，这样的描述一次又一次地出现在各种文书中，”罗伯茨说，“且是不同的海域。”

19世纪，在英国的南海岸，沙丁鱼、小沙丁鱼和鳀鱼成群结队，使整个海湾都一片漆黑；牡蛎堆如此硕大，以至于船长们需要小心驾驶船只；扇贝则有盘子那么大。当时，世界上的鱼类似乎无穷无尽。然而，也就是在那个时候，英国人开始用新晋工业化的渔船出海捕捞，而这些渔船配备了能一直伸到海底的拖网。当时，英国那些渔船的捕鱼量是21世纪的5倍。考虑到如今科技的发达程度和人类对海洋的强攻击性，鱼类的衰落似乎更为严重。以每单位捕鱼能力计算，我们在19世纪80年代的捕鱼量是如今的17倍。这纯粹是因为鱼类大量减少了。

20世纪90年代，罗伯茨在加勒比海工作，统计那里的海鱼数量，并计量新创建的海洋保护区所带来的影响。这些大型保护区设立在海边或公海范围内，在政府的保护下，保护区内的商业捕鱼受到限制，甚至被禁止。这一设想是希望海洋保护区能起到像人们在感冒初期补充维生素C一样的作用——或许无法马上治愈疾病，却可以帮助病患恢复健康。然而，许多科学家持怀疑态度，捕鱼行业则更是如此。不过，当罗伯茨潜入一处曾遭到过度捕捞的水域——伯利兹的海洋保护区时，他发现那里有一批又一批的鱼群，像盔甲般闪闪发光。这些鱼包括大石斑鱼、鲷鱼，以及跟他的手臂一样长的梭鱼。罗伯茨获得的证据表明，生物又回到了海洋。

罗伯茨说，海洋保护区正如海洋的生命之泉，它们就像阿尔金岩石礁国家公园那样，是“有漏洞的”，生物多样性由此扩散到周边水域。鱼儿们并不会只留在保护区里，鱼卵、幼苗和成熟的鱼会游到附近未受保护的区域里。随着鱼类资源的增加，鱼儿们也活得更久、长得更大、数量更多，繁殖出数百倍之多的后代。渔民一度以为海洋保护区的建立会让他们蒙受损失，而现在他们开始意识到自己也能从中获益。这是一个双赢的局面。海洋保护区守护海洋的证据在世界各地一再涌现，包括位于墨西哥西海岸的普尔莫角国家公园。20世纪80年代，那里的鱼群一度被一网打尽，但在当地捕鱼群体决定停止捕鱼并创建保护区后，鱼群又恢复了。在10年内，鱼群的生物量增长了近500%，接近于当地人尚未开展捕鱼活动时的水平。美国拥有全世界最大的海洋保护区之一——位于夏威夷群岛的帕帕哈瑙莫夸基亚国家海洋保护区。这个保护区有得克萨斯州的两倍多大，有约7000种不同的物种——“一个令人惊讶的地方”，罗伯茨说。过去，曾在这里捕捞金枪鱼的工业渔船队以为这里的鱼要被毁灭了。“如今，他们却能在保护区以外的水域更轻易地捕到更多的鱼。”

迄今为止，全球只有不到6%的海洋得到了保护。虽然许多海域被指定为海洋保护区，但并未得到强制执行，商业捕鱼一直在继续。正如罗伯茨所描述的那样，它们只是一系列毫无意义的“纸上公园”，只是名义上的保护区。罗伯茨说，更有效的监控可以使这些保护区里的海洋生物复原，但要真正起作用，世界上至少30%的海洋要得到保护。因此，2021年1月，美国总统拜登将此设定为美国的目标，计划在2030年前达成。海洋保护区确实给了我们希望，证明海洋生物可以比陆地生物复原得更快。我们造成的破坏是可逆的，濒危的物种可以得到拯救，而生态系统也可以得到修复。科学已经先行，如今，我们需要的是政治意愿。

第六章
水　果

不同的种类是水果在进化旅途中留下的脚印。

——琼·摩根《梨之书》

人类开始种植谷物——例如小麦、水稻和玉米——标志着农业的开端，也意味着人类开始定居。动植物随之发展出丰富的多样性。然而，农业的成熟则始于人们种植果树。我们现在吃的水果是在新石器时代变革过去很久之后（基本上是在公元前6000年到公元前3000年之间），由我们的祖先在世界各地栽培的。中亚和东亚有柑橘、苹果、梨，以及各种核果——杏、樱桃、桃和李子。“地中海水果”包括枣、橄榄、葡萄、无花果和石榴。过了很久，又有了美洲的草莓、菠萝、鳄梨和木瓜。

然而，农民们为何在种植谷物这么久之后才开始种植水果呢？

我们可以从乌鲁克花瓶这件古老的艺术作品中找到线索。这只花瓶具有5000年历史，瓶身长一米，从上到下刻满了与农业相关的图案。它出土于1934年，靠近幼发拉底河的巴士拉北部（如今的伊拉克）。考古学家将花瓶的碎片拼凑起来，看到瓶身上描绘了大麦、芝麻、羊和牛，以及排成行的农民和奴隶。而在瓶身顶端，刻画的则是一位女性（女神伊南娜），她被奉以一盆贡品，里面似乎是枣、石榴和无花果。这个公元前3000年的图案是迄今为止发现的关于水果种植（水果得以人工培植而非从野外采摘的文明进化）的最古老的记录。这只花瓶及其制作者展现了苏美尔文化，该文化起源于世界首个大型城市中心——古城乌鲁克，这里是人类书写与识字的发源地，大约住着5万居民。在这里，食物通过运河从大型农场运往远郊（浇水靠复杂的灌溉系统）和城镇；这些都是大规模种植水果的基本特征。乌鲁克花瓶上的图案显示，水果种植主要集中在城市。枣树、橄榄树和无花果树刚开始需要好几年才能结出可吃的果子；不过，在之后的数百年里，它们就能不断结果。水果种植需要在固定的地点长期投入。果园也需要灌溉，而灌溉系统的建造则需要社会组织、长期计划和中央集权才能实现。在早期种植水果的地方，我们也发现了城邦乃至国家的起源。

从植物的角度来看，将种子包裹在甜美的果肉里，能确保其基因被鸟类和哺乳动物广泛传播。这一进化出来的绝招有一大核心特点：成熟过程。在种子尚未成熟的时候，水果的果肉富含苦涩的单宁和有毒的生物碱，这样可以防止水果过早地被动物吃掉。然而，当种子成熟后，奇妙的转变就发生了：化学物质得到释放，使果肉变软，酸性降低，而甜度增加。强大的芳香分子向外界示意这里有食物。果皮颜色的改变——从具有伪装功能的各种绿色，到引人注目的鲜黄、红和橙色——也进一步传递了这个信息。在人类早期，我们就积极参与了这一过程。这可以追溯到人类进化史，我们的基因出现了一个新陈代谢上的错误。其他哺乳动物的身体都可以分泌维生素C，而人类却不能。吃水果可以解决这个问题，且数百万年来，人类正是通过从野外采集水果来填补这一营养缺失的。待到乌鲁克花瓶时代，人类就已经掌握了大规模种植水果的技术。

与种植谷物和豆类不同，种植水果需要修剪、规整树枝和藤蔓，以方便采摘果实。另外，为了让某一品种继续生长，还需要嫁接，也就是营养繁殖（一种方法是从一棵树上取下嫩芽或小树干，并将其嫁接到另一棵树的根或茎干上）。水果也比谷物更难保存。水果采摘下来后，很快就会开始腐烂。保存技术很有限，你可以把杏和苹果晒干，将葡萄酿成酒、苹果酿成醋，但那远没有为不日之需而储藏小麦谷粒或玉米粒来得容易。另外，两者的储藏量也无法相提并论。有些果农利用凉爽的自然环境来储藏水果，包括洞穴系统（这一系统至今仍在使用，比如在土耳其中部的卡帕多西亚，采下来的柠檬就放在12.8摄氏度的恒温下保鲜）。不过，纵观人类水果种植史，大多数时候，种出来的水果主要由当地人消耗。大量独特的水果品种就是这样产生的。和其他作物一样，偶然的基因突变和人类的选择加强了这种多样化。有些水果品种是偶然发现的。例如，澳洲青苹果和美国金冠苹果就是以偶然长出的幼苗引起了人们的注意，二者都是由善于观察的果农在某棵与众不同的树上发现的。正如前文提到的，在19世纪，阿尔及利亚的一棵柑橘树因基因发生了突变，产出了小柑橘。据统计，植物学家已经确认了梨的栽培品种达3000种，柑橘和香蕉各有1000多种，而苹果则有难以置信的7000种。这些还只是植物学家得以记录下来的品种。然而，很少有人能吃到那么多种水果。这并不是因为水果有所改变，而是供应链发生了改变。

19世纪70年代，第一艘冷藏船启航出海，从此水果便可以运往大洋彼岸。之后，在20世纪20年代，科学家们发现，他们可以通过改变储藏环境（减少氧气，增加二氧化碳）来延长水果的保质期。这样“控气”可以减慢水果的成熟速度，使苹果和梨可以储藏一年以上（香蕉则只能存储不到两个月）。20世纪40年代，货车上配备了新的冷藏技术装置；很快，飞机、火车和船也紧随其后。如此一来，所谓“冷链”（食物从农场出发，最后抵达消费者的冰箱，全程冷藏无间断）就完整了。后来，在20世纪60年代，最初的集装箱出现了。这样一来，就不需要花好几周的时间将数千货品一一装载上船，而可以将它们放入8英尺宽、20英尺深的瓦楞钢板箱，并在几个小时内就完成装载和卸载。在20年里，那些采用了集装箱的国家的贸易额增长了近9倍。水果贸易的全球化并不只靠自由贸易协定和政治协议，还有赖于集装箱的发明。

如今，有了无缝冷链，人们可以吃到生长在世界另一端的新鲜水果。时令性对水果（和其他食物）供应的影响减少了，而人类饮食也更多样化了，或至少是有了更多样化的潜力。然而，因为并非所有水果都能满足这一新的全球供应链的要求，水果的同化便不可避免地出现了。有些水果品种经得起全球贸易之旅的艰辛，便得到了大规模单一培植。20世纪下半叶，在全球各地的种植园、果园和人们的水果盘中，少数几种水果品种开始占据主导地位。苹果之中有蛇果，梨之中有巴特利特梨，香蕉之中有香芽蕉，而柑橘之中便是瓦伦西亚橙和脐橙。

在这段时间里，水果种植越来越为少数几家公司掌控。直到20世纪末，水果种植一直是一项由政府资助和大学研究支持的公共事业。但如今，它却变得越来越私人企业化，并由“营销集团”和“俱乐部”主导，他们开发并拥有全球水果市场的主要品种：爵士苹果、怡颗莓草莓、超甜菠萝和棉花糖葡萄等都是这样的例子。

一种新的水果品种可能需要数年时间培植和数百万英镑的投资，最终才得以在超市售卖。为了获取利润，培育这些水果新品种的方法鲜少是顺其自然的，而是必须通过超大规模种植。为了能运往世界各地，它们还需要有较长的保质期，才能经受得住全程冷链的考验，并满足超市的特定要求（包括水果的大小、颜色、含糖量和水分）。因此，划一性就占了优势，而多样性则在衰减。然而，后文将要讲述的故事表明，这个系统正在改变，因为它必须改变。

21 西弗斯苹果

哈萨克斯坦，天山

当你吃起苹果，无论你身在何处，也无论这个苹果形状、大小、颜色、味道如何，它的起源都可以追溯到天山——介于中国和中亚其他国家之间那座白雪皑皑的“天堂之山”。生长在天山上的野生树木群就是一座活生生的基因库。作为苹果的诞生地，天山的生物多样性承载着这种世界上最受欢迎的水果的过去、现在和未来。然而，就在20世纪，人类活动对天山果树林的影响非常严重，致使野生物种的多样性频频受到威胁。我们需要拯救这里的树林。

我们不妨将天山视为世界上最大的果园，只不过这里的果树都是野生的，品种繁多到令人眼花缭乱。每棵树及其结出的果实都是独一无二的：有些苹果大小如网球，还有些则只有樱桃那么小；有些是刺眼的荧光绿，还有些则是柔和的浅粉色和紫色。从这里的果树上摘苹果吃就像是在玩水果版的俄罗斯轮盘。这个苹果或许甜如蜜，而那一个又或许带着一丝洋茴香或甘草的香味；另外还有一些苹果则酸涩辛辣，你咬一口就忍不住要吐出来。在这里的野生果林里，每棵果树上的苹果都以各自的速度熟成，因而成熟苹果的浓郁香味与掉在地上的苹果发酵的浓烈酯味混合在一起。

树林的部分区域林木密集，那里的苹果树无人能触及。世界上已知的最古老的苹果树之一（至少有300岁，树干直径为3英尺）就生长在这里，而其他巨树依然有待发现。这片树林里还有很多野生水果：梨、榅桲、山楂、杏子、李子、樱桃，以及欧洲越橘和小红莓。

甜甜的野生苹果（*Malus sieversii*）的种子从这个与世隔绝的古老地方传了出去，并进化成为栽培苹果（*Malus domestica*）。苹果之所以能从这个地方传到世界各地，靠的是三种不同的动物：熊、马和人类。普遍的说法是，数千年来，又或许是数百万年来，熊一直在森林里摘选最大、最甜的果子。而且，因为坚实的、水滴状的苹果籽能完好无损地从动物肠胃里排出来，所以随着熊四处留下其肥沃的粪便，最大、最甜的苹果便得以在天山山麓广泛传播。不过，将这些苹果传得更远，并推动苹果人工培植的则是马。和熊一样，天山上的野马也以最大、最甜的苹果为食，而它们将苹果籽带到了更远的地方，并在行走时不经意地用马蹄把这些籽推进了土壤里。人类最早在哈萨克斯坦养殖马，而从那时起，马和苹果就开启了各自长久的发展史。

苹果籽经由丝绸之路，向西传到了波斯，又向南传到了巴尔干半岛和希腊。也正是在希腊，苹果出现在了神话故事中（女神赫拉在嫁给宙斯时得到了金苹果）。罗马人在其帝国各地开辟果园，由守护果树的女神波摩娜看守着。近几个世纪，苹果在数波殖民大潮中得到进一步传播，从英国、德国、法国和荷兰被带到更遥远的北美。在殖民者向西迁移的过程中，苹果不仅是一种食物，还具备了法律上的作用。在美国的一些州，农场要得到法律上的认可，创始人必须种下50棵苹果树和20棵桃树。在19世纪早期，一个名叫约翰·查普曼（又名约翰尼·阿普尔西德[1]）的人抓住了机会，成了一个多产的果园园丁；他在殖民者到达之前就提前在野地里种下苹果树，并将幼苗和种子售卖给来人。查普曼之所以从播种种子开始建立果园，是因为他隶属于一个宗教机构——瑞典堡教会，而这个组织明确禁止嫁接（他们认为将嫩芽和树枝剪下来会给植物带来痛苦）。因为每一颗种子都可能形成一个新的品种，所以约翰·查普曼的真正遗赠是苹果之新一波的多样性。这一波多样性发展得如此蓬勃，以至于一些植物学家认为，这种水果在美国经历了第二轮人工培植，因为果农不得不从查普曼所种下的、不可预测结果的苹果树中选择新的、可以供人类享用的果子。

大约就在约翰·查普曼帮助苹果传遍美国的同时，荷兰人和英国人开始在南非的西部海角、澳洲南部和新西兰（霍克斯湾附近的地区后来被称为“苹果盘”）开辟果园，成了如今更为全球化的苹果种植业的起源。在20世纪有了冷藏船和集装箱后，这些国家成了全球水果贸易中的主角。然而，所有的苹果都可以追溯至天山，以及生长着野生苹果的原始树林。这些野生苹果是以德国植物收藏家约翰·西弗斯的姓氏命名的。早在1793年，他就来到哈萨克斯坦的果林，并预感到天山就是苹果的诞生地，但在其理论得到进一步发展之前，他就去世了。然而，他的观察结果足以令人信服，因而这种野生苹果的学名就以其姓命名，有时被称为西弗斯苹果。

1929年，尼古拉·瓦维洛夫乘坐驴车，千辛万苦地经由吉尔吉

1 约翰尼·阿普尔西德，英文Johnny Appleseed，其中apple seed为“苹果籽”的意思。

斯斯坦来到哈萨克斯坦，他在这段旅程中深入研究了西弗斯的这一理论。“这段路途比我们想象的更为艰辛，事实上，我们损失了两匹马……”他之后这样写道，“我们都冻僵了，牙齿打着颤，边境的警卫讶异地看着我们的驴车。”他在看到阿拉木图市（意为“苹果之父”）时，描绘了“野生苹果树如何在城市周围的广阔区域以及山坡上大面积生长，延绵不断，形成了一片真正的果林……野生苹果个头相当大，和人工培植的品种并无二致”。在阿拉木图，瓦维洛夫见到了一名年轻的学生，也就是后来成为植物学家的艾马克·詹加利耶夫。詹加利耶夫在回忆他俩一起去乡下的一次经历时说，瓦维洛夫“在一天内就勘查了阿拉木图周围的一切……凭借天赋，他几乎一下子就全都搞明白了”。瓦维洛夫的结论是，天山就是苹果的发源地。后来，詹加利耶夫花了70年的时间整理、绘制野生树林中苹果品种的图鉴。他在与时间赛跑。20世纪50年代，苏联开始大举人为毁林；数千英亩的苹果树遭到砍伐，目的是腾出地方进行棉花种植实验，而这些实验最终都以失败告终。据詹加利耶夫计算，截至苏联末期，阿拉木图超过一半的野生苹果品种因森林砍伐而消失。20世纪60年代，他开辟出果园，种下从果林中救下的部分品种，以期这些独特的品种可以生长，供日后研究之用。即使如此，这些果树也不得安宁。1977年，苏联政府下令铲除这些果树。“那一天，他们彻底击溃了我。”詹加利耶夫在去世前不久的一次访谈中这样说。

20世纪90年代，苏联解体令哈萨克斯坦经历了10年的混乱，果林遭到了更为严重的破坏。燃料供给中断，煤矿补贴也停止了。人们为了取暖，砍下了更多的野生苹果树。大片森林遭到清除，为牛羊养殖让路，非法建造住宅随处可见。即使是幸存下来的野生果树也岌岌可危，因为苏联人在附近建起了种植人工品种的大型商业果园，稀释了野生基因池。2007年，野生苹果被列入“世界自然保护联盟濒危物种红色名录”。这一名录记载了全世界的濒危物种，并将野生苹果描述为“易危”物种，其数量“正在下降”。如今，只有部分地方的果林尚未受损，包括阿拉木图以东的克鲁托和塔特根。

牛津大学植物科学家巴里·朱尼珀是苏联解体后最先探访这片果林的西方科学家之一。20世纪90年代初，他数次到访天山。他带上两名武装卫士，一路靠吃羊肉、米饭和苹果填饱肚子，而为了进入森林，不得不一路贿赂哈萨克军官。他说：“大规模的环境破坏摧毁了大片果林。”在那之后的15年里，他往返于天山和牛津之间，记录下所有他能够找到的野生苹果品种。朱尼珀利用新的基因技术，首次证实了约翰·西弗斯和尼古拉·瓦维洛夫最初提出的猜想是正确的：所有人工培植的苹果品种都源自天山。天山野生苹果就是所有其他苹果的基因储备库。

朱尼珀下了很大的功夫来证明这一点，他不仅冒着生命危险来到苏联解体后动荡的哈萨克斯坦，还花了数年时间在牛津开辟出一个果园来种植苹果，将其作为苹果基因的参考库。他逐渐从世界各地收集到一大批古老的苹果品种，并将这些品种的基因与天山野生苹果的基因进行比较。

一个晴朗的秋日早晨，在朱尼珀位于怀特姆的果园里，我见到了他。怀特姆是英国牛津郡一个风景如画的小镇，那里有一座大教堂、几座茅草覆盖的乡村小屋和一间有600年历史的酒吧。他的秘密花园就隐藏在高墙之后，园内种植着100棵苹果树，其中一些有15英尺高，其他的则更像是杂乱的灌木。我们从一棵棵果树上摘下苹果，朱尼珀便逐一介绍这些果树："牛顿奇迹"，在19世纪70年代，生长在德比郡一家酒吧旁边的一棵幼苗被偶然发现，继而成为一种广受欢迎的烹饪用苹果；"纤纤玉指"，一种圆锥形小苹果；还有"布朗利冬季粗皮苹果"，这种苹果源于19世纪40年代，干燥脱屑的粗糙果皮包裹着果肉，果肉有强烈的酸味，尝起来有水果硬糖的味道。"好苹果，"朱尼珀边说边在自己的外套上擦拭着一只苹果，"酸和甜的完美平衡，果皮很厚，可以一直保存到圣诞节。"我们吃到了味道像是菠萝的苹果（香蕉苹果），还尝了莎士比亚的《亨利四世：第二部》中提到的小粗皮苹果。"'这是裹着皮衣的水果'，"朱尼珀摘下一只小粗皮苹果时引用了莎翁的话，"它或许看起来丑陋而粗糙，但在16世纪，伦敦所有的流动商贩都会售卖这种苹果。"

有些品种因为偶然发现的一棵树而变得广受欢迎，另一些品种则出自异花授粉专家和苗圃工人之手。到了19世纪末，英国人可以每天享用不同的苹果甜点、苹果料理和苹果酒而四年内都不重样。

朱尼珀果园里的苹果体现了这种水果的巨大魅力：多样性和季节性。20世纪20年代，苗圃工人、水果专家爱德华·邦亚德撰写了《甜品剖析》，向食客介绍最美味的苹果品种，从草莓味的伍斯特红苹果（Worcester Pearmain），到"吃到嘴里就融化的、像是骨髓般多汁而芳香的"詹姆斯·格里夫（James Grieve）。另外，还有布伦海姆橙（Blenheim Orange），它源自18世纪，是在牛津郡布伦海姆宫殿的干砌石墙边，从一棵被丢弃的苹果核长出来的金黄色苹果。幸运的是，这棵树和树上的果子被一个名为乔治·肯普斯特的裁缝发现了（因此这个品种也被称为“肯普斯特”）。邦亚德说，这种苹果带有一种坚果味的馨香……这一高贵的水果还带有一种上等波尔图葡萄酒在其最佳赏味期所具备的温和而朴素的味道。

在邦亚德的描述中，苹果一度拥有的多样化可见一斑，但这种多样化如今已不复存在。20世纪70年代，世界各地的苹果爱好者总觉得少了点什么。“苹果啊，苹果处处可见，唯有好吃的看不见。”一份报纸称，“那些大红、大黄的‘塑料圆球’在超市里无辜地等待着，它们厚厚的皮闪闪发光，如此可疑而明目张胆，让人敬而远之。我们只能活在对于美味苹果的回忆里。”

全球化冷链和航运集装箱的到来，使邦亚德所尝到的大多数美味品种都无影无踪了。如今，超市承担了全球90%的苹果销售，可以从西班牙、意大利、法国和新西兰等国家得到全年的供货保障。由于竞争不利，英国有三分之二的果园在20世纪80年代惨遭淘汰，人们被迫铲掉果树以便种植更多的谷类作物，或清空土地来盖房子。其中一些果园是1000年前由修道院开垦出来的。冷藏技术和集装箱让世界变小了，而在这个全球化的市场，规模化和专业化是成功的关键。许多英国的苹果种植者要么放弃了种植，要么破产了。因此，如今人们在英国吃到的大多数苹果都是进口的。我们受益于一年四季都能有苹果吃，却忽略了我们曾经拥有的特殊品种。当你毁掉一个果园时，失去的不仅是果树，还有生活方式和生物多样性。苹果和苹果园对于英国的风景线和文化的象征意义，曾一度堪比柑橘之于西西里，或是葡萄园之于法国。我们为了经济利益和方便，忽略了对于文化和生态的影响，以及长期效应。

如今，世界上多数国家吃到的苹果都是拥有某些具体特质的品种：它们须是甜而脆，且耐储存。符合这些标准的品种很快就占领了全球超市的货架。在美国，蛇果（19世纪70年代由艾奥瓦州的一位农民发现）在一整个世纪里都是全美最受欢迎的苹果，直到近年才被嘎啦苹果所取代。“人们想要一种更甜、更脆的苹果，”美国苹果协会的马克·西汀说，“业界追捧嘎啦苹果。你可以把它放在氮气中储藏，9个月后再拿出来，它的味道就像是刚从树上摘下来的那样。”

嘎啦苹果也成了全英国销量最大的苹果，紧随其后的分别是金冠苹果、澳洲青苹果和布瑞本苹果。近期又增添了“粉色佳人”“爵士”和“富士”。这三个品种都是20世纪人工培植计划的产物（分别产自澳洲、新西兰和日本）；它们的培植都将长途运输的需求考虑在内，且都出自一小撮“精英”基础品种。人工培植是一桩耗时长、复杂且昂贵的生意。因此，业界通常会谨慎行事，只对最成功的苹果品种进行些许的改良。举个例子，嘎啦是通过杂交金冠和其他品种而产生的。后来，嘎啦又与布瑞本杂交，产生了爵士苹果。蛇果杂交便产生了富士。这些培植出来的品种都产量高、成熟期短、储存时间久，并可以在许多不同的国家种植。超市也非常看重这些品种的卖相和一致性。我们在买这些苹果时很清楚它们会是什么味道；无论是在什么季节，也无论在世界的哪个角落，它们在味道和口感上都没有任何意外和偏差。富含丹宁的布朗利冬季粗皮苹果和有波尔图葡萄酒味的布伦海姆橙苹果则要复杂得多。

商业品种的创造是一门大生意，“营销俱乐部”会为“爵士”和“粉色佳人”这样的品种申请专利。这些俱乐部牵扯着整条供应链的培植人员、果农和出口商。他们可以决定谁有权在世界各地种植、分销和推广这些特定“品牌”的苹果品种。这对超市非常有利，他们仅需与一小撮供应商打交道。

最近加入该苹果俱乐部的新成员，是2019年12月问世的“宇宙脆”。它比一般的苹果略大一些，红色的果皮上布满星状的斑点，也因此而得名。据说，你一口咬下去，它清脆的声音无可比拟。我们在货架上看到这种苹果时，或许不会想太多，但这种苹果经过了数千万美元的投资、20年的规划和培植，并从数百棵实验性果树中筛选，通过品尝后，才得以产生出来。至少在业界看来，这种苹果的一大核心品质是可以在冷藏库中存放一年以上。华盛顿州拥有“宇宙脆”的专利，因此农民们同意就他们购买的每棵果树和卖出的每箱苹果缴纳专利使用费。这项投资的规模巨大，耗资5亿美元种植了1300棵新树。“宇宙脆”或许真的会“大而不倒”。仅仅基于大规模投资，它就有可能在未来几年甚至几十年内都名列苹果销售榜前茅。

亚洲有很多本土苹果品种。中国东部种植了数百万棵嘎啦和富士苹果树。与此同时，一种全然不同的品种开始在美国走俏。转基因品种“北极苹果”是一种“不会氧化变色”的苹果，可以在切片后装在塑料袋里出售。在21世纪，苹果世界似乎又有了某种多样性。

22　卡雅佳香蕉

乌干达

世界上最大的香蕉品种聚集地并不在香蕉生长数量最多的东南亚、非洲和拉丁美洲，而是在比利时。国际芭蕉种苗库（香蕉是芭蕉科、芭蕉属植物）就设立在鲁汶大学。这里收集了超过1500种香蕉，其大小、颜色和味道五花八门。印度尼西亚爪哇蓝蕉有着柔软而顺滑的口感，味道像是香草冰激凌。埃列埃列（Ele Ele）香蕉则是由南太平洋的殖民者带入夏威夷的，它在还是绿色的时候就被采摘下来，像蔬菜一样烹煮。有些香蕉品种的味道像是草莓或苹果；有些带着毛茸茸的果皮；还有一种中国香蕉奇香无比，被命名为“过山香”，意即“在很远处也能闻到它的香味”。尽管香蕉有这么多品种，但它还是成了水果单一种植的典型代表。

在全球范围内进行交易和种植的香蕉之中，有一半是以航运集装箱运往全世界的。2019年，全球的香蕉交易量超过200亿吨，价值147亿英镑，荣登全球水果之首。然而，这些香蕉都是同一个品种：香芽蕉，一种廉价、随处可见，且特殊化的品种。香芽蕉之所以垄断全球水果交易，原因不仅在于其味道，还在于其生理特点、大小和形状、果皮的厚度以及成熟的方式。所有这些因素都意味着它可以种植、采摘，并可以航运至世界上所有港口，运送到最大的城市和最小的农村。虽然运输距离很长，但它依然是超市货架上最便宜的食物之一。

香芽蕉之所以成为单一种植无可比拟的超级巨星，是因为每一根香蕉都是克隆的。这种植物无法靠种子繁殖（与野生香蕉不同），而是需要人们将香芽蕉生长在地下的一些腋芽从主干上剪下来，并重新种植（从植物学的角度来说，这种香蕉是巨型的草本植物，而不是树）。这使它成为一种极其高产的植物，但其克隆般的存在也有缺点。香芽蕉不会进化，其免疫系统无法应对新的威胁。有些种植园里长满了基因完全相同的香蕉，一旦某种病原体感染其中一株，就能击溃所有。而现实也正是如此。

在好几个大洲上，香芽蕉正在消亡，一种无法治愈的病害“枯萎病热带第4型”（TR4，又称“巴拿马病”或“枯萎病”）横扫整片整片的种植园。如今的全球食物系统如此紧密地环环相扣，使得这种病已经传到了世界另一头。澳大利亚、非洲和亚洲诸国，包括印度，都受到了影响；在中国，有三分之一的香蕉作物受到感染。在全球最大的香蕉种植区拉丁美洲，也首次发现了这种病害。只消有几个孢子残留在一株植物、一把铲子或是工匠的衣服上，就能毒害整座种植园，而一旦这种病菌在土壤中传开，那片土地就无法再种植香芽蕉了。虽然受影响最大的作物是大片的单一种植香芽蕉，但这种病害非常具有攻击性，可以传到其他种植园，并感染小规模农场所种植的其他品种。如果TR4进一步扩散，它将严重破坏这一西方国家最喜欢的食物的供应。而对于非洲、亚洲和拉丁美洲的5亿人来说，后果则更为严重。在这些地方，香蕉是主要的能量来源、食品安全的重要组成部分，是一种谋生的方式，也是一种具有重大文化意义的食物。

我们应当了解香芽蕉是如何攻占全世界的，不仅因为它是大规模食物殖民化的典型代表，还因为它体现了人类对全球食物系统的改变（且有了第一次，就会有第二次）。香蕉全球化的故事始于1826年。当时，爱尔兰植物学家查尔斯·特尔费尔在中国南部的一座家庭花园里偶然发现了一株香蕉树。他非常喜欢这种香蕉的外观和味道，便带上这株植物继续他前往毛里求斯的旅程。在那里，这种香蕉引起了英国首位热带植物收藏家威廉·卡文迪什的注意。卡文迪什是德文郡的第六代公爵，他将这种香蕉种在了自己位于德比郡查茨沃斯庄园的温室里（如今，在那里依然种有香芽蕉）。很快，远近皆知有那么"一种中国香蕉，非常有意思，也很珍贵"。在19世纪30年代，英国传教士约翰·威廉斯前往南太平洋的岛屿时，带上了一些查茨沃斯的香蕉作物，并为其冠上新的名字：卡文迪什[1]。这一路，只有一棵香蕉作物生存了下来，而在随后的100年里，萨摩亚、汤加、斐济和塔希提种植的所有香蕉都来自它的腋芽。

然而，这种香蕉并非生来就注定会称霸全球。就在香芽蕉从中国传到英国和南太平洋地区的同时，另一香蕉品种也在全球传开了。它就是大米七香蕉，又被称为"大麦克"（是香芽蕉的同胞种）。一位植物学家在中国南部发现了它，并将其带到了法国殖民地马提尼

1 卡文迪什，香芽蕉（Cavendish）的音译名。

克[1]。这一品种从马提尼克传到了加勒比海地区，又传到了中美洲。19世纪60年代，速度更快的蒸汽船开始穿越大西洋和太平洋，香蕉贸易也从此开始。在1866年，第一批从哥伦比亚运往纽约的香蕉到埠。真正意识到这种相对鲜为人知的异域水果有着巨大潜力的，是一位来自科德角的航海船长洛伦佐·道·贝克。1870年，贝克受托将黄金矿工运往委内瑞拉的奥里诺科河。在回程中，他来到牙买加维修船只，并在当地的市场品尝到了大米七香蕉。他对这种水果印象深刻，于是便决定赌一把，购买了160串香蕉带回新泽西售卖。大米七香蕉的皮足够厚，可以经受两周的航程，在到达美国时，香蕉刚好成熟了，完美至极。这些香蕉轰动一时，道·贝克也赚了一笔。从此开始，大米七香蕉便逐渐成为全球最欢迎的香蕉。

这时，一位25岁的批发商出现了。安德鲁·普雷斯顿说服道·贝克，他能让这种大家尚不熟知的香蕉变得比苹果还受欢迎。他们在1885年合伙成立了公司（后来被称为“联合水果公司”，即如今的“金吉达”），并在拉丁美洲买地，雇用当地劳工，开辟了香蕉种植园。当时，随着冷链技术逐渐成形，香蕉开始在世界各地售卖。20世纪40年代，中美洲和南美洲各地种植了数千万公顷的大米七香蕉。单这一个品种的香蕉就改变了这里的风景线和经济。在拉丁美洲，联合水果公司变得非常有影响力，被称为“八爪鱼”，因为它的触手能伸到很远的地方。在20世纪三四十年代，危地马拉总统豪尔赫·乌维科当权时，这家公司为了利用此地的廉价劳动力，收购了

1 马提尼克，位于中美洲加勒比海。

大部分种植用地的控制权。它不仅掌控该国的香蕉种植，还修建铁路、铺设电报线和建造海港——这些对于香蕉贸易都至关重要。这家水果公司相当于建立了国中之国。

20世纪50年代早期，改革派哈科沃·阿本斯·古斯曼赢得危地马拉大选，并试图从联合水果公司手中没收未经使用的土地，重新分配给当地家庭。不久之后，他就在一次由美国中央情报局策划的突袭中被打倒，并被迫流亡海外。军事统治者的更迭和30年的凶残内战导致近25万人死亡，其中很多都是农民。这是一个最极端的例子，体现了食品以及企业对食品的控制是如何影响一个民族的命运的。与此同时，大米七香蕉单一种植规模的不断壮大，也使其开始遭遇衰败。

香蕉的起源地是东南亚的热带丛林。在那里，野生香蕉与真菌病害（包括TR4的祖先）共同进化。这些病害随着时间的推移而发生变化，而香蕉也在改变；这是一个持续的过程，宿主（香蕉）和病原体（真菌）不断试图战胜对手。然而，一株无法生育的克隆香蕉（诸如大米七香蕉，以及后来的香芽蕉）已经失去了适应环境和改变的能力，无法参与这一进化过程。这就意味着，不断进化的病害最终会胜出。当香蕉生长在小规模的独立农场时，这个问题比较容易得到遏制。然而，在19世纪，当大规模单一种植首次出现时，这些真菌病害就获得了毁灭性的力量。数百万株植物受到影响，整片整片的种植园毁于一旦。

早期园主的做法是将染病的种植园关闭，并在（未染病的）未开垦的土地上重新开始种植。这也是水果商都喜欢到拉丁美洲建立种植园的部分原因。第一个传遍全世界的致命镰孢菌是“第一型”。植物感染这种病后，叶子就会斑驳变黄，整株植物从内而外腐烂。20世纪50年代，第一型已在许多种植大米七香蕉的单一种植园中传播开来，使得这个香蕉品种的种植成本变得过于高昂。香蕉行业需要可以抵御这种病害的替代性品种，再套上原本为大米七香蕉建立的全球供应链系统。香芽蕉就这样诞生了，接替了大米七香蕉。20世纪下半叶，种植香芽蕉并使之成为全球首选的香蕉品种这一策略非常成功。然而，历史再次重演了。TR4就像第一型一样，传遍了全球的香蕉种植园。香芽蕉对于这种病害毫无抵抗力。第一次大规模暴发是在20世纪90年代的中国，之后就成了全球性问题。为了抵御这种病害，拉丁美洲的种植园采取了严格的生物安全措施，外人不可进入园内。但是，这一措施并未奏效。2019年8月，哥伦比亚农业局确认，他们在该国的香蕉种植园内发现了TR4。

展望未来，全球香蕉生产的一个方案是继续香芽蕉的单一种植，不过要通过转基因或修改基因来找到抵抗TR4的方法；另一个方案则是寻求基因的多样性，不再继续克隆香蕉的单一种植，而是利用生长在世界各地的数百种香蕉品种。乌干达的案例相当有借鉴意义，因为这个中非国家对两种方案都有所尝试。对于乌干达人来说，香蕉不只是可以直接吃的甜水果，它还是一种主食，是该国三分之二人口的碳水化合物的主要来源。数百万人的生计都依赖于这种水果；在乌干达农村，四分之三的农民种植香蕉，其关键正在于多样性。

在这里种植的香蕉品种有40多种。

非洲被视为人工种植香蕉的次中心。这种水果从东南亚抵达非洲至少有2000年了，经过进一步适应环境以及农民的挑选，一大批新品种出现了，它们被称为“东非高地香蕉”。每个人工培植的品种都在烹饪中发挥不同的作用，也扮演着不同的文化角色。Nakitembe是一种黑红色的香蕉，蒸过后捣成泥，可以作为蔬菜或肉类的配菜。Ndibwabalangira是一种鲜绿色的、非常甜的香蕉，一度专供乌干达最大的古王国布干达的首领和领袖享用。Musakala的果肉呈象牙色，质感光滑，切开时闻起来像黄瓜。Mbidde的果肉是灰白色的，味道有些苦，往往用来制作果汁。另外，还有Namwezi，是一种药用香蕉；它的名字意为“淑女之月香蕉”，有些妇女会在月经期间食用它。Bogoya富含碳水化合物，味道香浓，可以生吃或做成炖菜（Bogoya是大米七香蕉的乌干达语名称）。然而，用途最广泛的香蕉之一则是种植在乌干达中部的“卡雅佳”（Kayinja）。在传统婚礼上，新郎会向新娘的家人献上由卡雅佳果汁制成的啤酒。“那需要花很多功夫。”乌干达慢食组织的领袖、农学家兼香蕉种植者伊迪·穆基比这样说。这杯赠酒标志着你将一辈子忠于你的人生伴侣，并证明你有能力抚养你的家人。

乌干达这个地区的食品市场有专门买卖香蕉的地方。有些香蕉在菜场门口出售，一眼望去，各种黄色应有尽有——处于不同成熟阶段的香蕉，能满足各类偏好。往菜场里头走，你就会看到一大堆青香蕉（Matoke），那是当地人全天烹饪的日常食物，是大多数菜肴里都会放的食材。再往里走，你就会来到一个飘满成熟香蕉甜美芳香的区域，人们聚在那里悠闲地吃喝。当夜幕降临，人们就会在这里生起火，将青香蕉烤着吃。人们跳舞，演奏音乐，喝着卡雅佳香蕉啤酒。然而，这一传统的香蕉文化正在发生改变。2014年，在比尔和梅琳达·盖茨基金的资助下，乌干达政府展开了一项“香蕉改良计划”，旨在产出新的、更高产的、更能抵御病害的杂交品种。乌干达也成了世界上转基因和基因编辑香蕉的主要实验基地之一。

詹姆斯·戴尔在澳大利亚东北部的昆士兰科技大学工作，他拥有多个头衔，包括香蕉生物科技计划主任和分子种植家。作为一名遗传学家，他已经花了40年的时间尝试重新设计香蕉。迄今为止，这一项工作主要是通过转基因来完成的：添加来自不同品种的基因。戴尔最大的突破之一是找到了能抵抗TR4的基因。这些基因正是发现于巴布亚新几内亚（香蕉的多样性中心）丛林中的野生香蕉。戴尔在澳大利亚北部进行了一项试验，他在受TR4感染的土壤中种下转基因香芽蕉和非转基因香芽蕉。那块地里的普通香蕉都染病死去，但是添加了野生基因的香蕉却存活了下来。在乌干达，他开发出了添有维生素A的转基因香蕉（以解决营养缺失的问题）。最近，他又将注意力转向了基因修改。他认为，通过激活在香蕉人工种植过程中休眠的抗TR4基因，就能够拯救这个品种。“还会有更多的病害。为了建立适应能力，我们需要这种新技术。”

一些乌干达农民担心，新科学和种植计划会使传统品种面临灭绝的危险。伊迪·穆基比就是其中一位。“最后的结果是，有专利的‘超级香蕉’出现，一两个品种取代我们丰富的多样性和数千年的历史。”他对“一刀切”的做法颇为担心。穆基比说：“乌干达香蕉品种的数量已经在减少了。我们这些农民是生物多样性的守护者，我们有责任保护它。”

费尔南多·加西亚-巴斯提达博士是水果世界的明星，他相信自己找到了办法。他的社交媒体粉丝称他为“香蕉人”，有时甚至是“超级香蕉人”。他在荷兰工作、生活，在瓦赫宁恩大学研究香蕉数年后，成为全球研究TR4的顶尖专家之一，也是负责追踪这一病害的科学家之一。在他的实验室里，加西亚拿出一株受TR4感染的香芽蕉给我看。他从安全性很高的冷藏库里拿出一批已经接种了病菌的植物，如今它们正在慢慢死去，变成一团黑色的、正在腐烂的茎和叶。在一只上了锁的冰箱里，存放着真菌的样品，仅其中一只瓶子里的TR4就足以毁掉拉丁美洲所有的种植园。因为要做研究，他需要拜访种植园。而他出差时带的行李很少——每到一个国家，他就会在当地添置新的衣服和鞋子。“我必须确保把病害带到种植园的人不是我，”他说，“我应该是那个制止病害传播的科学家。”

在他办公的地方有一栋巨大的玻璃房子，里面种着一大片各种各样的野生香蕉作物，它们有高有矮，结出的香蕉颜色也各不相同，有些是红色的，有些则带着一丝蓝色。这些香蕉都来自东南亚丛林，那里是香蕉和TR4真菌的共同起源地。加西亚正从数百万年的共同进化中寻求答案。他计划将一些古老、匿迹的品种的特点植入类似香芽蕉这样的新品种中，将过去和现在的精华结合在一起。

这种做法被称为重建育种，需要寻找香芽蕉的祖先，并评估数百种野生和人工培植的香蕉品种，包括乌干达的一些品种（有些能抵御这种病害）。他觉得这可能得花费10年或20年的功夫。“有些隐藏在丛林和小农场里的作物，正是我们未来所需要的，”他说，“我们不能错失这些植物。”然而，他认为即使他拯救了香芽蕉，我们也需要改变种植方式。在这一点上，加西亚和詹姆斯·戴尔意见一致。他们的科学方法或许有所不同，但他们都确信，拯救野生和人工种植香蕉的多样性是必要的，且单一种植如今看来风险太大。香芽蕉是矿井中的金丝雀，是对单一种植的警告，并为增加所有作物的基因多样性提供了依据。人类食物的未来无法仅仅依赖于单一品种。香芽蕉和之前的大米七香蕉所遭遇的危机就足以让我们看到后果。如果我们不承认这一点，我们就会面临历史不断重演的风险。自然界里没有单一种植，自有其原因。

23 香草橙

西西里，里贝拉

我的父亲利博里奥（“博博”）· 萨拉迪诺出生在西西里西南部一座名为里贝拉的小镇。我童年的夏季都是在那里度过的，也是在那里第一次接触了种植、作物和收成。里贝拉影响了我对食物的看法。离里贝拉不远的是阿格里真托和夏卡。旅客们到阿格里真托参观古代遗迹，到夏卡享受沙滩，游览有着狭窄的鹅卵石街道的渔港，并从五颜六色的冰激凌店中挑选一家光顾。相比邻里一些更为生机勃勃的小镇，里贝拉离海更加遥远，也更小，鲜有旅客到访。有史以来，它一直是一个农业小镇。在里贝拉郊区，有一块高耸的、漆得很鲜艳的告示牌：“里贝拉——橙之城”。夏天，这里的阳光和岛上其他地方一样强烈，但里贝拉的优势在于靠近西西里最长的河流之一——普拉塔尼河，里贝拉的橙子因此而出名。如今，在西西里首府巴勒莫的食品市场，里贝拉这个名字依然让人联想到这座岛上某些最好的水果。

对于儿时的我而言，初到里贝拉时就如同《绿野仙踪》里的多萝西意识到自己已经不在堪萨斯州的那一刻。在20世纪70年代，英国的食物世界如黑白电影一般，我已经习惯了那里的生活。相比之下，西西里的美食就像是米高梅的彩色电影一样令我惊叹，特别是这里的柑橘。从里贝拉楼房林立的商业中心区出发，经过那些装着百叶窗的洋房和咖啡厅，沿着尘土飞扬的小路驱车一小段路程，就能看到绵延数英里的橙树和柠檬树林。生了锈的铁门和长长的黑色布制风障将各家各户的柑橘林分隔开来。夏天的时候，我会下车，步入烤炉般的热浪之中，听着蟋蟀的叫声，踹开太阳暴晒后的干脆土壤。在这样的高温下，一切都慢了下来。每年再早些时候，我会在复活节来到这里，伸手就可以从树枝上摘橙子来吃，嘴里溢满甜甜的橙子汁，暖暖的还带着春日阳光的温度。每次饭后，我们都会在奶奶家那铺着凉凉的大理石地板的厨房里吃橙子。我的叔叔是个果农，靠卖水果为生。他会向我展示了橙子的隐藏魔力——将橙子皮折起来，放在点燃的火柴上，每挤一下就会迸发出一小撮烟火。

里贝拉的生活似乎全然围绕着橙子。即使不是果农的亲戚也不例外——做老师或药剂师的叔叔伯伯，以及当交警或酒吧老板的表亲，所有人都会在周末到橙子林里干活。人们无法在里贝拉拥有自己的花园，却因在郊外种下了橙子树，而拥有了贾尔迪尼（giardini）[1]——天堂般的私人花园。如果他们告诉我，他们的血管里流淌着果汁，我也不会怀疑。

这座小岛如今以柑橘享誉全球，但这一名声最初来自更北边的黄金谷，也就是巴勒莫四周的农田。几个世纪以来，这个地方生长出数量众多的柑橘树，赋予了此地“黄金壳”或“黄金碗”的名字。18世纪，英国海军食用的柑橘都来自黄金谷——水手们以此防止长

1 意大利语 giardini，意为“花园”。贾尔迪尼花园位于威尼斯，又名绿园城堡。

途航行所引起的坏血病。肥沃的火山性土壤令柑橘茁壮成长，供应量充足，而日渐增长的需求则将西西里变成了全世界最重要的水果种植地。19世纪50年代，每年都有超过100万箱橙子和柠檬（超过3亿只水果）从墨西拿运往欧洲各地。19世纪末，大西洋彼岸的顾客使这一需求进一步增加，每年都有800万箱水果出口到美国。就在几代人的时间里，黄金谷已经成为全欧洲盈利性最强的农业基地。而柑橘也助长了全世界最大的犯罪集团：黑手党，或称科萨·诺斯特拉。

黑手党对西西里柑橘行业的干预程度，是由29岁的托斯卡纳记者莱奥波尔多·弗兰凯蒂首次揭露的。1861年，西西里并入意大利王国（1861—1946）。在意大利统一十多年后，弗兰凯蒂来到这里，想要更深入地了解这座神秘的、在北方看来是麻烦的新成员的小岛。西西里岛让人联想到农民和贫困，它因希腊神话而闻名，却并不为人熟知，部分原因是此地的方言混入了阿拉伯语，很多意大利人都难以理解。弗兰凯蒂带着一支防范土匪的连发步枪，和他的朋友西德尼·松尼诺一起骑马走遍了整座岛。他了解到，所有参与柑橘种植的人都冒着很大的风险。树得有人买，灌溉渠道得有人建，幼苗得有人勤恳地修剪、施肥并浇水。最初的投资极其高昂，但如果进展得顺利，就能得到很高的回报。然而，在柑橘地里也会有麻烦事。作物或许会遭到盗窃，灌溉系统被损毁，柑橘树被肆意破坏，水果买家也可能受到威胁。黑手党网络既能引发，也能缓解这些问题。正是在黄金谷的肥沃土地上，黑手党完善了保护费系统。

弗兰凯蒂写道："初来乍到的人或许会认为……西西里是世界上

最轻松、最惬意的地方。然而，一旦（这位旅行者）逗留一段时日，开始读读报纸并仔细聆听周遭，一切就会一点一点改变。”比如，一声致命的枪响或许就意味着一位农民聘请了“错误”的人员，有人在表达不满。“就在那里，一位果园主想要将柑橘林出租出去，得到的却是一颗子弹呼啸着飞过他的头顶——那是友好的警告，最终他只得投降……暴力和谋杀的形式无奇不有……在发生过几次这样的事情之后，橙子树和柠檬树的花就开始有了尸体的味道。”

柑橘在黑手党的加入仪式中也起到了重要作用。新手必须刺破手指，让血滴到一张圣人的图像上，再将这张图像烧掉。有记录显示，黑手党是用苦橙树上的刺取血的。20世纪，黑手党开始将兴趣转向其他生意——主要是海洛因（有时候，他们就在巴勒莫郊区的柑橘林里加工海洛因）。然而，柑橘从未远离黑帮分子的心神。臭名昭著、人称“教皇”的黑帮大佬兼杀手米歇尔·格雷科被捕后，对报纸记者坚称自己无罪：“喂，这就是我的黑手党，努力工作并信奉上帝。”他一边说一边指向他在自己的郊外庄园种植的橙树。那么，西西里的柑橘到底是什么品种呢？那些利润丰厚（且有时相当危险）的柑橘林里都长着什么样的橙子呢？

20世纪二三十年代，农业研究员多梅尼科·卡塞拉尝试为岛上种植的水果编制名录。他就像是西西里柑橘界的瓦维洛夫，记录了西西里各地区农民如何选择不同品种的橙子进行种植。有些是农民发现的偶然的基因变异，有些则是将前几代人甄选出来的优秀品种仔细嫁接的结果。在小岛的西部，卡塞拉找到了“金发”品种——

16世纪由葡萄牙人引入西西里的第一批甜橙的后代。还有沉甸甸的、多汁的“桶”橙，以及多籽的biondi di spina o di arridu（它们的刺继承了野生柑橘品种）。向东到埃特纳附近，卡塞拉注意到柑橘的果肉从浅黄色变成了红色——血橙。我们知道，这是因为基因突变。在埃特纳，炎热的白天与凉爽的夜晚之间的温差，让这些橙子产生了花青素（令石榴呈红色、蓝莓呈蓝色的化合物）。这样就产生了果肉呈深红色而果皮微红的柑橘，而卡塞拉便按照其“血红”的程度，罗列下了所有品种：多糖桑吉诺（sanguigno zuccherino）、椭圆桑吉诺（ovaletto sanguino）和比较晚熟的桑吉诺多皮奥（sanguino doppio），以及塔罗科（tarroco）、摩洛（moro）和桑吉内洛（sanguinello）。在里贝拉，卡塞拉遇到了一个真正与众不同的品种。它看起来像橙子，味道却全然不同。它带着甜味，却丝毫不酸。他说：“多汁、甜美而毫无酸味。”这就是香草橙，“一个在西西里种植已久的品种”，是当地的美味。它的价格是又酸又甜的橙子的两倍。

在卡塞拉的柑橘名录中，有一部分橙子依然能在西西里找到，但大部分都已消失。在18世纪和19世纪，它们一度在岛上的不同区域蓬勃生长，却在20世纪中叶都消失了。如今，巴勒莫植物园有一块地专门用来种植那些曾经消失的品种，包括最早来到欧洲的柑橘（据说这种柑橘非常芬芳，如果你在早上剥了橘子皮，到晚上睡觉前还能闻到手上的余香）；奇特的柑橘杂交种，里面像香橼，外层又像酸橙；外皮近似花椰菜表面的水果；还有形似梨的柠檬。在整个西西里，在数千果农的小块土地上，杂交品种和自然馈赠的变异品种成了文化风景线的一部分。到了20世纪70年代，这种多样性几乎全然消失。集装箱船的时代来临，如今西西里的农民们不得不与世界另一头的大规模种植者竞争（其不利因素是必须先把水果运出岛）。为了生存，他们不得不寻求一种新橙子。

不时会有植物长出了不起的果子，假以机遇，就能改变历史。19世纪60年代，在巴西的巴伊亚州，有位农民注意到，一棵树的树杈上长出了一只貌似有“肚脐眼”的大橙子，仿佛这只橙子将在底部生出第二只小橙子似的。这只变异的橙子味道鲜美，无籽，且很容易将果肉一瓤一瓤地剥开。这棵树得以嫁接，长出了更多橙子，引起了一位美国传教士的注意。她对这种橙子十分倾心，并在1869年专门写信给美国农业部。试验园的主管收到了这封信，这位名叫威廉·桑德斯的苏格兰人下令从这棵橙树上剪下一些枝干。后来，这种橙子因其奇特的“肚脐眼”而被称为“脐橙”。

这个时候，美国的种子收集者正在全球范围内寻找新的作物和品种进行种植。西海岸正逐渐开放，美国政府急于为农民提供种子和作物，以解决世世代代的温饱问题。桑德斯想，或许巴西的橙子树就有这样的潜力。在将这种植物运抵美国后，他送了三棵给加利福尼亚的新移民伊丽莎·蒂贝茨。其中一棵遭到蒂贝茨的奶牛践踏，而另两棵则种在前院，以洗碗水浇灌，长出了果实。这种橙子在当地轰动一时，蒂贝茨将可以嫁接的嫩枝卖给了数百名加州同胞。到了19世纪90年代，加州建立了橙子工业，而这一切都始于蒂贝茨培育的那两棵树。如今，加州每年产出5000万箱柑橘，为当地带来约20亿美元的经济收入。华盛顿脐橙（加上“华盛顿”是基于桑德斯和美国农业部在此过程中起到的作用）依然是加州最重要的橙子。这种橙子的成熟采摘期介于10月和第二年6月之间。然而，为了在其他月份也有收入，水果培植人员不得不寻找一种可以在6月到10月之间成熟的橙子。这种橙子就是瓦伦西亚橙，如今主要在佛罗里达州种植。脐橙和瓦伦西亚橙味道甜美，个大无籽，因而引起了西西里人的注意。

1906年，一位意大利外交官描述了自己品尝一只“比巴勒莫最大的橙子还要大”的“脐橙”的经历。他说，它如此多汁，“果汁四溅”。当时，只有一小部分加利福尼亚的橙子树运到了西西里。20世纪70年代，当意大利面临着更加激烈的竞争时，农学家将脐橙视为未来的发展方向，于是这个品种便很快取代了更古老的西西里当地品种。然而，种植全球化品种的问题在于，你必须在一个全球化的市场中参与竞争。随着冷链技术的进步和集装箱运输的增加，西西里农民发现，他们正面临来自西班牙、摩洛哥、埃及、南非和巴西大规模单一种植的脐橙和瓦伦西亚橙的直接竞争。近年来，这座小岛确实经历了一番苦苦挣扎。到21世纪初，意大利本土超市从欧洲以外地区进口橙子的数量，甚至都超过了其从近在咫尺的西西里进口的数量。西西里当地的水果市场关闭了，而原本靠一块10公顷的小小柑橘林就能过上像样生活的果农，如今却无法继续以此生活；如今，更大的专业公司主导着小岛的柑橘生意。从2000年到2010年，西西里失去了四分之一的小型水果农田；废弃的柑橘林随处可见，果子挂在树上却无人采摘。在那段时间，我遇到了老农孔切托·费列罗。当时，他已花费了所有的养老金，想要在他满是橙子的露天平台上继续种植。我在那里见证了他最后一次采摘，梯子上方的劳工们用小剪子将橙子从树枝上剪下来，橙子一个个掉进挂在他们背上的篮子里，发出轻轻的“砰、砰、隆隆、砰”声。费列罗说：“农业已四面楚歌；土地遭到废弃，几个世纪的传统已终结。”我在里贝拉长大的堂亲、表亲多数都已经离开西西里，到意大利其他城市找工作。20代人以来，他们是第一批生活中不再有橙子林的里贝拉人。他们的家庭变得支离破碎，他们的家园也因为全球供应链而彻底改变了。

不过，在西西里的柑橘林里，我还是找到了希望，但其（间接）来源却相当令人意外：黑手党。在巴勒莫以南20英里处，圣朱塞佩亚托城是“自由之地”组织的总部。被判有罪的黑手党成员的土地会被没收，而这个“自由之地”组织就在这些土地上经营农场，并将其作为一个食品业务网络来经营。该组织的办公室在一幢不起眼的小楼的一楼。即使经历了数年的反黑调查，在数千黑手党成员被捕之后，为了安全起见，我依然无法透露那天我见到的那个人的身份（他礼貌地解释道，这是该组织的规定）。在过去的30年里，“自由之地”将数千公顷曾为罪犯所有的土地分配给了新一代的西西里人。如今，这些位于西西里各地的麦田、橄榄树林和葡萄园可以产出意大利面、油和葡萄酒，并都冠以“自由之地”的品牌。这个项目也致力于种植传统的橙子品种，帮助保护西西里的柑橘及其生物多样性。在靠近小岛东海岸的伦蒂尼的远郊，一群年轻的西西里人正在古老的露天平台上种植各种血橙，多梅尼科·卡塞拉在20世纪30年代到访时应该就曾去过这些地方。和许多其他“自由之地”项目一样，贝佩·蒙塔纳合作社的名称来源于一位牺牲的反黑英雄。

蒙塔纳是一名警察，曾经在卡塔尼亚附近调查某黑手党家族，他在橙树林附近遭到枪杀。

如今，黑手党的土地被用来种植希望。“自由之地”的一位主管告诉我：“伦蒂尼的人口一度有4万人，如今只有不到2万人。年轻人看不到未来，柑橘林也遭到废弃。”10年前，他曾在法庭上见证拥有柑橘林的当地黑帮分子被判处无期徒刑。“他是个杀人犯。”这位主管说。从那以后，伦蒂尼的许多青年男女（其中很多才20多岁）都开始种植柑橘，并在“自由之地”的协助下，成功地将橙子卖到了海外市场。对于年轻的西西里人和这里的柑橘品种来说，这带来了一线希望。然而，伊丽莎·蒂贝茨留下的品种依然希望渺茫。

2019年春天，在美国加州的河滨市，公园管理局的工作人员将位于玉兰道和阿灵顿道交叉口的一棵孤零零的橙树围封了起来。“我们准备在树的四围装上普列克斯有机玻璃，”加州大学植物病理学教授乔治斯·维达拉基斯解释说，“这棵树不能在我们这代人手里死去。”他提及的这棵树便是伊丽莎·蒂贝茨当年所种下的华盛顿脐橙树之中幸存的最后一棵。他们担忧它或许会因黄龙病而死去。这种无法治愈的疾病已经席卷了全球种植柑橘的大部分地区（在单一种植地区尤其猖獗）。如果蒂贝茨留下的最后一棵树也受到感染，其树叶将变得杂色斑驳，果实则会变得奇形怪状、味苦，再也没法吃了。最终，这棵树就会死去。2005年，佛罗里达州曾出现黄龙病，那里的柑橘作物因此损失了75%，是第二次世界大战以来的最低产量。在过去10年中，柑橘行业的职位减少了60%，而巴西则一跃成为全球最大的橙汁生产国。黄龙病已经传到了加州。2020年1月，覆盖了河滨市、圣贝纳迪诺、洛杉矶和橙县的数千平方英里的隔离区建立了起来，该隔离区内的果树和柑橘作物是被禁止转移的。当地居民甚至收到了一个紧急求援号码，如果发现周边果树有任何得病的迹象，就可以拨打这条热线。加州大学戴维斯分校的营养学教授卡罗琳·斯鲁普斯基预测："如果我们不迅速行动，就会在未来的10年到15年内失去所有的新鲜柑橘，那将给人们的健康和生计带来灾难性的影响。"这提供了又一发人深省的例证：橙子不应只有单一品种。

老雷斯的故事

1962年，蕾切尔·卡森的《寂静的春天》问世。她以简单却强有力的作品警示全世界：每当人类危害自然，最终都会惹火烧身。“我们肆意破坏的行径会进入地球的巨大周期，迟早会置我们自己于险境。”在《寂静的春天》中，我们了解到，自20世纪40年代以来，我们创造出了200多种化学品，“用于除草，杀除昆虫、啮齿动物和其他生物，它们在现代语汇中被描绘成害虫”。正如“绿色革命”彻底发挥了作用一样，她坚决地聚焦于现代食品生产中涉及的化学品，赤裸裸地展现了人类对自然发起的攻击。她说，我们在试图改变自然的过程中，任意使用杀虫剂而污染了土地，鸟类正在死亡，而它们死后留下的那片诡异的寂静则是对我们所有人的警告。

在即将写完《寂静的春天》时，卡森因患癌症去世了。然而，所幸的是，在她还活着的时候，美国总统肯尼迪根据她的观点采取了行动，设立了一个特别委员会来专门调查杀虫剂的使用。最终，卡森特别指出的会对野生生物造成危害的化学品“滴滴涕”被下令禁止使用。20世纪40年代，苹果种植者曾用滴滴涕来杀除果园里的飞蛾幼虫。卡森发现这种化学品还会杀死鸟类，令人类患癌。《寂静的春天》之所以能改变世界，不仅因为卡森深谙科学，也因为她非常善于讲故事。

10年之后，另一位美国作家也成功引起数百万人思索人类对自然的破坏和生物多样性的丧失。就像卡森的书一样，西奥多尔·盖泽尔（人称“苏斯博士”）的著作《老雷斯的故事》就是在一座虚构的美国城镇展开的。那里长着稀稀落落的蓬蓬草，听不到鸟鸣，唯有老乌鸦的聒噪。作者接着便讲述了一片美丽、奇异的绒毛树林如何遭到砍伐，并为生产毫无意义的衣物（人称“丝尼”）的工厂提供木材。虽然爱树心切的老雷斯一再努力，但是最后一株绒毛树还是被砍倒了。毁掉这些绒毛树的是一个贪得无厌的商人——万事乐。如今，他孤身一人，被迫歇业，围绕着他的是他自己制造出来的荒漠。苏斯博士的这部作品所涉及的是主流媒体所忽略的重大议题：污染、贪婪和人为毁林。《老雷斯的故事》正是给孩子们看的《寂静的春天》。

科学家盖尔·沃尔克就是读《老雷斯的故事》长大的。她是美国农业部的植物研究人员，也是世界顶尖的苹果专家。如今，每当想起《老雷斯的故事》，她就会想到在苹果的诞生地天山，有数千公顷的果林遭到砍伐。沃尔克的研究工作聚焦于在未来将变得更为普遍的全球作物问题，并为其寻求解决方案。“我们减少了水果的基因基数，因此承担着巨大的风险。”沃尔克说，“为了苹果的未来，我们需要保护的最宝贵的资源之一就是天山的物种多样性。”20世纪90

年代初，在巴里·朱尼珀首次造访当地后不久，沃尔克在美国农业部的同事也来到了天山的果林。他们穿越哈萨克斯坦，收集苹果籽及嫁接的原料。有时候，在原油燃料充足的时候，直升机会将他们带到果林最偏远的地方。

他们将收集来的种子播种在位于纽约州日内瓦的美国国家苹果收藏中心。30年来，由哈萨克斯坦的野生苹果籽长出来的苹果树成了水果业的基因池。负责管理这一收藏中心的沃尔克说："他们将古老的野生苹果品种和现代品种杂交，因为这些野生品种提供了新的抗病能力。"如今，全球的苹果以及其他水果正面临前所未有的危机。"冬天正在变暖，致病害虫不会冻死，全世界的种植者正面临更大的虫害风险。"2018年春天，沃尔克和另外几位美国农业部的同事回到天山，再次造访之前的同事在20世纪90年代勘查过的地方。"在他们曾经收集种子的地方已经找不到果树了；就在25年间，大量树木消失了。我们一旦失去了所有的多样性，就无法挽回了。"正是这一点让她想起了《老雷斯的故事》。"人们没有意识到我们所拥有的珍宝，"她说，"只有在失去后，你才会怀念它。"

第七章
奶　酪

如果你不喜欢细菌，那么你就来错星球了。

——J. 克雷格·文特尔

人类最初养殖牛群迄今已有10500年。我们如今正面临一大分水岭：全球乳制品农场的牛奶年产量很快就会超过10亿吨。近年来，全球牛奶产量的增长幅度十分显著（从2009年的6.9亿吨到2019年的8.5亿吨）。然而，更令人惊讶的是推动这一巨幅增长的国家。牛奶和奶酪是西方传统饮食的一部分，然而大规模的奶制品农场如今在中国正蓬勃发展，且整个亚洲的奶制品行业都在兴起。这一趋势让我们得以实时追踪人类进化的一个阶段。人类是唯一喝其他动物的奶的物种。然而，我们最初并非如此。我们的祖先对乳糖不耐受（世界三分之二人口如今依然如此，包括亚洲的大部分人）。人类喝动物奶，且喝的量如此之大，首先需要独创力，其次则需要生理上的改变。

我们在婴儿期时，小肠壁上的细胞会产生乳糖酶。这种酶通过分解奶中的糖分子（乳糖）来促成奶的消化。在人类的大部分进化史中，这种酶通常在孩子断奶后就不再产生作用了，因此喝奶会令成人感到不适。然而，在我们驯养了牛、绵羊和山羊之后，一些人的基因发生了某种变异。那些拥有这一变异基因的人在成年之后依然能分泌乳糖酶（我们称之为“乳糖酶持续性”）。这一点很有可能赋予了他们巨大的进化优势，因为奶富含钙质、碳水化合物和微量营养素，且全年都有产出。奶储存在动物的乳房之中，还便于携带。乳糖酶持续性如此有利，以至于在北欧和中欧，以及非洲和中东的部分地区，这一特性在几千年内（从进化的角度来看，这不过是弹指一挥间）就固定了下来。即便如此，从驯养动物开始到基因变异出现之间，仍有几千年的时间间隔。解决这种乳糖不耐受问题的一大方法便是将奶转化为奶酪。

在液体奶转化为固体奶酪后，其化学性质通过两个主要过程产生了变化：发酵和凝结。首先是发酵。牛奶中天然的细菌或添加的发酵剂开始消化乳糖并释放乳酸。这一酸化过程创造出的环境对有害细菌不利，有助于保存奶。发酵时间越长，乳糖含量就越低（在如帕尔马这样的陈年硬质奶酪中，乳糖量极低）。其次是凝结。这一过程或许是我们的祖先在屠宰反刍动物幼崽时发现的。他们在剖开这些动物的肠胃时，在里面发现了一团团发酵、凝结的奶。他们吃下这种凝结的奶后，发现它很美味，也很容易消化。我们现在知道，这种凝结是由凝乳酶引起的，而这些凝乳酶则是由诸如牛犊、羊羔和小山羊这样的反刍动物幼崽的第四个胃分泌出来的。这些酶在遇到奶后，就会将其中的蛋白质凝固，形成凝乳。然后，就可以对这种凝结的“奶酪”凝乳加以处理（切割、搅拌并沥干），从奶中排出更多（含有乳糖的）液体。新石器时代的农民并没搞清楚其中的科学原理，却通过制作奶酪解决了乳糖不耐受的问题。

有关这一技巧得到应用的最早的确凿证据来自中欧。20世纪70年代，考古学家在挖掘位于波兰中部的维斯瓦河河岸时，发现了数百块奇形怪状的陶土碎片。它们可以上溯到公元前5000年，上面布满了小小的洞。这一发现令他们困惑，他们想不出这些陶器是做什么用的。10年后，一位美国考古学家提出，这些碎片或许来自一只用来筛分凝乳和乳清的碗（他曾在一套古董收藏中见到这种维多利亚时代的奶酪师傅所拥有的器具）。直到2012年，新的科学技术才确认了他的猜想——在陶土中发现了7000年前留下的脂肪微粒。这些陶器是人类制作奶酪的最早的证据（年代稍晚一些的、吸收了奶脂肪的陶器则发现于克罗地亚，可以上溯至公元前5200年）。科学家的结论是，用这些陶器制作的奶酪看起来像是比较粗糙的马苏里拉奶酪（不过，事实上，史前的奶酪应该更接近于里科塔奶酪）。

数千年来，奶加工变得越来越普遍和复杂。在古老的乌尔城中，在供奉奶、牛的庙宇里能找到檐壁饰带，上面描绘了人们如何通过摇晃陶土瓮来制作黄油。在埃及的孟菲斯，考古学家在统治者塔米斯的坟墓里找到了一罐有5000年历史的奶酪。这种奶酪以绵羊奶、牛奶和山羊奶的混合物制成，是一种为来世储备的食物。与此同时，埃及以东的苏美尔人的奶酪制作技巧已变得十分精湛，他们留下了关于20种不同奶酪（根据其颜色、新鲜程度和口味分类）的描述。在罗马帝国，硬质奶酪（很有可能就是帕尔马奶酪的起源）得到大规模生产，为军队征战提供食物。罗马人在征服其他国家后，从他们那里学会了新的技巧，又传给其他人，就此成为奶酪制作知识和技能的伟大传播者。

奶酪改变了世界，使人类可以涉足更远的地方，并在地球上最不宜居的群山和高地定居下来。通过将奶转化成奶酪，可以捕捉并储存生命不可或缺的太阳的能量。在春夏生长的绿草和野花的中营养，转化成了寒冬里人们吃的食物。

世界不同地方的人用奶这同一种配料创造出了无以计数的独特的奶酪品种。不论奶酪的制作地在哪里，其外观和味道都完全取决于当地的环境：土壤和草原的种类；养殖的动物种类和品种；当地人是否能够获取像盐和木柴这样的资源；另外，非常重要的一点在于，奶中和空气中的微生物（细菌、霉菌和酵母）。奶酪与特定的地方和特定的季节之间的关系之密切程度，胜于所有其他食物。

有史以来，法国一直是最能淋漓尽致地表现出奶酪风格多样性的国家。夏尔·戴高乐是否说过“你要怎么治理一个有246种不同奶酪的国家？”无从确认，然而此言确有真意。在法国，每个地区都有其独特的生活方式，包括处理奶的方法。这样一来，就可以通过分析各种奶酪来品鉴法国的历史和地理。诸如孔泰、阿邦当斯、博福尔这样的硬质奶酪，都能让我们品尝出偏远的阿尔卑斯山区的艰苦生活。在那里，农民之间的合作变得至关重要。夏天，人们离开村庄，将动物带到高山上，去寻找最好的牧场。在高纬度地区，农民们以小组为单位，协作给动物挤奶，并制作出巨大的奶酪轮。这些奶酪轮足够硬实，可以运回村庄并作为冬天的食物。向南而去，在气候较为温暖的奥弗涅和奥克西塔尼地区，罗克福、昂贝尔蓝纹和奥弗涅蓝纹等奶酪都储藏在石灰岩洞里。微生物在这些凉爽而潮湿的自然储藏室里大量繁殖，在奶酪上留下了（如今出了名的）清晰可见的蓝色霉斑。

在法国中部的勃艮第，有好几个世纪，奶酪都是由修道院制作完成的。在那里，黑暗而潮湿的地窖（霉菌肆意滋生）可以令奶酪发酵成熟。修道士用酒精和盐水将这些奶酪清洗干净，制作出像埃波斯这种气味浓烈、"浸洗"式的厚实乳酪。在北部的法兰西岛和诺曼底，人们在含有较多淤泥和沙砾的土壤上生活和耕种，因而建造地窖来储藏奶酪就不那么实际。于是，奶酪便在谷仓里发酵成熟，流动的空气带来的微生物为这些奶酪裹上一层细密的、丝绒般的霉菌层。因为这些农民居住的地方靠近城镇，所以他们的奶酪并不需要做得很硬、保存得很久。结果，就有了霉菌包裹的软奶酪，包括布里和卡蒙贝尔。与此同时，在法国西部的卢瓦河谷，8世纪穆斯林征服所留下的一大遗赠便是引入了山羊养殖。在这里，诸如夏比舒和圣摩尔这样以山羊奶制作的奶酪就逐渐发展了出来。咬一口传统的奶酪，你就会品尝到当地的历史、文化和生态系统。

统计全球到底有多少种奶酪是一项不可能完成的任务；世界上有多少个生态系统，就可能产生多少种奶酪。在每个生态系统中，每位奶酪师傅都会在制作过程中加入个人特色。19世纪，英国有几百位兰开夏郡奶酪的制作人，为这种风格的奶酪赋予了各式各样的质感和风味。然而，到了20世纪末，这些传统的农庄奶酪就只剩下一种了。在全球大多数制作奶酪的地方，奶酪多样性的消亡都在发生，只是或多或少而已。

这一消亡背后的原因包括城市化进程、战争、科学和技术的发展，以及一系列区域性的特殊情况，但是世界各地奶酪品种的大量消失有几大共同因素。最主要的原因是奶（最易变质的农业产品）成了全球化交易的产品。如今，不到20家跨国公司控制着全球三分之一的牛奶供应（每年的产值约为830亿美元）。因此，全球的奶标准化程度越来越高，而正是工业革命使这一过程成为可能。19世纪初，那些牛奶产量超出本国消耗量的国家开始向全世界出口奶制品。例如，爱尔兰的奶可以制成加有大量盐分的黄油，并通过强大的科克黄油交易所出售到远至巴西、西印度群岛、南非和印度这样的地方。19世纪60年代，北美生产的用布包裹的切达奶酪通过船运出口到英国。19世纪70年代，随着冷藏船问世，新兴的全球奶制品贸易得到了扩张（19世纪80年代，新西兰的黄油就已经运达英国）。

随着城镇规模逐渐扩大，新鲜的牛奶可以通过铁路网络从农村运达城市，饮用鲜奶也在城市人群中变得越来越普遍。城市里也涌现出大量乳品厂。奶的运输以及工业化生产和大规模消耗增加了疾病的发生率，特别是牛结核病。

为了解决这个问题，在20世纪早期，欧洲和北美的大多数地方都立法规定要对奶制品进行巴氏消毒（短时间加热奶，以消灭其中的微生物）。这一做法杀死了奶中的细菌，但也杀死了其中有益的微生物。因此，专门生产微生物的企业开发出“发酵菌种”来替代这些被杀死的微生物。决定某种奶酪特点的已经不再是自然、地理和气候，而是科学。如今，无论你身在何处，一年四季都可以做出切达、卡蒙贝尔和戈贡佐拉奶酪——你只需要从待售商品目录上订购一小包菌种就行。地方和产品之间的紧密联系已不复存在，而来自牧场、动物和农场（从前，这三者都对奶酪制作至关重要）的复杂微生物组合却受到越来越多的质疑。唯有到了现在，随着我们对人类肠胃的微生物群有了更深入的了解，我们才意识到，错失这些微生物可能会不利于我们的健康，还会让我们错过美妙的风味。

从1960年到2010年，全球的奶交易量增长了5倍。同一时期，中国的奶消耗量增长了约15倍。其中一部分是基于婴儿配方奶销售额的增长，以及随着西式咖啡厅、外卖比萨和冰激凌的普及，奶制品开始广受欢迎。随着乳品变得更为全球化，奶农的收入就变得更加不稳定。在英国，从2010年到2015年，超市牛奶的平均价格下降了三分之一（一升奶比一瓶水还便宜）。价格的下行压力使许多奶农开始扩大经营规模。例如，在美国，直到20世纪90年代，大多数乳牛场的奶牛数量都不到200头；如今，最大的奶制品公司的乳牛场则可以容纳超过9000头牛。在这样的情况下，为了追求更高的效率，乳牛业越来越聚焦于一种品种：荷斯坦牛。从20世纪60年代到21世纪初，这些动物的基因经过大幅修改，其产奶量翻了一番。如今，不论我们身在何处，所吃到的奶酪都是用少数几家公司加工的牛奶制成的，而这些牛奶都来自同一品种的奶牛，使用的菌种则是少数几间实验室生产出来的。我们正面临巨大的风险——失去数千年奶酪制作传统所留下的多样性。

大多数奶酪已经不再是一个地方的标志了，而不过是可以在世界任何地方生产出来的复制品。通过挽救各式各样的奶酪，我们可以拯救大量的生物多样性：土壤、草、动物品种和微生物。这既有益于生物多样性，也能让我们品尝到更多有趣的味道。丧失乳制品和奶酪的制作技术也很愚蠢。这种知识与如何在不同环境中将风景转化为食物有关，且其中一些是经历数百年才积累下来的。它们或许会成为我们在未来需要用到的工具包的一部分。你在本书中即将读到的这些奶酪品种也代表了另一种多样性——人类经历的多样性。

24　萨莱奶酪

法国，奥弗涅

在人类和其他物种的关系之中，最令人担忧、也最神秘的或许就是我们与微生物之间的关系了。一方面，我们最喜爱的食物和饮品的制作都有赖于它们（和奶酪一样，巧克力、葡萄酒、啤酒都需要进行发酵）。人类的体内也有数以万亿计的微生物；如果我们的身体里没有这些细菌和酵母菌，我们就无法生存。然而，科学告诉我们，微生物也有一定的危险性，有些细菌是致命的。在20世纪，人们更多地将微生物视为致命的生物群。因此，我们向它们发起了战争，以安全为由，不假思索地为我们的家和食物进行清洁和消毒。直到近年来，我们才发现，从健康的角度来看，这一过程让我们有所损失。最新的科学研究表明，富含微生物群的日常饮食——包括酸渍、泡菜和用传统方法制作的奶酪等发酵食品——对我们有益。这些食物能够滋养我们的肠胃微生物群，而数以万亿计的细菌和酵母菌在我们体内生存，与我们的健康息息相关。然而，就在20世纪，全世界都对这些食物退避三舍且深感怀疑。我们竭尽所能地消灭饮食中的微生物，并选择工业化和深度加工过的食品。在过去的50年里，人类的肠胃微生物群的多样性减少了三分之一——这一改变带来的影响远比我们想象的更为深远。正因如此，食用由未经加工的牛奶制成的奶酪实际上就是将微生物带回到我们的生活和肠胃的一种积极做法。在所有的奶酪当中，有一种奶酪或许特别能彰显益生菌的强大作用：萨莱奶酪（Salers）。

萨莱既是一个村庄的名字，也是一种奶牛和奶酪的名称。这三者都可以在法国南部奥弗涅区域的中央高原找到。欧洲最忠于原味的食物之一就是在这里制作出来的。它是至少有1000年历史的畜牧传统的一部分，是全世界现存的、最古老的奶酪之一，也是制作起来最辛苦的奶酪之一。4月，当春季来临时，山间的草原变得又厚实又肥沃，农民们带着他们的牛群离开村庄，有时要跋涉20英里，来到山上更高的地方。在这之后的6个月里，他们会住在名为burons的小石屋里，以修道士似的、与世隔绝的方式工作和生活。他们每天都以挤奶开始，也以挤奶结束，或许在凌晨4点就开始工作，一直到晚上10点才收工。一天收集的奶足以制作出一只40千克重的奶酪轮。过去，这些奶酪轮会在春末由运货的马车带回村庄。然而，如今依然以这种方式制作萨莱奶酪的农民只剩下不到10人，并且，这种濒危的技艺还需依赖于一种濒危的奶牛产出的奶。

萨莱奶牛顶着长而弯曲的牛角，红褐色的牛毛厚而卷曲，它看起来像是一种来自远古的动物，而事实亦正如此。它看起来就像是离萨莱村仅50英里的拉斯科洞窟里壁画上的牛。这些奶牛完美地适应了地势崎岖的奥弗涅。在那里，休眠了数百年的火山形成了一大片山脉和平原。对于在这个地区定居的人来说，种植小麦从来都是行不通的。他们基本上将牧草转化为牛奶，再将牛奶转化为奶酪。萨莱奶牛使这一切成为可能，因为它是完美的山地觅食者：身形足够轻巧，可以吃到生长在高纬度草原上的野草、药草和花。为莱斯奶牛挤奶的技术也非常古老。在现代农业系统中，小牛出生几天后就被迫与母牛分离，这样从那一刻起的每滴牛奶都可以供人类饮用。在萨莱，小牛吃母牛的乳汁，并均匀地从每个乳头吮吸。这不仅能让母牛源源不断地产出牛奶，还有助于清洁乳头。吃奶的小牛被拉开后，农民会把它绑到母牛的前腿上，并在其背部撒上盐，鼓励母牛舔舐安抚小牛。

动物间亲近的身体接触对于保障奶量供应殊为重要。奶酪师傅将头钻到奶牛温暖的身体下面，开始挤奶。他采集到的是山野的馈赠，是生物多样性的液体样本。奶牛吃的植物有苜蓿、龙胆草、八角，以及山金车、圆叶风铃草和茴香，等等。此等植物的多样性会通过牛奶体现出来，而牛奶这一黏稠、细腻、富含微生物的液体又为奶酪带来了独特的风味。当你吃到这种奶酪的时候，就会品尝到山野的风味。

如今，科学可以解释，为何在诸如奥弗涅这样的高山牧场里制作出来的奶酪会有如此独特的味道。奶牛牧场的植物多样性越高，其产出的牛奶就越富含一种带香味的萜类化合物（这是植物防御系统的一部分）。在牧场上进食的牛会吸收这些化合物，并使其成为牛奶的一部分（商业化养殖的奶牛所产出的牛奶不含萜类化合物）。随着奶酪发酵成熟，萜类化合物会散发出来，创造出一层又一层的风味。那些原本在夏季刚做出来时普普通通的奶酪，最终却能变得回味无穷。不过，萨莱奶酪还会逐渐显现一系列看不见的特点。工人在挤完奶后，会将温牛奶倒入及腰高的名为gerle的木桶。牛奶接触木头后，奶酪就开始形成了。

对于那些看惯了设有白墙的乳品厂和实验室般的装备的卫生检查员而言，眼前的这套系统会令他们生畏。这些木桶几十年来从未经化学品清洗，而是用奶酪制作过程中留下的乳清液体冲洗。这是因为萨莱的奶酪师傅不仅仅在加工牛奶，还在培育微生物。这些木桶里的细菌多样且生机勃勃，因而萨莱奶酪与其他奶酪不同，不需要发酵剂将牛奶变酸，以开展发酵的过程。微生物学家分析了木桶中发生的一切，他们发现，牛奶进入桶中数秒后，就在大量有益菌的作用下开始发酵。桶中的乳酸菌含量如此之多，以至于有危险性的病原体几乎无法在这种环境下生存——它们一旦出现，就会被健康（有益）的微生物吞噬，这一现象在科学上被称为“竞争排斥”。奶酪慢慢发酵成熟后，乳酸菌会继续阻挡有害微生物带来的威胁。从微生物的角度来看，奶酪师傅的职责就在于，为有益菌种创造最佳的生活环境。为了证明这一点，科学家们甚至做了一些实验。他们在gerle木桶中掺入一剂可致病的细菌——李斯特菌。几周后，他们检测了在掺有李斯特菌的木桶中制作出来的奶酪，发现病菌竟然不见了；致命的病菌无法在这种木桶中生存。

在萨莱奶酪轮经历一年的发酵成熟后，将其切开，就会看到里面颗粒状的、斑驳的黄色油糊。每只萨莱奶酪轮都有其独特的风味。最好的萨莱奶酪尝起来有肉、肉汤、黄油和草的味道，而最差劲的萨莱奶酪则可能“很野，令人讨厌”，奶酪专家布朗温·珀西瓦尔这样说。他曾亲眼看见山上的农民制作这种奶酪。这必定是多样性的魅力之一：复杂的食物，不那么易于预测，但绝对不会沉闷。

25 斯提切尔顿奶酪

英格兰，诺丁汉郡

一天早上6点，我走进了位于雪伍德森林边界的一家温暖的、有着白色墙壁的乳品厂，为的就是看英格兰的“奶酪之王”是如何制作出来的，它实际上就是斯提尔顿奶酪（Stilton），但尚未得到官方认可。乔·施耐德制作奶酪参照的正是这种蓝纹奶酪的一份古老的制作配方，但因为他用的是未经巴氏消毒的牛奶，便不可将其称为“斯提尔顿”。根据20世纪90年代颁布的法令，斯提尔顿这种著名的奶酪如今只能用经巴氏消毒的牛奶制作。为了不受处罚，施耐德便将自己制作的奶酪命名为“斯提切尔顿”（Stichelton），这是斯提尔顿镇的古英语名。

20世纪90年代末，施耐德从美国来到英国，并从此爱上了奶酪制作——他称之为“科学和炼金术的结合”。20年过去了，他以一口美国东海岸的口音向我描述了他的使命。“我制作的奶酪是英国文化的一部分——我们不应该任其消失。即使它并不是我的传统，我也无法坐视不理。”对于施耐德来说，这远远不是一个名字那么简单；他认为自己制作的是英格兰最伟大的奶酪的最纯正版本。在拯救这种奶酪的过程中，他保护了奶酪数千年的精髓：这种食物与当地有一种直接的关系，而这种关系则来自农场出产的牛奶中的微生物。

施耐德在20世纪70年代的纽约长大。当时，加工食品正在兴起，“奶酪”指的是卡夫独立片装奶酪（Kraft Singles）、维维塔奶酪酱（Velveeta）和奶酪神牌（Cheez Whiz）喷嘴式奶酪。在完成了工程师的相关培训后，他便开始旅行，并最终和当时的女朋友、如今的妻子一起搬到了阿姆斯特丹。他在一次聚会上遇到了一家土耳其乳品厂的厂主，便加入了那家乳品厂，开始从事制作菲达奶酪的工作。然而，他命中注定般地走进那家如今已经成为传奇的伦敦奶酪店——尼尔氏庭院乳品店。他站在那家店中央，看得目瞪口呆。“那里的奶酪轮硕大无比，有些重达30磅。”他回忆道，“每一轮都那么美、那么圆，用布紧紧裹着，外表斑驳。”那一次经历给他带来了强烈的多感官刺激，充斥着令人惊奇而又迷人的颜色、形状、质感和味道。这改变了他的人生。“我对自己说，我想要制作出可以在这家店出售的奶酪。”

斯提尔顿奶酪的起源是英国食物史上的一大谜团。就其发祥地和制作方法的来源，人们众说纷纭。不过，它的名字还是比较容易追溯源头。在1722年，古文物研究者威廉·斯蒂克利（以研究巨石阵而闻名）写道，剑桥“以奶酪闻名……要不是它离我们这么近的话，会被误以为是帕尔马奶酪。”两年以后，丹尼尔·笛福在《大不列颠全岛之旅》一书中也进行了同样的比较，不过他还加上了令人倒胃口的一笔：“斯提尔顿的奶酪很出名，被称为英格兰的帕尔马，上面满是螨和蛆就上桌了，人们得用勺子吃。”事实上，斯提尔顿奶酪并非出产于斯提尔顿，而是由住在英格兰腹地、斯提尔顿以北的德比郡、莱斯特郡和诺丁汉郡（施耐德就是在这里制作他的斯提切尔顿奶酪）的奶酪匠人制作出来的。斯提尔顿不过是出售这种奶酪的地方。

最初，这仅仅是一种农场奶酪，但斯蒂克利和笛福品味到的却是启蒙时代的美食。羊毛、煤和铁将英国变成了工业大国，而农业革命也在如火如荼地进行着。正是在那个时候，禽畜培育家罗伯特·贝克韦尔（在斯提尔顿工作）用他发明的新方法，增加了英国的肉和奶的供应量。运输网络得到改善，其中包括连接了伦敦、利兹、谢菲尔德和爱丁堡的大北路。这条高速公路上至关重要的一个停经点就是斯提尔顿，因此，这里商人出售的奶酪变得家喻户晓。18世纪末，奶酪已经成为英国相当重要的出口货品之一，每年都有数千吨奶酪从伦敦和利物浦的口岸运往国外。斯提尔顿就像所有著名的英国奶酪一样，是全球贸易、科学发展和城市化进程的产物。19世纪中期，陆路、铁路和运河的扩张影响了这一英国特有的奶酪的风格：湿度低、酸性高且质感坚实。与斯提尔顿类似的奶酪还有切达、卡尔菲利、柴郡、格洛斯特、兰开夏郡和莱斯特，它们都适合长途运输。随着英国城市逐渐扩张，奶酪的生产规模也在扩大。

那个时候，斯提尔顿奶酪已经演变成一种光滑细腻的蓝纹奶酪。牛奶是匠人亲手舀出来的，凝乳不是靠挤压而是通过往其中加盐形成的（使其有一种易碎的质感）。圆柱体的奶酪需要至少一年才能完成发酵成熟，而在这期间，它会长出一层厚实的、有坑点的金黄色硬皮。这种奶酪之所以如此著名，正是因为制作它需要大量时间和精力。19世纪的一位奶酪匠人说：“除了它不会吵闹以外，制作斯提尔顿比照顾婴儿还麻烦。”匠人们每天都要为这些奶酪翻面，让它们以自重排干水分，再用手搓磨，促使硬皮的形成。或许，正因如此，斯提尔顿被视为美食家的奶酪，是只有在包括圣诞节在内的节庆场合才会享用的食物。

20世纪初，工厂取代了农场，成为英国奶酪的主要来源，斯提尔顿也不例外。农舍乳品厂生产的最后一轮斯提尔顿奶酪于1935年售出。然而，10年之后，市面上已完全买不到斯提尔顿。第二次世界大战导致政府接管了乳品的生产，政府下令工厂停止制作斯提尔顿，改为生产切达（切达被认为能比斯提尔顿更有效地利用牛奶）。直到20世纪50年代，人们才重新吃上斯提尔顿。即使在那个时候，这种奶酪的传统特点依然得以保留；它依然在那三个郡生产，依然需要经过漫长而艰辛的制作过程，且最重要的是，依然是用生鲜（未经巴氏消毒的）牛奶制成的。然而，历史站在了巴氏消毒这一边。

通过加温杀灭微生物并缓解食物变质的做法，是19世纪60年代路易斯·巴斯德为了协助葡萄酒行业进行实验而开创的。19世纪80年代，为液体牛奶短时间加热的技术也随之出现。不过，直到第一次世界大战以后，这一做法才变得普遍起来。巴氏消毒法能为鲜牛奶杀菌，是公共卫生方面的一大成功。从19世纪50年代到20世纪40年代，城镇人口喝牛奶变得越来越普遍；与此同时，肺结核导致超过50万英国人丧命。巴氏消毒法有效终结了大规模的死亡，但也有反对的声音。“活力主义者”提倡饮用未经巴氏消毒的牛奶，他们指出加温会毁掉牛奶的“生命”，损害国民的健康和生命力。然而，加温处理大行其道，1922年《牛奶及乳品法规》获得通过，牛奶必须依法进行巴氏消毒处理。在奶酪行业，巴氏消毒对于捍卫公共卫生而言意义微小，因为在奶酪制作过程中乳酸菌的增加会降低病菌带来的风险。然而，由于巴氏消毒确实能带来一定的商业利益，奶酪制造商便欣然接受它。在（有益和有害）细菌被消灭后，牛奶便成了一张白纸，生产商可以随意添加发酵剂。他们对整个制作过程有了更大的掌控，生产出来的奶酪不再难以预料了。这样一来，不论是什么季节，即使将不同农场产出的牛奶混在一起，生产商也可以周复一周、年复一年地制作出同样的奶酪。斯提尔顿奶酪的制造厂商也追随这一趋势，转而进行巴氏消毒。仅有科尔斯顿·巴西特（Colston Bassett）一家奶酪制造厂除外，而且它在1913年就开始制造奶酪了。然而，1988年圣诞节一次大规模食物中毒事件后，人们将其归咎于未经巴氏消毒的奶酪。虽然这一因果关系从未得到证实，却撼动了整个行业，致使科尔斯顿·巴西特很快就不再使用生鲜牛奶生产斯提尔顿了。1996年，斯提尔顿奶酪被纳入欧盟受保护的原产地名称（PDO）食品清单，它的制作方法也被正式修改。这一法律地位（该清单包含了欧洲数千种食品）可以确保某一种产品在一个特定区域由传统方法制作而成。这项申请（由斯提尔顿奶酪制作协会提交）明确指出，这种奶酪只能用巴氏消毒牛奶制作。实际上，这项欧洲的规定令大多数传统的斯提尔顿奶酪（以生鲜牛奶制成）从此绝迹。很少有英国人会注意到这一点，但对于一小撮奶酪爱好者而言，这一切无异于文化破坏和农业悲剧。

尼尔氏庭院乳品店——那家令乔·施耐德大受启发的奶酪店——是由伦道夫·霍奇森在20世纪70年代末创办的。这家店在一定程度上是商业上的尝试，在另一层面上则是反主流文化激进主义的表现，代表着朋克时代的精神。为了在食品行业干出一番事业，霍奇森曾经研究乳制品科学，但最终他打算挑战席卷了英国食品和农业界的同质化和财团控制。由此，他选择拯救濒危的奶酪。时至20世纪，幸存下来的农舍乳制品厂越来越少。他们和少数特立独行的新一代奶酪匠人联手，希望拯救遗失的传统。事实证明，霍奇森和尼尔氏庭院乳品店对于两个群体都至关重要。作为乳酪商，霍奇森为那些无法（也没有兴趣）通过超市出售奶酪的生产商提供了一个销售渠道，而他也成了这些特殊奶酪的拥护者和顾问。20世纪80年代，他花费大量时间到农场里拜访奶酪匠人，品尝他们的奶酪，为他们提供建议，并帮助他们解决问题。结果，他拯救了大批行将消失的英国奶酪，并助力保存那些正快速消失的知识和农业技术。而他最关心的就是保护英国仅存的那几种用生鲜牛奶制作的奶酪，包括科尔斯顿·巴西特曾经生产的奶酪。“当他们开始巴氏消毒的时候，伦道夫感到非常伤心，”施耐德说，“他非常在意且笃信的东西消失了。”霍奇森甚至恳求科尔斯顿·巴西特小批量生产使用生鲜牛奶的斯提尔顿，并通过尼尔氏庭院乳品店出售，为的只是继续这一生产方式；但科尔斯顿·巴西特回绝了他。后来，就有了受保护的原产地名称。“也就是在那个时候，伦道夫说，‘管他呢，如果没人做这种乳酪，我来做’。”最终，他花10年的时间实现了自己的想法，而那个时候，他和施耐德已经成了朋友。2006年10月，他们在我后来拜访的诺丁汉郡乳品厂制作出了第一批斯提切尔顿奶酪。

在当今的英国，经验丰富的奶酪商往往只会销售几种真正上乘的农舍奶酪，包括蒙哥马利的切达奶酪和柯卡姆的兰开夏郡奶酪，这些奶酪背后有着好几代人的制作历史和经验。在10年之内，施耐德从无到有地将斯提切尔顿奶酪添加到了那张清单上。然而，这种基于最传统的斯提尔顿奶酪制作方法并在全球都供不应求的奶酪，却依然不能被冠以斯提尔顿的名称。“受保护的原产地名称允许我用巴氏消毒牛奶做出一种奶酪，放入小红莓再加一根香蕉，却还能称其为斯提尔顿。”施耐德说，“但是，如果我用生鲜牛奶制作斯提尔顿，就会被起诉。”

从斯提切尔顿乳品厂的大窗，我看到牛群回到草地。当天早晨挤的牛奶被装进一个长长的矩形不锈钢桶里，此时已经积了一层黄色的奶油，在牛奶表面闪闪放光。这是为时24小时的“制作过程”的第一步（农舍生产切达奶酪最短仅需6个小时）。有人试图加速制作斯提尔顿，却办不到——制作斯提切尔顿是一个漫长而废体力的过程。只消一丁点（施耐德称其为“顺势疗法”的量）发酵剂，就能令乳酸菌逐渐发展起来，确保制作过程的每一步都温柔地开展（就像慢动作的高空走钢丝）。这并不是一种味道保持不变的奶酪。它通常都美妙绝伦，而有时候施耐德也会做出一块无与伦比的斯提切尔顿，与全世界最好的奶酪齐肩。

为了给奶酪添加蓝纹，施耐德会在制作刚开始的时候，在奶中加入真菌娄地青霉的孢子。之后，在奶酪的成熟过程中，他会在奶酪的中心扎出洞，让霉菌在空气流动的情况下生长出来。脂肪和蛋白质会因此而进一步分解，使奶酪产更强烈、更刺激的风味，而其质地也会变得更软、更油滑，原本象牙色的奶酪会在局部长出特有的靛蓝色的纹路。据说，在娄地青霉可以批量生产前，斯提尔顿匠人曾经将旧皮革晾挂在乳品厂外头，直到上面长出一层霉菌。然后，他们会刮下这层霉菌，启动牛奶的发酵过程。

当天的制作进行了5个小时，牛奶已经凝结，乳清也被排出。施耐德从桶里取出温热的凝乳，放到一张冷却的桌子上。如今，大多数斯提尔顿制造商都是用机器完成这些步骤的，但施耐德坚持手作，一勺一勺地舀。他一气呵成地从右手边的桶里舀出一勺，再把勺里的凝乳放到左手边的冷却桌上。整整一个小时，我看着他弯腰、转身，将凝乳从右边转移到左边。整个房间都很安静，只有凝乳流到桌子上那催眠的啪嗒声。他说："不这么做就会破坏凝乳，改变奶酪的质感。"我觉得自己像是看到了几个世纪前锻造一条锁链时那最后的脆弱一环。这一环连接着人类、动物、牧场和微生物；那是一种美好而自然的协同。科学改变了这一切，把自然视为敌人，并赋予实验室救星的地位。在这个乳品厂，我依然可以感受到在那个失却的世界里才有的惊奇感。我一边看着变硬的凝乳堆积起来，一边说："想想看，在几个小时之前，它还是牛奶。"

"而仅仅在两天前，"施耐德说，"它还是草。"

26 美沙芬奶酪

阿尔巴尼亚，被诅咒的山脉

位于阿尔巴尼亚北部边境的那片山脉被称为Bjeshkët e Namuna，即“被诅咒的山脉”。就在这群山峻岭之间，坐落着一些小村庄。只消几天的大雪，这些村庄就会与世隔绝长达数周。即使过了春天，外面的世界依然遥远。近年，主要道路才铺建到这里。它是全欧洲最偏远也最贫困的地区之一。只有穿越密集的森林、经过高低不平的山路，才能到达其中的许多居民点。阿尔巴尼亚的远古部落什克雷里、格鲁达、乞尔门尼、卡斯特拉蒂和霍提都以这片山区为家，这些民族之间的血海深仇历时已久。在被诅咒的山脉生活相当艰辛、残酷而孤独。如果没有奶酪，人们根本无法在这里生活。

阿尔巴尼亚的北部高地如此与世隔绝，因而在英国旅行家伊迪丝·德拉姆于1900年到此地探险之前，外界一直将这里视为一个谜团。德拉姆因长期照顾病重的母亲而身心俱疲，医生建议她去旅行，呼吸一下山间的空气。她先抵达黑山，又穿越黑山来到阿尔巴尼亚被诅咒的山脉。她身穿防水的博柏利裙子，带着日记和素描本，记录下了群山之间的部族生活。后来，她又多次回到阿尔巴尼亚，并被当地人尊称为Mbretëresha e Malësoreve，即“高地女王”。她对于此地的记录如此详尽，以至于在1998年，外国记者被派驻到阿尔巴尼亚边境报道科索沃战争时，他们之中的很多人都领到了德拉姆的

《阿尔巴尼亚高地》一书，以熟悉当地情况。她在书中描绘出了一个残酷的世界，部族之间的世仇在整个山区蔓延开来。她写道:“所有其他的一切都从属于它，血债必须血偿。”她认为，在阿尔巴尼亚高地，部族间的结盟关系一直持续了好几代人，食物也一直没有改变。“人们在昏暗的住所度过下午的时光，”她写道，“为健康祝酒，喝着拉基亚酒（一种强烈的水果烧酒），咀嚼着羊奶奶酪，在室内发射步枪和左轮手枪……人们搬来一张低矮的圆桌，并端上切成一块块的羊奶咸奶酪，放在桌子中间，以此下酒……一碗碗的羊奶喝起来酸得让人龇牙咧嘴。”每当有大规模的团体聚餐时，德拉姆往往会成为座上宾，见证那壮观的场面。她描述了人们如何将一只塞满香草的整羊在大火上翻烤，烤好的羊肉可以搭配蘸了熔化奶酪的玉米面包一起吃。一个世纪之后，我追随德拉姆的脚步，来到了阿尔巴尼亚的阿尔卑斯山脉，想要探寻那古老的文化和能佐拉基亚酒的咸奶酪。

我的向导是60多岁的意大利救援队员皮耶尔·保罗·安布罗西。20世纪90年代初，他曾站在意大利东海岸的港口，不解地看着一艘又一艘船穿越亚得里亚海，将阿尔巴尼亚人带到这里。伊迪丝·德拉姆时代的阿尔巴尼亚因其地势而与世隔绝。然而，在20世纪后期，这个国家因为政治原因变得更为孤立了。在40年内，恩维尔·霍查领导阿尔巴尼亚，曾一度禁止宗教活动、庆祝节日。全国范围内建造了70万个机关枪据点，平均每四个阿尔巴尼亚人就有一个据点。1985年霍查去世时，国家经济已经垮了，食物供应严重短缺。1990年冬天，改革一触即发。20世纪90年代末，将近一半的人口离开了阿尔巴尼亚，包括安布罗西看到的那些乘坐超载船只来到意大利的人。安布罗西供职的天主教慈善机构派他逆潮而行。“我们想要搞明白这些人是从哪里来的，还有哪些人在留守。”他说，“因此，我便决计花几周的时间探索阿尔巴尼亚。”结果，他一待就是近30年。

政府曾深刻影响着阿尔巴尼亚人生活的点点滴滴，从分配工作到供应衣物鞋履。一切物资供应都处于短缺状态。安布罗西说：“经济部在一个地区平均给每人分配1.2双袜子，而在另一个地区则平均给每人分配1.5双袜子。”他还意识到，一个家庭可能这个月能收到1000克的猪肉配给，而在接下来的3个月却没有一丝肉。有时候，人们为了等待牛奶到货，会在商店门口排上好几天的队。该政权垮台后，一切并未立刻得到改善。在北部，人口因此而大量减少。安布罗西发现，随着人口大量迁移到城市，阿尔巴尼亚高地到处都是被废弃的村庄；仅仅在两年之内，地拉那的人口就增长了3倍。然而，在被诅咒的山脉之最偏远的地区，几个自给自足的村落生存了下来，与伊迪丝·德拉姆到访时并无二致。在这里，人们依然使用古老的方式处理食物。而那就是我们要去探访的地方。

我们在山地爬得越高，就越有种回到过去的感觉。安布罗西指向一条尚在建造中的轨道：轨道越来越窄，尽头则是砂石。他说道：“这条路连接了新旧两个世界。”一路上，我们看到有人牵着马车赶路，车上摞着一堆堆干草。当牧羊人赶着羊群走过来时，这些赶马车的就得停下来给羊群让路。这些羊群伴着其脖子上叮当作响的铃铛声，向着山上的牧场走去。羊群把吉普车围了起来，安布罗西说：“在这里，它们有先行权。”我们的目的地是勒普舍——它位于黑山边境附近的一片壮阔的高原之上，那里星星点点散布着一些木屋。放眼望去是数英里的原始牧场；四周雪山延绵，宽广的草原上，野花、野草遍地。在早期的一次探险中，安布罗西就是在这里发现了新石器时代的农民所熟悉的一种奶酪：美沙芬（Mishavinë）。这种食物诞生于人类最初制作奶酪并养殖牛羊的时代。在阿尔巴尼亚的其他地方，食物传统都已经随着当地宗教活动的沉寂而一并消失；在20世纪大部分时间里，只有两种奶酪是国家许可的："白奶酪"和"黄奶酪"。但在高地，美沙芬的制作方法1000年来都未曾改变。如今，只剩下三位农民还在制作这种奶酪，其中一位便是住在勒普舍的路易吉·塞克齐。在被诅咒的山脉，塞克齐和他的妻子蓝图密尔一直在拯救欧洲最濒危的食物传统之一。

为了在高山上生存，塞克齐的祖先会在每年春天爬上阿尔巴尼亚的阿尔卑斯山，并在那里与家畜共同生活到夏末时分。那是欧洲尚存的最繁茂、生物多样性水平最高的、未遭破坏的牧场之一。在几个月的时间里，动物们可以吃到数百种野生花草和药草，其中有很多都被牧羊人制成草药。在此放牧的羊群所产出的奶无与伦比，富含微生物和营养成分（以及带香味的萜类化合物）。传统上，牧羊人是在山上的牧场制作奶酪的。他们会在火上加热牛奶（微热，而非巴氏消毒）。就像萨莱奶酪一样，羊奶中的菌种十分丰富，不需要加入任何发酵剂。乳酸发酵会自然发生，将奶变酸，并自带保鲜的功能。从羊羔肠胃中取出的凝乳酶可以用于凝结羊奶。待到凝乳冷却后，便加入盐，并用木棍搅拌，直至凝乳碎成豌豆大小。接着，牧羊人会将凝乳分批用布包好，压在岩石下，沥出乳清。奶酪中的水分越少，储存的时间就越久。牧羊人宰杀完羊后，便用洗过的羊皮制作皮袋，将奶酪装入袋中，并在袋子上涂抹黄油，使袋子密封。他们会将这些袋子贮藏在山上阴凉的地方——山洞中或埋在地下，然后放置几个月的时间。春去夏来，随着牧场的变化，羊奶和奶酪也发生了变化。残雪融化后，野花野草又欣欣向荣。“奶酪的味道会非常浓郁，刺激你的嗓子”，路易吉说，“不过，之后它就会变得温和，那味道会让你想起森林和花木。”

世界上仅有寥寥数种奶酪是依然存放在动物皮囊里发酵成熟，这些古老的奶酪被称为“图卢姆”（羊皮是最常用的，因为它很坚实）。这种方法可以追溯到新月沃土，以及动物养殖和奶酪制作的起源。冬季将近，牧羊人会离开阿尔巴尼亚的阿尔卑斯山，带着奶酪回到家里，奶酪可以帮助他们挨过冰雪覆盖的漫长冬季。一天傍晚，我跟路易吉、蓝图密尔和皮耶尔·保罗·安布罗西一起吃了美沙芬奶酪。它是干草的颜色，密实而易碎，味道又浓又酸（隐约有一丝动物皮的味道）。它完全可以作为调味品，为其他菜肴增添风味。这就是牧场的作用。第二天，我们的早餐是美沙芬奶酪，配上伊迪丝·德拉姆所描述的那种烈性蒸馏酒。这种搭配恰到好处，咸咸的奶酪真的很适合佐拉基亚酒。

当安布罗西初次来到这些山村时，他发现有些村庄原本有上百户人家，现在却只剩下十户了。他想，或许可以鼓励更多人制作美沙芬奶酪，为贫困的村民们增加收入。“这里的人能做出独一无二的奶酪，”他说，“如果可以增加产量，他们就有机会留下来，并过上体面的生活。”安布罗西找来一位名叫德里塔·塔纳西的女子共襄此举，20多岁的她是留守在山村里的少数年轻人之一。塔纳西这一代人大多数都先是去了地拉那，然后又出了国。“我们往往不知道他们最后的去向，”她说，“且每年都有人放弃家园而出走。”安布罗西和塔纳西一起召集农民，并为他们提供培训，帮助更多的人成为奶酪匠人。从一开始的3人，很快就发展成了20人。随后，他们开始寻找有意的买家。他们在找到了主厨阿尔廷·普仁纳之后，便有了突破性的进展。

与阿尔巴尼亚的一半人口一样，普仁纳也在20世纪90年代离开了自己的祖国。他和兄弟一起坐船到了意大利，靠在酒店和餐馆的厨房里打工为生。这样持续了10年，他们觉得是时候回家了。他们想凭借在意大利学到的一切，开一家属于自己的餐馆。如果成功，他们就能帮助重建家乡。在地拉那以北50英里的自家农场上，他们的餐馆“仙女之影”开张了。它坐落在杂乱无章的麦田、葡萄园和菜地之间，不只是一间简单的餐馆，还设有一系列厨房和作坊，以此来复原阿尔巴尼亚的食物历史原貌。

当你来到此地，随处可见一排排的混凝土地堡和看起来像是巨型蘑菇的机枪柱。其中有几处还保留着原先的粗陋水泥灰，但大多数都画有鲜艳的涂鸦，让客人们在户外享用美食的同时，思索这一令人震惊的反差。沿着田边的石子路走下去，在一堵衬着生锈铁丝网的水泥高墙后面，有一座破败的监狱。

普仁纳正在把这座遗弃的监狱改造成小型食品工厂，农民们可以将其制作的食品带到这里：牧羊人可以带上奶，采集者可以带上从森林里收集的野生草莓和蘑菇。在农场里，磨坊工人、面包师傅、屠夫和厨师都用这些食材为这家餐馆烹饪，或是将它们制成可以卖到地拉那的食品。“仙女之影”的雄心在于拯救那些依然有人居住的村落中残存的技能和知识。普仁纳告诉我，那幢从前的惩戒楼很快就会以熏制房的新身份重新亮相，而其中的一些牢房会被改造成厨房，在那里可以将野生浆果制成甜美的果酱。为了寻找供应商，普仁纳驱车拜访了隐藏在高地的村庄。在那里，他见识了美沙芬奶酪，了解到塔纳西和安布罗西为拯救这种奶酪所做出的努力。

在旧监狱附近，我看到路边有一排茂密的灌木。事实上，这些灌木是10年前有人故意种下的，以掩盖一条通往混凝土地道的小路。这条地道被一扇厚重的门挡住了，门也上了闩。这条地道和那些地堡一样，是旧时为了防备入侵而建造的自卫系统的一部分。在阿尔巴尼亚，有数千条这样的秘密通道，用来存放枪支和躲避敌军。普仁纳说:“再仔细看看。”我便透过铁杆往黑暗的通道里看。奶酪刺鼻的味道飘了过来，供“仙女之影”的食客享用的奶酪正在这里发酵成熟。这条地道如今成了美沙芬奶酪的储藏室。“……一个完美的奶酪山洞。”他笑着说。

在1908年，伊迪丝·德拉姆写道:“在巴尔干半岛，就像在所有地方一样，唯有适者才能生存。未来的几年应该会相当有意思。”这就是《阿尔巴尼亚高地》的结语。随之而来的是战争，但她在旅行过程中记录的一些东西得以保留了下来，包括原始牧场的产物和被诅咒的山脉的食物。

雪 屋

在丹麦哥本哈根一个不起眼的郊区，有一家为全世界大多数奶酪和酸奶生产发酵剂的工厂。“工厂”这个词有些误导，它看起来更像是科幻电影中的巨型化学实验室。长长的走廊灯火通明，连接着各个“研究区”和消毒区。透过窗子，你可以看见机械臂在无菌级别最高的房间里搬动液体和粉末。这家公司就是科汉森（Chr. Hansen），拥有4000名员工，其规模如此之大，以至于随时都可能会有某个乘着电动滑板车的员工从你身边“嗖”地穿过。科汉森是全球最大的乳酸菌生产商。发酵菌种的冷冻颗粒和液体就是从这里出发，抵达世界各地的奶酪制造商的。

想要做出味道成熟的切达奶酪？科汉森的商品目录上就有好几页专门介绍制作切达奶酪所需的各类产品。想要制作埃默河谷奶酪？你可以订购一包发酵剂，就能制作出那种甜丝丝的味道。如果你想增辟兰开夏郡奶酪，则可以选择一种名为“F-DVS白花”的发酵剂。有了这些现成的发酵剂，奶酪匠人就能轻而易举地做出世界上所有风格的奶酪。他们只消从这家公司的商品目录上选择奶酪的品种和风味，然后订购相应的发酵剂。这样令人叹为观止的业务花了一个世纪才建设起来。

“科”（Chr.）代表的是克里斯蒂安，也就是创办者克里斯蒂安·汉森的名字。药剂师出身的他怀揣着将奶酪制作工业化的雄心，在19世纪70年代创办了这家公司。他希望利用新兴科学以现代化的方式生产这种重要而古老的食物，在提升安全性同时，达到更高的产品一致性。汉森的第一大突破便是分离凝乳酶——奶酪匠人用来凝结奶的酶。如今，乳品公司不再需要依赖动物胃壁，而是可以购买批量生产的凝乳酶。随后，他又将注意力转向细菌和能产出必要乳酸的发酵剂。当时，大多数奶酪匠人还在依赖牛奶和羊奶中（如美沙芬奶酪）或其器具中（如制作萨莱奶酪的木桶）的天然微生物，或是在鲜奶中加入之前“一批”留下的部分乳清（如传统的冰岛酸奶）。汉森发现了另一种不会出错的方法：识别、分离并保存各种乳酸菌。在20世纪，随着巴氏消毒变得越来越普遍，乳品公司规模越来越大，汉森的产品成了奶酪制作商的必备工具。制作发酵剂需要很强的技术性。时至今日，全世界能够从事这项业务的公司依然屈指可数，而汉森的公司是第一家。

在2018年我拜访科汉森时，曾为医生的塞斯·德容担任首席执行官。他告诉我：“奶酪需要三样东西——奶、发酵剂和凝固剂。我们这里唯一不生产的就是奶。”科汉森供应给奶酪制造商的不仅有微生物和酶，还有制作方法和技术上的建议，帮助他们根据自己的需求调整风味。“我们能帮助他们实现彻底的把控。”

该公司的主要资产便是4万多种不同类型细菌。德容说，他刚开始从事医生这一职业时，大家的口号是，只有死细菌才是好细菌。“科学正在改变。我们正意识到微生物对于人类健康的重要性。”

这家公司一直都在寻找新的微生物。几年前，一位科学家手持一只密封的盒子走过德容的办公室，盒子里放着几只死鸟。“他正准备检查它们的胃肠道，搜寻我们尚未收集到的、有意思的微生物。”

然而，大多数研究并非如此原始。科汉森派人到全球各地搜寻微生物，并收购独特的菌种。德容说：“它可能来自保加利亚某个奶酪匠人使用的发酵剂，或是希腊酸奶生产商使用的细菌。”科汉森会对收购来的传统菌种加以更大规模的培养，并出售给全球各地的公司。

我们继续往里走，便看到了墙上的巨幅照片。那都是科汉森最畅销的菌种的图像，它们的结构多姿多彩、千变万化，令人头晕目眩。我们透过窗户向密闭的房间里观望，里面正在进行实验室下控制的发酵，使用的是脱脂奶粉。德容告诉我：“如今，全球生产的奶酪和酸奶中，有一半都含有我们生产的配料。不论是硬的、软的、白的还是蓝纹的，每当你吃奶酪时，那块奶酪是用我们生产的配料制作出来的概率为50%。”那种配料可能就是科汉森的某种细菌或酶。

这些发酵剂在出售给奶酪制造商之前，都被存放在一台巨型的冰箱中。这台冰箱是全球最大的冰箱之一，温度一直稳定在零下55摄氏度。“我们只能在里面待30秒，”德容说，“并且得像企鹅一样走小碎步才不会滑倒。你即将进入一个全然不同的世界。”

我一进去，鼻子和嘴巴就开始冒冷气。为了听到彼此的声音，我们的呼喊声得盖过头顶上吹冷风的巨型风扇所发出的噪音。这间房间的环境条件非常极端，以至于它产生了其自身的天气系统，雪从天花板上飘下来，落在我的头发和外套上。在这个巨型冷冻柜里，收藏着各种各样已经经过培植和冷冻的微生物。从某种角度来看，这就像是微生物的斯瓦尔巴：一整个菌种的世界都收藏在这里。

然而，多样性需要在世界各地保存下来。人类从最早制作奶酪开始，就利用了自然的隐藏能量——从牧草到奶牛，从牛奶到奶酪。奶酪一直是人类历史的重要组成部分，它不仅保障了人类生存，还促进了文化的形成。20世纪，科学全方位地预示着人类将拥有更多：更多食物、更高的安全性、更整齐划一。对此，我们可以展开大量讨论，但有些无法替代的东西正在因此消失。像萨莱、斯提切尔顿和美沙芬这样的奶酪品种不仅仅是食物而已。这些奶酪的制作有助于保护并支撑一种生活方式、一个特殊的生态系统，以及我们与自然之间的不可轻易挥霍的纽带。随着我们走向未知的未来，它们给了我们更多的选择。阿尔巴尼亚阿尔卑斯山和康塔尔山上的奶酪匠人，以及像乔·施耐德这样独立的奶酪制作者已经成了稀缺人才。他们不仅仅在制作美味的奶酪，还精心选取着往往被我们忽略，但缺其不可的珍稀物种：微生物。

第八章
酒

就像所有的佳肴一样，葡萄酒、啤酒和烈酒为我们的身体提供营养和快慰。而它们的特殊之处则在于其如何直接滋润我们心神。

——哈罗德·麦吉《食物与烹饪》

发酵这一在微生物作用下进行的转换过程对于奶酪的制作至关重要，对于酒的制作也是如此。不过，牛奶是在乳酸菌的帮助下转换为奶酪的，而酒则是在酵母作用下发酵的产物。这些单细胞真菌充斥着我们的生活，只不过肉眼无法看见：它们飘荡在空中、在所有植物的表层，以及所有的土壤里。在自然界，酵母一旦接触成熟的果实，就会开始分解糖分子，并分泌出乙醇。这一过程可以保护果实免受敌对菌种感染，减缓果实的腐化，并防止病菌入侵。它还会释放出雾气，吸引昆虫和哺乳动物（包括人类）来觅食，最终果实的种子也由此传播。植物、人类和酵母之间的互相关联完美地解释了为何喝酒会演化成世界各地诸多文化的重要特征。生物学家罗伯特·达德利还因此提出了一个绝妙的“醉猴假说”：我们喜欢喝酒是因为我们的祖先不自觉地摄入了果实中天然的低度酒精。人类是喝酒长大的。

水果为早期人类填补了营养上的一大空缺，但为了进食足量的水果，人类的身体必须相应地进化，以便消化、处理乙醇。乙醇有毒，或按照我们习惯的说法是，它能“醉人”，且并不是所有的灵长类动物都能消化这种化学物质。正如人类进化到可以消化牛奶那样，一次基因的变异提升了人类代谢酒精的能力。这赋予了我们进化上的优势，因为这就意味着人类可以在森林里和稀树草原上觅食，进食大量从树上掉下来的、发酵的果子，而不会因此生病。水果中的乙醇甚至有“开胃酒效果”，帮助早期人类增加水果的进食量；酒精不仅能让我们感到更快乐，还可以刺激食欲。因此，在喝酒时，我们会吃更多的食物，并且加速消耗更多的能量。早期人类追随水果的香气找到营养丰富的成熟水果，并在其他动物到来之前快速吃掉大量水果，使其大获裨益。

如果这一假说成立，那么喝酒就是我们与生俱来的需要。帮助我们代谢酒精的基因变异被保留了下来；又经过数百万年，我们的祖先发现了酿制酒精含量更高的饮品的巧妙方法。当农民开始种植谷物和水果，并用它们来酿酒时，他们也在不经意间培育了酵母品种。这是因为在酿酒过程中，农民要将酿酒用过的酵母保留下来，用于酿制新的酒。用进化学的说法，这叫作人工选择。在19世纪，路易斯·巴斯德发现了一种提取特定酵母的方法，使酿造成一门更精确的科学。数千年来，以各种形式出现的酒对人类文化产生了极大的影响。人类的历史与酒息息相关。我们生活、恋爱、争吵、创造、社交、高谈阔论以及种植的方式都受到它的影响。

和奶酪一样，酒是地域性的产物。在阳光充足的地方，水果就是可发酵糖分的、最容易获取的来源。因此，葡萄酒文化出现在了格鲁吉亚的高加索山脉和伊朗的扎格罗斯山脉。这些又热又干的地区常常水供应短缺，而野生葡萄藤的根基很深，足以吸收到地下水。种植葡萄并用葡萄酿酒是巧妙获取地下水的方法，而因为酵母自然生长在葡萄皮上，酒精的产生便不可避免。在如欧洲北部那样比较凉爽的地区，小麦和大麦得到大面积种植，则产生了啤酒酿造文化。啤酒的酿造过程包含煮沸和发酵，所以这种饮品比水更安全，富含能量、微量营养素和益生菌。人们用药草、香料和啤酒花为啤酒增添风味并加以保鲜。啤酒是“液体面包”（甚至可能是由面包制作衍生出来的）。中国人将糯米发酵，做成诸如米酒这样的酒；而日本人则用大米酿造清酒。在非洲，埃塞俄比亚的采蜜人做出了蜂蜜酒；而在中非，正如前文所述，人们用香蕉酿制啤酒。在南美洲部分地区，玉米和土豆被用来制作啤酒和烈酒；而在中亚草原，库梅克人发明了一种用发酵的马奶酿制酒的方法。

或许正因为酒可以醉人，它才不可避免地与宗教纠缠在一起，并牢牢地扎根在信仰体系里。在基督教中，“变体论”指的是葡萄酒可以变成基督耶稣的血。在日本，清酒可以用来进贡神社里的神。

正如前文提到的，在安第斯山脉，萨满族将由土豆制成的烈酒倒在圣石上，以此敬奉大地母亲。在过去1000年里发展出来的酿酒技术，大多可以归功于僧侣。尽管《古兰经》禁止饮酒，但正是9世纪的阿拉伯化学家掌握了蒸馏的现代科学技术。这一技术除了具备药用之途外，还使烈性酒（aqua vitae，意为“生命之水”）的产生成为可能，而那正是威士忌、伏特加、波本威士忌和白兰地的基础。

数百年来，人类与酒的关系一度是超本地化的：这种关系取决于葡萄的品种、大麦的当地品种，以及酿造当地特有酒的酿酒人的想象力和独创力。要想真正了解一个地方的文化，欧内斯特·海明威曾提出这样一条有名的建议：毋需观光，只消泡泡当地的酒吧。

这一“本地化”的特性在工业革命过程中被淡化，且随着20世纪的酒类交易越来越全球化，一切都已彻底改变。和牛奶的发展轨迹非常类似，酒成了全球性的商品，越来越为大企业控制、生产和分销。啤酒就是这一发展趋势的典范：全球四分之一的啤酒都出自同一家公司——百威英博。这家公司拥有百威、时代和科罗娜等品牌，每年能生产超880亿品脱[1]的啤酒（每小时售出的啤酒可以装满三个奥运会标准的游泳池，超过其三大竞争对手的销量总和）。四处收购啤酒厂的策略使这家公司吞并了大品牌，以及貌似独立的“精酿啤酒厂”（比如英国的卡姆登镇啤酒厂和美国的古斯岛啤酒厂）。葡萄酒业相对分散，大型公司较少。然而据估计，在2019年，有三家公司的销量占了美国葡萄酒总销量的60%。其中一家是全球最大

1　1英制品脱约等于0.568升。——编者注

的私营葡萄酒庄——嘉露酒庄，它的年销售量达到了7000万箱。

与此同时，全球各地的葡萄园正变得越来越整齐划一，基因多样性大幅流失。记录在案的葡萄品种达1500多种，其中许多都是土生土长的、古老的品种，且与本土作物品种一样，都高度适应了当地的环境。据估计，全球大约80%的葡萄园如今只种植大约十种“国际”品种——比如霞多丽、墨尔乐、西拉，它们从20世纪60年代开始就逐渐成了葡萄酒酿造的主流品种。近年来，中国已成为全球最大的葡萄酒酿造国之一（拥有全球第四大葡萄酒庄——张裕），也选择种植这些国际品种。

几十年来，在酒的世界里，传统正在逝去，生物多样性正在下降。不仅是葡萄酒和啤酒，其他酒类（包括与苹果酒很接近的梨酒）亦是如此。幸运的是，酒不仅引起了大型企业集团的注意，也激励了新一代的酿酒人决心酿造更多样化、更具深意的酒。

27 陶罐葡萄酒

格鲁吉亚

在我为这本书做调研工作的过程中，如果说我所遇到的人都有某种共通的品质，那就是拒绝妥协。葡萄酒酿造人拉梅兹·尼古拉泽是其中最具代表性的一位。在我前往格鲁吉亚之前，认识他的人告诉我，我的拜访可能会遭遇三种情形：第一种是花很多时间吃东西，并畅饮他的酒；第二种是尼古拉泽在葡萄园里忙于劳作，或是在酒窖里一边忙着酿酒，一边听着震耳欲聋的吉他曲；第三种最令我担忧——长时间静默。有人警告我，尼古拉泽喜欢思索，严肃，且有点拘谨，不太爱说话。我觉得这一点可以理解——他肩负着巨大的责任。小麦和面包的发祥地是新月沃土，玉米文化起源于墨西哥南部，而葡萄酒的酿造则最早出现在格鲁吉亚——欧洲和亚洲的交会处。尼古拉泽是极少数依然在酿造一种濒危葡萄酒的酿酒师之一，而他似乎感受到了保护古老传统的压力。在我拜访他的过程中，上述三种情形我都经历了。

他的家乡在格鲁吉亚西部的伊梅列季。在西方古典世界，这个地区被称为科契斯，是金羊毛的产地和淘金者的目的地。格鲁吉亚东部地势平坦辽阔，西部则地势多山，与高加索的山麓接壤；而北部则比南部的山脉更多。格鲁吉亚是葡萄种植的中心地。在20世纪20年代，尼古拉·瓦维洛夫提出，正是在这个地区，人类首次征服了野生葡萄藤，并开始酿造葡萄酒。也正是在这里，适合人工种植的野生葡萄还生长着，其多样化程度也是最高的。格鲁吉亚的地质条件特别适合葡萄的生长。19世纪的俄罗斯地理学家、现代土壤科学之父瓦西里·瓦西里耶维奇·杜库恰耶夫将格鲁吉亚描绘为“露天的土壤博物馆”，因为这里有接近50种不同的土壤（对于一个比爱尔兰还小的国家来说，此等多样性非比寻常）。

除了如今依然零散生长着的野生葡萄以外，还有其他的证据能证明格鲁吉亚悠久的葡萄酒历史。在该国东部的新石器时代遗址，考古学家们发现了8000年前葡萄栽培品种所残留的花粉。2017年，在首都第比利斯以南，人们发现了同样古老的陶片，这些陶器曾浸泡在葡萄酒里。然而，格鲁吉亚葡萄酒历史悠久的最有力证据还是来自其人民。葡萄酒贯穿于这个国家的历史、艺术、宗教、传奇人物和歌曲。当两个农民见面时，他们首先会互相问候“你好吗？”，紧接着就会问“你的葡萄园怎么样了？”。他们会非常愉快地告诉你，他们的血液里流淌着葡萄酒。

拉梅兹·尼古拉泽就诞生于这样的文化之中，在他之前有过多代葡萄酒酿造师，承载着8000年的葡萄酒酿造史。他是在苏联解体前的那二三十年长大的，如今已年近五十。在20世纪20年代，他曾祖父的葡萄园被没收。到1991年格鲁吉亚独立时，整个国家已非常破败，而这里的葡萄酒（为苏联生产）也成了全球工业化程度最高、掺假情况最严重的葡萄酒之一。在人口密度较低的地区，包括丘陵地带和西部山麓偏远的小村庄，一种更古老的家酿葡萄酒的酿酒方式，以及在格鲁吉亚其他地区已不复存在的葡萄多样性，都得以保留下来。尼古拉泽在16岁时就在家族酒庄酿造出了自己的第一批葡萄酒。如果他的祖父还活着，也会认可他的酿酒方法，这种方法基于一种似乎注定要丧失的传统。30年过去了，尼古拉泽成了捍卫这一传统的先锋。

在他家里，我在他的引领下顺着几级混凝土台阶往地下室走，被告知来到了酒窖。刚开始，我看不到任何酒，只有光秃秃的墙壁和石头地板上那一排有盖的圆圈，这些圆圈差不多有餐盘大小，间距为两米。尼古拉泽掀开其中一只盖子，我向下望去，看到了一个黑洞。地下埋着4个圆锥形的赤陶土容器，里面装满了正在发酵的葡萄汁。这种古老的陶罐被称为Qvevri（发音接近"克维弗里"），在木桶出现前几千年就被用来酿酒了。气流在这些椭圆形的容器内对流，酵母便与陶罐里的液体产生了接触，从而使果汁均匀发酵。地下室的温度很稳定，不论是什么季节，葡萄酒都可以在土壤包裹着的陶罐里慢慢发酵。

陶罐的底部有一个尖尖的圆锥体，用来收集完成任务的酵母沉渣（死去的酵母细胞）以及葡萄籽和葡萄柄（含有苦涩的单宁），以保持葡萄酒的清澈。历经8000年的酿酒历史，格鲁吉亚人依然认为陶罐更胜一筹。这些陶罐也是种艺术品。工匠将黏土条层层叠加、塑形、打磨，历时数月，制成巨大的圆锥形陶罐。之后，他们会烧制陶罐，并在内部涂上一层热蜂蜡，为陶土上细小的孔消毒（这最后一道工序可以防止葡萄酒变质）。有些陶罐非常大：有3米深，容量相当于1300瓶葡萄酒。不过，和用陶罐酿制的传统葡萄酒一样，陶罐制作本身也成了一项濒危的技艺。拥有制作陶罐这种技术（以及体力）的人已是少之又少。

尼古拉泽从隔壁的储藏室拿出一些已经装瓶的葡萄酒。“我们是品酒还是喝酒？”他问。我考虑了几秒钟，回答说：“喝酒。”那似乎是最为礼貌的回答。我们走出地下酒窖，来到一张桌子旁围坐下来。尼古拉泽的妻子内斯坦花了一整天的时间制作卡里饺子（香辣羊肉馅水饺）、红豆馅饼（填满红豆馅的热面包）和卡查普里（奶酪烤饼）。这阵势是要让我好好享受格鲁吉亚的陶罐葡萄酒。尼古拉泽给我倒了一杯葡萄酒，那是用当地一种名为“索丽科里”的白葡萄酿成的。那酒好喝极了（清新、爽口、浓郁），但酒的颜色让我很好奇：它既不是红的，也不是白的，而是呈半透明的橙色，是一种琥珀色的葡萄酒。

广义上讲，红葡萄酒之所以呈红色，是因为红葡萄的果汁是与葡萄皮一起发酵的（葡萄皮的色素不仅赋予葡萄酒以色泽，还因含有的单宁为其增添了风味）。白葡萄酒通常是由去了皮的白葡萄果汁发酵而成的。尼古拉泽给我倒的那杯琥珀色葡萄酒则是两者的结合：以红葡萄酒的方式发酵白葡萄果汁。这种方式被称为“果皮接触”。传统的格鲁吉亚葡萄酒酿造师有时还会把葡萄枝放进陶罐里。这些葡萄酒超越了葡萄果实本身，因为其风味源自一整串葡萄。

尼古拉泽又拿出其他几瓶酒，其中一瓶是用卡胡娜葡萄（在伊梅列季的当地方言中，“卡胡娜”意为“清脆的”）酿成的，那是另一种深琥珀色的葡萄酒。他时不时地走回地下储藏室，拿出更多瓶葡萄酒来。我们喝酒的当儿，一直有两只大喇叭在播放碰撞乐队

（The Clash）的音乐，而且那声音还越来越大。我们又喝起了另一瓶用吉斯卡葡萄酿制的酒，这种葡萄的果汁在陶罐中发酵了8个月，倒出来的酒呈现出浅金色的光泽。“这支酒就像我的丈夫那样，”内斯坦说，“它可以今天是这个感觉，明天是那个感觉，后天又完全不同。我喜欢这支酒。不……我爱这支酒。因此，我把它叫作拉梅兹（Ramaz）。”喝到第9瓶时，我开始探究尼古拉泽酿酒的秘密。我问他，他的最终目标是什么？他说：“原汁原味。”他在停顿了良久后又说：“不偷懒的葡萄酒，完全不偷懒。”本土的葡萄品种、陶罐、尼古拉泽的酿酒技巧，这些对于我们所喝到的葡萄酒都是至关重要的。然而，在我看来，他的态度胜于一切。

尼古拉泽这种“完全不偷懒”的态度从葡萄园就开始贯彻了。他的葡萄藤并未在严格控制下一排排地整齐生长，而更像是一片森林。藤蔓间有鸟窝，荨麻和豆类则在葡萄藤中生长。他不用杀虫剂，一切任其自然。尼古拉泽说：“或许我有点儿懒惰。”他解释道，有一年他任由葡萄园自由发展，结果酿出了他尝到过的最好的葡萄酒。随着葡萄园变得越来越杂草丛生，葡萄酒有什么变化吗？“很狂野，”他一边说，一边笑，“越来越狂野。”他种植葡萄的业绩有目共睹，然而他作为微生物农民的角色却不为人知。尼古拉泽凭借野生酵母将葡萄汁发酵成葡萄酒，而这种菌株又有赖于葡萄园的生物多样性。他所用到的仅此而已：他种植的葡萄，以及葡萄皮上和空气中的酵母——没有任何添加物。无法用言语真切地形容他用这种方法酿制的葡萄酒；每一杯酒都能带来一种不同的体验，而无法遵循品酒笔记。不过，葡萄酒作家、格鲁吉亚专家卡拉·卡帕尔博能将其感受付诸文字。“我渴望这些葡萄酒中的活力、能量和狂野。它就像是一匹自由驰骋的马，而不是那种经过训练、进行马术表演的马。它无拘无束。”那并不代表这种酒荒蛮到难以下咽，而是更类似于为我们所忘却的另一种语言。

格鲁吉亚位于亚欧大陆中心地带，长久以来接连遭受外侵。多神教的国王相继被蒙古人、波斯人和皈依基督教者废黜，而后者又被奥斯曼帝国打败。后来，格鲁吉亚又经历俄国攻占、兼并和集体化，并经历了“冷战”。在这段汹涌澎湃的历史之中，葡萄酒是少数保持不变的常量之一。据说，格鲁吉亚战士曾将从自家葡萄园剪下的小段葡萄藤放在锁子甲[1]里面，带上战场。姑且不谈其象征意义，这一举动还有其现实动机。如果这些战士回到家乡时发现村庄和葡萄园遭到摧毁或占领，他们所携带的那一小段葡萄藤最终还能重新种植。这些葡萄藤很有可能是迄今为止在格鲁吉亚发现的约500种土生品种中的一种，这些品种占全球葡萄种类的很大一部分，包括一些在其他地区找不到的品种。瓦维洛夫或许会说，要不是有这个野生和人工栽培的基因池，或许根本就不会有黑皮诺、纳比奥罗和西拉这些葡萄品种。

格鲁吉亚的饮酒习俗反映了这个国家血淋淋的历史。大家在碰杯（有时是号角杯）时，祝酒词是“Gaumarjos！”，意为“祝胜利！”。酿酒人也描述了其工作的宗教意义：葡萄酒被视为液体阳

1 锁子甲，古代战争中使用的一种金属铠甲。——编者注

光，而喝酒则是与神对话的一种方式。在格鲁吉亚的农业地区，大多数住家都依葡萄园、酒窖和陶罐而建，但无人将葡萄酒装瓶。这些酒仅供自家饮用，以动物皮囊运输，用水壶盛出（拉梅兹·尼古拉泽直到近40岁才第一次为葡萄酒装瓶）。基于这一文化，对于葡萄酒应该如何、不应该如何，一整套价值观产生了。这个世界笃信，你要像养育小孩一样培养你的酒。即使是“酿酒人”这个称呼都会招来异样的眼光——人没法酿酒，酒是自然酿造的。生产酒的人不过是引导了葡萄，而葡萄自然而然会遇到野生酵母，并发酵成葡萄酒。将葡萄放入陶罐是一种干预较少的方式，可以让葡萄酒自然发酵，天然形成。格鲁吉亚人将地下陶罐里的葡萄酒比喻为母亲怀抱中的孩子，而土地就是其母亲。如果农民将葡萄园经营得很好，产出了高质量的葡萄，则只需将葡萄放入陶罐，无需其他。“糟糕的种植和酿造就像是撒了谎的孩子。”酿酒人约翰·沃德曼说。他出生于美国，如今在格鲁吉亚东部工作。他的这番话道出了格鲁吉亚人对于自然的信仰。“你得不断说谎来掩饰第一个谎言，没完没了。”如果土壤很健康，你就不需要施加很多肥料；如果植物健康多样，它们就不需要大量的杀虫剂；在酿酒厂，你也不需要用工业化手段来“矫正”葡萄酒。然而，这一古老的酿酒（及对酒的看法）在20世纪发生了变化，而正是格鲁吉亚以北的当时的俄国导致了这一转变。

1918年，俄国沙皇被推翻，格鲁吉亚宣布独立。然而，那只是昙花一现。当时，对格鲁吉亚相当了解的英国记者亨利·内文森留下了一段描述记录。他写道：“格鲁吉亚正被‘小流氓们’占领，他们为沙皇充当间谍和秘密警察，而苏联士兵则肆意侵吞各个村庄里农民们所种植的一切。格鲁吉亚不仅仅是我所见过的最美丽的国家，还是自然环境最为丰饶的国家。”在此几年前，他曾拜访一些酿酒人，并亲眼看到“人们将葡萄挤压成原始的渣滓，并用红豆杉树枝过滤，而果汁则流进了埋在地下的巨大陶罐中……陶罐大到装得下一个人”。在内文森留下此番记叙后的70年里，苏联的目标就是将“工业化效率”带到农村，并放弃过去的一切，包括格鲁吉亚人的酿酒方式。山边的小型葡萄园被认为效率太低而惨遭废弃，而师傅们则搬到了东部卡赫季州的平原。新辟建的葡萄园种有6个甄选的主要品种。这样一来，许多本土的葡萄品种便濒临灭绝。葡萄酒厂生产的是政府研制的酒。口味、酒精含量、糖分、酸度都是由官方定制。标签上没有标明任何葡萄园，只有政府垄断企业Samtrest的标牌。

20世纪50年代，自7世纪就开始酿造葡萄酒的阿拉维尔迪修道院遭到摧毁，并被改造成苏联军队的拖拉机场。修道院里的古老陶罐被用来储存柴油，这是传统被肆意毁坏的象征。20世纪60年代以后，局面每况愈下。不论葡萄收成好坏，规定的葡萄酒年产量都在逐年提升。这导致了“假”葡萄酒流入市场，那是浓缩葡萄汁、单宁、糖和水的混合物。后来，在1985年，随着一系列包括减少产量的严厉反酒精政策的宣布，数千公顷的葡萄园遭到铲除。在1991年独立后，格鲁吉亚陷入混乱，冲突不断。国家经济崩溃，大型葡萄酒合作社关闭。大规模葡萄园被改造成了农田，种植急需的蔬菜和水果。

不过，我们并未失去一切。在比较偏远的地区，尽管对于葡萄酒生产的管制非常严格，但私家葡萄种植者和葡萄酒酿造人拯救了许多古老的葡萄品种，并用陶罐以古老的方式酿酒。在大多数葡萄酒质量每况愈下的那几十年里，一个黑市在第比利斯和其他城市中心逐渐发展起来。不受政府干预的农庄和酒窖酿制出来的传统葡萄酒在黑市里秘密交易着。学者索利科·采施威利就喝过这种非法葡萄酒。有关格鲁吉亚葡萄酒的历史记录和从陶罐制作者那里秘密得到的稀有葡萄酒令他大受启发。1989年，他开始自行酿造传统的格鲁吉亚葡萄酒。他从卡赫季州的村庄购买了白羽葡萄（格鲁吉亚高贵的古老品种之一），并在第比利斯的地窖里酿酒。2003年，他搬到了卡赫季州以西，并置办了自己的葡萄园。在这里，他下定决心让陶罐复苏，并种植更多本土品种的葡萄。“别人的葡萄是不算数的，”他曾经这样说，“你没法把那叫作你的酒。你自己种植的葡萄才算数。”

其他酿酒人也听闻了他的这一使命，包括西部的拉梅兹·尼古拉泽。最后，这些志趣相投的酿酒人形成了一个酿酒人网络。意大利葡萄酒进口商、慢食组织成员卢卡·加尔加诺偶然喝到了陶罐葡萄酒，并将其带回了意大利。从此，这些格鲁吉亚人的小规模行动（被称为“我们的葡萄酒”）开始得到外界的认可。加尔加诺意识到，采施威利和尼古拉泽不仅保护了格鲁吉亚传统的核心，还代表了一种更古老或许也更纯粹的酿酒方式，而这种方式正在从世界上消失。

在格鲁吉亚的葡萄酒传统遭到破坏的同时，其他地方的葡萄酒酿酒方式也正在彻底改变。直到20世纪50年代，欧洲的大部分葡萄园都还是小规模的，靠工匠徒手劳作，种植大量本土品种的葡萄。

葡萄酒的质量依然深受自然影响——葡萄园的土壤和气候的变化是影响葡萄酒佳酿的主要决定因素。20世纪60年代，一切都开始改变。就在博洛格和其他科学家改造小麦和水稻的同时，随着食物系统越来越工业化，葡萄酒酿造也即将经历一场变革。

埃米耶·佩诺是这场葡萄酒革命中的一大关键人物。他在波尔多大学的葡萄酒酿造学院工作，是一位善于创造发明的科学家、酿酒师和教师。他想要提高法国葡萄酒的质量。在佩诺看来，酿酒的过程似乎太过顺其自然了；有太多葡萄酒既单薄又酸涩，还因为变质而有异味。他想用硬科学替代自然酿酒过程中不可预测的变化。他相信，这样一来，法国就可以酿造出更多品质更高的葡萄酒。他所提出的一些改进方法似乎是显而易见的：仅选择最好的葡萄，其他的都扔掉；选择更成熟的葡萄，因为其单宁更温和；更加注意卫生；扔掉那些肮脏的酒桶。另外，佩诺还将酒窖和实验室联系起来，引进了测试葡萄酒pH值、糖分和酒精度数的做法。这有助于酿酒师更好地掌控酿酒的过程；而在此之前，这一过程说得好听点是天性使然，说得不好听点就是一个谜。酿酒人在佩诺的指导下，以特定的参数作为目标进行酿造，使得法国葡萄酒变得更加稳定一致。他们还在选取和生产少数酵母菌株方面取得了进展，进一步降低了葡萄栽培的不确定性。在20世纪70年代末，多个因素叠加使得法国的葡萄酒出口量增长了10倍，产量超过了意大利、西班牙和葡萄牙的总和。如今佩诺被尊为现代葡萄酒酿造之父。虽然佩诺重视多样性，也认定好的红酒没有固定的配方，但是在波尔多的葡萄酒“佩诺化”之后，一种更为单一的酿酒方法传遍了全球。与此同时，对于真正上乘的葡萄酒应该是什么味道，全世界也开始越来越趋向于一种更广泛的共识。

鉴于佩诺的成功和法国葡萄酒出口量大增，有一批葡萄酒顾问（其中许多人都经过佩诺的教导）前往世界各地，分享波尔多酒业成功的秘诀。米歇尔·罗兰就是其中之一，他或许是最受欢迎的葡萄酒顾问。罗兰曾经在20世纪70年代初师从佩诺，并在20世纪80年代成为五大洲多个酒庄的顾问。罗兰和其他顾问令这些酒庄在市场上大获成功。而决定市场走向的则是更有影响力的酒评家，其中最著名的是美国加州的罗伯特·帕克，他满分为100分的评分制可以决定一支酒的命运。更高程度的酿酒技术控制、周游世界的顾问和影响力深远的酒评家，这些因素相加在一起，创造出了全球偏好的葡萄酒风格。例如，红酒因此变得更浓郁、更成熟、橡木味更浓、酒精浓度更高。帕克否认自己偏爱某一种风格；而罗兰也说过，好的葡萄酒没有固定的配方。但是，很多葡萄酒专家并不这样认为。

酒瓶上标签的改变也推动了主流风格的兴起。当时，葡萄酒都是按区域标识的，如勃艮第、巴罗洛、里奥哈等。然而，从20世纪60年代开始，标签开始越来越多地介绍葡萄品种（起初是赤霞珠、霞多丽和墨尔乐）。这一趋势最早始于新世界葡萄酒业，由一位名为弗兰克·斯库诺弗的葡萄酒商人发起。不过，后来，在美国加州酿酒师罗伯特·蒙大维（蒙大维的葡萄酒位列全球销量前五名）颇有创意的营销之下，该趋势成为世界主流。这一策略的目标是让葡萄酒更容易为消费者所接受，几个葡萄品种也因此成了超级巨星（在赤霞珠、霞多丽和墨尔乐的基础上，还增加了白诗南、黑皮诺、雷司令、长相思、赛美蓉和西拉)。

世界各地数千名酿酒师都希望获得同样的成功，他们在自己的葡萄园里重新种下了这些明星品种。波尔多的长相思和墨尔乐畅销全球。从阿根廷到澳大利亚的葡萄园(许多都有数百年的历史了)都重新种植起更流行的品种。20世纪70年代，意大利本土葡萄品种的数量削减了一半，而葡萄牙的杜罗地区则让我们清晰地认识到这种损失的后果。一直以来，这里的葡萄园种植的都是各种不同品种的本土葡萄(有些葡萄园种植的品种超过百种)，而这种方法则被称为“田间混酿”。正如种植着各种地方品种小麦的田地会为农民提供抵御风险的保障一样，田间混酿也能防御灾难，如果这一季有些葡萄藤没长好，还会有其他长得好的葡萄藤。然而，在20世纪70年代，杜罗地区决定只聚焦于5个主要的品种，以在国际市场上获取更大的份额，而国际市场本身也正在经历重大改变。

通过新的运输方式，更多的葡萄酒得以运往世界各地。数万升的葡萄酒被泵入巨型储藏集装箱，再转到货船上；可折叠塑料液囊(往往被称为“液袋”)的问世，意味着一个货仓可以容纳相当于3万瓶的葡萄酒。只需几千美元，工业化生产的葡萄酒就能跨越大洲，并在目的地装瓶、贴标。最终，这些葡萄酒都摆放在超市日益扩张的货架上。以大众市场为目标的酿酒商也追随新的主流风格和味道。因此，帕克效应就波及了全球。

通过科学技术的使用，无论葡萄园里是什么情况，所有的葡萄酒都能仿效高分酒的风格。色素、甜味剂、酶和单宁粉末都成了酿酒商的工具，助力改变葡萄酒的外观和口感。其他创新技术，如纳滤、微滤、超滤和反渗透，则可以过滤掉葡萄酒中最微小的颗粒，令其清澈发光；还有微氧技术，它可以消除任何被视为不易为人接受的味道。如果这些大众化的葡萄酒最初还与产地有关，那么等到装瓶时，它们就已经与产地毫无关联了。不过，每个作用力都会引起一个反作用力。在法国，酿酒方式的科技化引发了一场抵制运动。

博若莱酿酒师、化学家和著名的发酵专家朱尔斯·肖韦就参与了这场运动。肖韦认定，葡萄园是一个复杂的生态系统，其中生存着一种被葡萄酒业大大低估的物种——在葡萄表面及其四周的多种野生酵母菌种群。他拒不接受只有商品化的酵母才能酿造出上好的葡萄酒这样的观点。他还认为，应该避免在酿造过程中加入大量亚硫酸盐，因为这样会杀害酿酒人应当扶持的微生物。肖韦的做法并非听之任之。和使用生鲜牛奶的传统奶酪匠人一样，他相信天然的方法也需要高超的技巧和坚实的科学基础。就葡萄酒而言，这种天然方法始于葡萄园。他的理论是，不使用杀虫剂的、强健的葡萄可以培养出理想的酵母菌种群，从而创造出上佳的葡萄酒。在酿酒过程中，制作方法必须是缓慢、温和而缜密的，以此避免交叉感染，并保存从葡萄园继承来的微生物。如果说埃米耶·佩诺是现代葡萄酒酿造之父，那么肖韦则是自然葡萄酒之父。他的观点激发了世界上所有葡萄酒区的酿酒人。

2020年，颇具影响力的法国国家原产地命名研究院（INAO，负责管理法国酒的名称）公布了自然葡萄酒的官方定义。例如，这一标准提出，葡萄必须是手工采摘，而酵母必须来自葡萄园或酿酒厂的自然环境之中。“自然法葡萄酒”（Vin Méthode Nature）的定义是由使用自然方法的酿酒师们自己提出的。随着他们的葡萄酒打开市场，大型酒厂也跟风标榜自己的产品是“自然”的。

格鲁吉亚陶罐葡萄酒的振兴者拉梅兹·尼古拉泽和索利科·采施威利，以及其他志同道合的人，在并未意识到自己已是这项全球性运动中一员的情况下，成为自然酿酒的榜样。正因为他们有独特的历史——从古时遗留的传统到20世纪留下的空缺——这些格鲁吉亚酿酒师明白葡萄酒曾经是什么样子，将来还可能是什么样子。

多年来，两种酿酒方式——常规的和自然的——之间的巨大差距在葡萄酒界造成了极大的分歧。评论家称，这些自然的葡萄酒喝起来像是“有瑕疵的苹果酒”或“腐烂的雪利酒”，抑或是“一股呛人的、难喝的酸水，让你直想哭”。更糟糕的是，自然酒运动还被绑定在一起，冠以“无定义的诈骗”的标签。这完全没抓住重点。对于葡萄酒爱好者和其他人来说，自然酒运动提出了许多我们在这本书中想要探讨的重大问题：我们的食物和饮品变成了什么样子？不同的种植系统对于地球有什么样的影响？多样性为何重要？单一性是如何扩散的？

在格鲁吉亚，所有的葡萄酒都会出现在盛宴中。格鲁吉亚人聚集一堂，共同享受美酒、佳肴和音乐。约翰·斯坦贝克在战后游历苏联时，几乎将格鲁吉亚人描绘成超人类，他们的举手投足都显示出如此的天赋，充满不可磨灭的独立精神。他认定，在吃、喝、唱和跳的方面，格鲁吉亚人胜出其他所有民族。我在参加了盛宴后，非常认同他的说法。在盛宴上，有大量的食物（卡里饺子和红豆馅饼）、传统的杂技舞蹈（不是由我来表演）以及和弦歌曲。曲子里充满低沉的嗡嗡声，震颤着整个房间；而与此同时，葡萄酒壶在桌边传来传去。坐在桌子首座指挥一切的是我们的宴会主持人（tamada），他的职责就是将吃喝上升为几近神圣之事。此人名叫卢阿尔萨布·托格尼泽，是个胡子拉碴的大高个儿。他手拿一大壶酒，开始向整个屋子里的人敬酒时，大家都安静了下来。“为了爱，爱永远不会过时，爱永远不会衰老。我希望大家都为爱的所有意义干杯。没有爱的每一秒都是浪费。有了葡萄酒、食物和音乐，我们就能自由地表达爱。”他将琥珀色的液体倒进大家的杯子里，又高声说：“为了爱。为了无尽的、无条件的爱！”每次倒酒或是一首歌结束的时候，托格尼泽就会再来一段充满诗意的敬酒词。这些敬酒词短则两分钟，长则十分钟，谈及的都是人生中最重大的主题：死亡、战争、爱、美、历史、传统和葡萄酒。

托格尼泽第一次敬酒是在9岁的时候。他告诉我，好的宴会主持人的职责之一就是提醒大家，葡萄酒并不是普通的饮品。“格鲁吉亚的过去充斥着悲剧，太多侵略，太多战争。人们把每一天都当作最后一天来过，他们学会了歌颂，欣然接受生活，发现它的美……并珍惜所拥有的一切。这包括葡萄酒，它是神圣的。”托格尼泽收集了一系列喝酒容器，包括精致的木杯，以及用宝石和号角制成的、镶着银的无柄高脚杯。在盛宴上，喝最后一轮酒时，我们使用的是最朴素、最不起眼的容器——距今3000年的陶土杯子。当我的嘴唇触及杯沿，我便想象着那些举起过此杯的前人曾用格鲁吉亚葡萄酒祝酒。“来敬我们的传统吧，”托格尼泽说，“这些传统成就了今天的我们。祝胜利！”

28 兰比克酸啤酒

比利时，帕约滕兰

拯救濒危食物或饮品的斗争往往要归功于几位英雄人物，他们愿意不惜生命代价为之奋斗。“啤酒猎人”迈克尔·杰克逊[1]就是这样一位英雄。他是第一个以对待新闻报道的缜密态度来挖掘世界多元啤酒文化的人。这位报纸记者深信啤酒（就像任何用心制作的食物一样）应当得到尊重。葡萄酒能得到酒评家的关注，为何啤酒就不能？杰克逊致力于通过自己的文字纠正这一谬误。他意识到，从风味微妙的英国桶装啤酒到黑啤、波罗的海波特和芳香的芬兰节日啤酒，每种啤酒都各有历史，各有其复杂的生产工艺和独特的配料。然而，当他在20世纪70至80年代游历欧洲，品尝并记录啤酒时，他感受到了一种紧迫感：他发现自己正在见证一个灭绝的过程。具有数百年历史、曾是社会生活重要组成部分的啤酒厂正逐渐倒闭，那些独一无二的啤酒正在消失。

杰克逊的书和电视节目都沉醉于啤酒酿造世界的多样性与稀奇古怪，仿佛是送给柏林白啤酒和波希米亚皮尔森啤酒的情书。然而，

1 迈克尔·杰克逊，全名迈克尔·詹姆斯·杰克逊，英国啤酒学者，著有《啤酒世界指南》等。他主持的电视节目“啤酒猎人”被拍成了电影，在15个国家和地区上映，“啤酒猎人”的称号也由此而来。

他觉得最有意思也最情有独钟的则是比利时啤酒。杰克逊认为，在比利时，人们可以品尝到种类最多的啤酒：有些用水果酿造，有些添加了香料调味，有农庄啤酒，还有修道院啤酒。人们为每一种啤酒都配上了不同形状的玻璃杯。它们之中有很多不仅像葡萄酒一样摆放，就连看起来、尝起来也像葡萄酒。

比利时那深沉而绵延不绝的啤酒酿造史使它成为啤酒的“多样性中心”。它是啤酒酿造的“母舰”，在这里能找到一大批迷人的风格和口味。啤酒酿造的历史如此久远，正如一种作物在某个地方生长了千百年一样，它已经能够适应当地环境并差异化发展。啤酒酿造在比利时文化中根深蒂固，直到20世纪70年代，学校里的孩子们还一直会饮用低酒精度数的“餐桌啤酒”。在这个人口仅为1000万的小国家，每个行政区都有极其当地化的啤酒酿造亚文化，每个小村庄和城镇都有其对啤酒的理解。杰克逊于2007年逝世。他在书和文章中解释了一系列几乎是杂乱无章的技巧和配料，并绘制了一张风格地图。在比利时丰富多彩的啤酒品种之中，最令他着迷的是来自布鲁塞尔西南部农业地区帕约滕兰的兰比克啤酒。他将这些啤酒描绘成“谷物的香槟”和“比利时的勃艮第葡萄酒”。杰克逊在其著作《啤酒伴侣》中写道：“喝上兰比克，就等于品尝到了世界上最复杂的饮品之一，也等于品味了半个世纪前的生活。迄今为止，没有任何其他商业化酿制的啤酒有如此悠久的历史。它的生产过程也几乎丝毫未变。”

这些啤酒之所以如此激动人心，是因为虽然每一桶酒都需要酿酒人历时好几年、一丝不苟的努力，但是自然仍在酿造的过程中扮演了重要的角色。因此，在酿酒人看来，酿造这种啤酒要靠运气。

兰比克的酿制展现了啤酒更为狂野的一面。正如大多数独特的奶酪一样，空气中散布的酵母和菌种都会在最后的成品中有所体现——倒不是说你一口就能品出这种啤酒的原始特性。和所有啤酒一样，酿造兰比克的第一个步骤是将谷物泡煮成汤，通常是大麦（烘烤发芽的谷粒，以阻止其进一步发芽，而此时谷粒中会产生更多可发酵糖，酵母便将这些糖分转化为酒精）。之后，便将这些谷物碾磨成粗粉，并用热水浸泡（这一过程被称为“糖化”）。搅拌这些浸泡得来的麦芽浆，谷粒便会释放出天然的糖分，使液体变甜，并将其变成麦芽汁。麦芽汁会被装入一只大型铜制容器（铜壶）中，煮上好几个小时。大约在1000年前，有些酿酒人会在这个节点往麦芽汁里添加干花，它们是从蛇麻[1]上采集来的。这些花富含苦味化合物，不仅能调味，还是一种防腐剂。一般来说，这些就是世界上大多数啤酒酿造人最初所依循的步骤。帕约滕兰的兰比克啤酒酿造人也会这么做，但有两处有所不同。首先，他们会将小麦添加到粗粉之中。这样做会使最终酿出的啤酒有一种解渴的酸味。另外，大多数酿酒人都会寻求最新鲜、香味最浓的蛇麻（这样就能以其苦平衡麦芽汁的甜），但在帕约滕兰，兰比克酿酒人用的却是三年陈的蛇麻，这些花已经彻底脱水，失却了香气和味道。兰比克酿酒人使用这些干花，纯粹是发挥其防腐功能。

然而，兰比克啤酒与其他啤酒最大的区别在于关键的发酵阶段，这时酿酒人通常会往麦芽汁里添加（按照他们的说法是“投放”）酵

---

1 蛇麻，一种爬藤植物，因其花序可以用于酿造啤酒，因此又称作啤酒花。

母。和奶酪的发酵剂一样，这些酵母如今几乎都是在实验室条件下培养出来的若干特定品种。想要创造出一种特定风格的啤酒，酿酒人就需要某种特定的微生物来主导发酵过程。随着这种酵母消化麦芽汁中的糖分，浓烈的乙醇和二氧化碳（产生气泡）就被释放了出来。然而，被选中的酵母也将决定啤酒最终的味道，以及这种啤酒会是麦芽啤酒（ale，又称艾尔啤酒）还是淡啤酒（lager，又称拉格啤酒）。兰比克酿酒人选择放弃控制发酵过程，而是将麦芽汁倒进酿酒厂的一只大型金属容器中，完全不投放酵母。这只冷却盘看起来像是超大的金属戏水池。麦芽汁在此冷却，并被暴露在神秘的微生物世界之中。看不见的天然酵母在空气中飘荡，在酿酒厂的一切事物表面生长。特制的百叶窗可以使空气流通，让更多的天然酵母和微生物在麦芽汁里安顿下来，由此引发一种令大多数啤酒酿造人都会感到害怕的自然发酵。天然酵母通常被视为有害物，会引起不可测的麻烦，制造混乱并引发变质。然而，一代又一代的兰比克酿酒人找到了与这些微生物和谐共处的方法，对它们（稍稍）施加控制并予以驯服（到一定程度）。

这种酿造方法的一大特点是季节性非常强——只能在一年之中较凉爽的月份进行，因为只有在较低的温度下，有益的微生物才会占上风，有害的病菌则会蛰伏起来。麦芽汁在冷却盘中放置一晚以后，就可以倒入木桶中。英国木桶麦芽啤酒大概要在熟成容器中发酵一周左右，德国淡啤酒可能要发酵两个月，而兰比克啤酒则需要在木桶中发酵三年。在这段时间里，一批又一批的酵母和细菌对麦芽汁中的糖分施展各自的本领，让啤酒的味道越来越复杂。部分啤酒会被直接从木桶中倒出装瓶，但多数都要经过调和。兰比克酿酒人就像是手里有一整套颜料的艺术家，从不同的木桶中挑选出若干支啤酒进行调和，以缔造出某种和谐。将不同年份和特性的兰比克啤酒混搭，就可以制作出贵兹啤酒。最终成品完全取决于调酒人的味觉冲动。如果你不愿意在喝啤酒上冒险，就不适合喝这种酒。经历了一代代酿酒人，这种酿酒方法才得以完善。有些酿酒人积累了多年经验才学会如何调和它，而喝酒的人或许要花上毕生的时间才能学会如何欣赏它。兰比克啤酒的狂野特性涵盖了所有风味，从酸柠檬的醒神，到蜂蜜中花卉的甜美。一杯啤酒可以带有香料的辛辣和黑巧克力的苦涩。没有其他啤酒能如此有趣，或带来如此多的创意："旧书店""马毯"和"烟草袋子"不过是对兰比克啤酒的三种描述。这些啤酒很神秘，难以名状——不仅仅是其味道，还有其历史。兰比克的大部分起源仍是个谜，无法确定。不过，线索还是有一些的。

勃鲁盖尔[1]在其1565年的杰作《收割者》中，描绘了一群比利时农工在炎热、干旱的一天，在麦田里休息的情景。他们躺在树荫下，切着面包，端着碗吃饭，并用黏土壶喝酒。一些热爱啤酒的艺术史学家（或是热爱艺术的啤酒爱好者）认为，这些壶里装的就是兰比克啤酒。他们的推理相当合理。在当时的帕约滕兰，酿造兰比克啤酒应该是季节性农务的一部分。这个地区介于登德尔河和塞纳河之间，地势是平缓起伏的丘陵。在这里，随着夏季更迭到秋季，大麦和小麦得到收割，

1 勃鲁盖尔，荷兰画家。

发酵的最佳条件也即将来临：温度不会高到令酿酒过程轻易失控，也不至于冷到让微生物群几乎休眠。在这个节点上，农民们会暂时变成酿酒人，生产一种既安全又易于储藏的清爽饮品（即使是在数月乃至数年之后，坐在树下歇息的农工也能喝上它）。

这种乡村啤酒最初始于农作，是在收成后酿制的，后逐渐为附近布鲁塞尔的城里人所接纳。16世纪末的税单记录了一种具有兰比克特性的啤酒在城市周围交易流转。随着布鲁塞尔的发展壮大，新开的精酿啤酒吧开始供应帕约滕兰各地数百个农庄所酿造的啤酒。很快，一种新的职业应运而生：调酒师。他们既擅长买入最受欢迎的兰比克啤酒，又善于将这些啤酒调和成独特的饮品。这些供应独特混饮的啤酒吧更类似于私人会客厅，而非酒吧。

最终，大部分酿造厂都搬到了城市。因此，在19世纪末，布鲁塞尔市中心和郊外各有数百名兰比克酿酒人。然而，不到一个世纪之后，兰比克啤酒就几乎消失了。在两次世界大战中，燃料、木材和人力都集中投入到前线，冷却盘和酿酒壶都作为金属器被征用，迫使一些兰比克酿酒厂关闭。战后，食品和农业方面的更广泛的改变又迫使剩余的酿酒厂逐一歇业。马歇尔计划[1]推动的战后经济复苏使得比利时从美国大量进口食品，彻底改变了人们的饮食和口味，并使得兰比克酸啤酒与可口可乐直接抗衡。“绿色革命”带来了新的

1 马歇尔计划，官方名称为“欧洲复兴计划”，是第二次世界大战结束后，美国对被战争破坏的西欧各国进行经济援助、协助重建的计划，对欧洲国家的发展和世界政治格局产生了深远的影响。——编者注

小麦、大麦品种，酿酒人使用了几个世纪的原料也发生了改变。后来，又有一种新的时尚开始席卷欧洲，它始于20世纪60年代，并在20世纪70年代蔚然成风——对皮尔森拉格啤酒的喜爱。这一饮料界的新星很快就使迈克尔·杰克逊所钟爱的多种啤酒边缘化。

清澈的金黄色皮尔森啤酒诞生于工业时代的欧洲，并最早于19世纪40年代在波希米亚的比尔森市得到完善。比尔森市靠近德国边境，是当时重要的贸易中心。这种清亮而充满泡沫的饮品引起了巨大的反响（此前，大多数拉格啤酒的色泽都很暗淡）。皮尔森啤酒也有幸在一场啤酒酿造的科学革命中得到发展，逐渐成为如今世界上最主流的啤酒风格。易于长期保存是拉格啤酒畅销的原因之一。拉格啤酒原本就比别的啤酒储藏期更久[1]，而冷藏技术又进一步延长了皮尔森啤酒的保质期。后来，在19世纪70年代，正如前文提到的，路易斯·巴斯德成功分离了酵母菌株。酿酒人从此便能更好地控制“异味”。另外，因为皮尔森啤酒的口味更细腻（不像艾尔啤酒那样粗犷），这种更清爽的新口味使它更受欢迎。它的兴起正值玻璃器皿的价格变得越来越亲民；这种看起来漂亮而清澈的金色啤酒肯定让当时的许多啤酒爱好者倾心不已。新的铁路网络将这种新兴的啤酒风格带到了四面八方。20世纪的技术进步缩短了酿造拉格啤酒所需的时间，在短短几周之内就能将谷物制成杯中酒。虽然比利时有悠久的酿造历史，且啤酒风格百花齐放，但也不得不屈服于征服了全欧洲的拉格啤酒。到20世纪80年代，比利时有四分之三的啤酒都是

1 拉格，英文名为lager，而lagern在德语中意为“储藏”。

拉格，而这其中大部分都出自一家啤酒酿造厂——英特布鲁。如今，皮尔森啤酒占全球啤酒总销量的95%。

对于所剩无几的兰比克酿酒人来说，拉格啤酒和规模越来越大的酿酒厂带来的打击几乎是致命的。三位年轻的美国啤酒热爱者建立了一个网络项目"lambic.info"，里面列举了在20世纪关闭的兰比克酿酒厂。其中就包括Bécasse-Steppe，这是一家开设于1877年的啤酒吧，后来发展成了啤酒酿造及混合的传奇之家，却在20世纪70年代遭到收购，并在20世纪90年代并入英特布鲁。此外，还有De Neve，它于1792年开设于布鲁塞尔西部，先是在20世纪70年代遭到竞争对手的收购，又在20世纪90年代为英特布鲁所接管，其建筑后来也被改建成了豪华公寓。Désiré Lamot成立于1837年，在1885年的世界博览会上展示了兰比克啤酒，于1991年关闭。名单上有类似故事的酿酒厂还有320家。当这些酿酒厂消失时，数百种不可替代的啤酒和混酿也随之消失，无人得以品尝。20世纪90年代中期，帕约滕兰只剩下10家兰比克酿酒厂，而布鲁塞尔则仅余一家——坎蒂隆。迈克尔·杰克逊在20世纪90年代初形容这家酿酒厂"更像是一个车库，内部装潢既像是体验式博物馆，又像是酿酒厂"。当时，里头的木横梁已经风化，铺着石头地板，黑暗的空间里装满了铜器，布满灰尘的陈列室里摆放着装有飞轮的蒸汽机和一排排装满了啤酒的结实木桶。当我追随杰克逊30年前的脚步，走进坎蒂隆时，唯一的区别是酿酒厂的拥有人从范·罗伊家族第4代变成了第5代——这个家族拥有这家酿酒厂已长达200年。

我的向导是坎蒂隆内部史学家阿尔贝托·卡多佐，一位语速很快的兰比克布道者。我们爬上酿酒厂顶部嘎吱作响的三层楼梯，来到一个让人感到幽闭恐怖的阁楼里。那里的天花板很低，地板完全为冷却盘所占据。这个长方形的容器约有网球场的四分之一那么大，边缘及膝高。“这间屋子里的一切都要遵从自然，”卡多佐说，“每一天，自然都带给我们不同的东西。”这是整栋楼温度最低的地方，因此，当滚烫的麦芽汁通过铜壶转入冷却盘里时，麦芽汁散发的蒸汽会将这里变成啤酒桑拿屋。木板墙壁、横梁、天花板，我们周围的一切都尽可能地任其自然，这样酿酒厂里的微生物群就不会受到干扰和被破坏。工人在清洁酿酒厂时，不会使用任何化学品，也不会扫除蜘蛛（它们能防止那些携带了非有益微生物的昆虫入侵）。在安装新屋顶时，旧屋顶上积满灰尘的瓦片会被装到新屋顶上，这都是为了保护酿酒厂里的酵母。

在阁楼之下的那几层，数百只木桶排成了行。有些木桶已有上百年的历史了，但这些都是坎蒂隆独特的微生物群的居住地。在这些木桶里，野生酵母菌株与乳酸菌一起精心策划着发酵的魔法。其中，最主要的酵母株系是“酒香酵母”（Brettanomyces，意为“英国真菌”），它的名字之所以取意“英国真菌”，是因为在19世纪，人们在英国酿酒厂里发现它会散发出一种难闻而“奇怪的”味道，并将其视为祸害。在酿造兰比克的野生微生物群中，酒香酵母因带来了剧烈而尖锐的柠檬酸味而深受欢迎。

在坎蒂隆，调和的艺术也得以实践和保护。这家酿酒厂的现任总酿酒师让-皮埃尔·范·罗伊在品鉴了数百只木桶中的发酵液体后，创造出了一种具有“坎蒂隆风格”的啤酒。“自然的结果是这样的，”卡多佐说，“而让-皮埃尔则创造出了另一样东西。”仍在发酵的啤酒为那些较为温和的三年陈啤酒加入了能量和气泡；继承了微妙风味的成熟啤酒便具备了更不羁、酸味更浓的特性。它所带来的不仅是一种濒危的啤酒，还是一种濒危的风味。“糖和甜味一度是罕有的奢侈品，如今却司空见惯。”卡多佐说，“我们的啤酒让人们想起那些更为复杂的味道：酸和苦。”

在布鲁塞尔以西的帕约滕兰，尚有几家幸存的兰比克酿酒厂，经营到第4代的家族农庄酿造厂吉拉尔丁便是其中之一。神秘的保罗·吉拉尔丁负责经营这家酿造厂及其所在的农庄。饮品作家蒂姆·韦伯在其著作《比利时啤酒指南》中写道：“（吉拉尔丁）家族肯定非常清楚，世界各地的陌生人都对他们的啤酒相当重视，但他们依然保持低调，一如既往地做买卖，并只售卖给本地人。”那些有幸看到保罗·吉拉尔丁工作的人说，这种酒的美妙始于农场的小麦和大麦。每当临近丰收时，他会到地里四下走走，摘些谷粒，并细嚼起来。他发现某块地的谷粒味道合意，就会把那块地的谷物划为当年酿酒的原料，并将其他谷物卖掉。我没能如愿造访这家酿造厂，只与吉拉尔丁的夫人海蒂简短地通了一次电话。就像在我之前问询过的、数百位好奇的爱好者一样，我被礼貌地告知不能造访酿酒厂。保罗太忙了，有很重要的工作要处理，而且他还有些害羞。不过，帕约滕兰有一家很小的酒吧，在那里肯定能买到吉拉尔丁的兰比克啤酒（以及其他罕见的啤酒）。这家常年不变的传统啤酒吧位于埃森林根小镇，名叫“In de Verzekering tegen de Grote dorst”。

这串长长的名字是佛兰芒语，意为“保证解渴”。在20世纪90

年代，这家啤酒吧的女店主退休后准备将其关闭，而库尔特·潘尼尔斯拯救了它，并成了现任店主。如今，他与家人住在酒吧楼上，而在其地道般的地窖里，则收藏着一系列最为罕见的比利时兰比克酸啤。在酒吧一楼，壁炉台上方那座20世纪30年代的时钟让人觉得时间好像停止了。在这里，你可以感受到比利时啤酒吧的历史：多数都是由妇女在自家开设的、小而私密的空间。这些啤酒吧成了比利时社会的交会点，各色人等——富有的、贫穷的，年轻的、年长的——都在这里汇聚一堂。

平时，潘尼尔斯从事着建筑师的工作，但每个星期天，他都会在早上10点到晚上8点开放啤酒吧。另外，他也会在村里有人举行丧礼时专门开放啤酒吧。这是世界上最伟大的啤酒吧之一。日本、美国和欧洲各地的游客都会来这里喝酒。“他们来的时候互不相识，”潘尼尔斯说，“但最后都会喝到一起，分享各种各样的兰比克。”在20世纪，兰比克的处境非常艰险，一度濒临消失，但在21世纪，却因为一群忠实爱好者的热忱而得到了拯救。很多人表示，“啤酒猎人”迈克尔·杰克逊的著作和电视节目带领他们走进了这个引人入胜的世界。如今，坎蒂隆自设了啤酒吧，这里挤满了来自世界各地的精酿啤酒爱好者，他们一边喝着兰比克啤酒，一边等待着跟随导游（可讲三种语言）参观酿酒厂。或许，他们会在这种狂野、热烈的啤酒中找到如今其他饮品已失却的东西：抵抗的味道、对不墨守成规的支持，以及尝试新口味的机会。正如杰克逊所言，兰比克让人品味到了“500年前的生活”。

29 梨酒

英国，三郡

如果说兰比克啤酒是比利时的勃艮第葡萄酒，那么梨酒就是英国的香槟酒。它与苹果酒非常类似，是又一种原本濒临消失的饮品，靠一小部分人的知识和执着才得以留存下来。就像拉梅兹·尼古拉泽的陶罐葡萄酒一样，梨酒的故事不仅关乎其制作方法和技艺，还与古老的地域、顽强的树木和罕见的水果息息相关。如果我们失去了这种饮品，不仅会失去一种快乐的源泉，还会进一步损失这个世界的生物多样性。

佩里梨[1]比普通的梨更加难以预测。它们大多又小又硬、不可食用，但也有一些是软而多汁、易于分解的。就像苹果一样，它最早诞生于哈萨克斯坦的天山山坡，最终由罗马人带到英国。种植这种梨的农民一定要富有耐心且高瞻远瞩，因为种植这种果子从头到尾都令人非常恼火。首先，它们长得非常慢。17世纪有一条谚语："前人种梨，后人享受。"这句话适用于所有种类的梨，特别是佩里梨。一棵佩里梨树要经历整整一代人，才能有好的收成。其次，这种树往往是一年结果，下一年（甚至是之后两年）不结果。结果的时候，果子的成熟期很短；如果不及时采摘，它们就会开始从内而外地软

1 原文perry，既是佩里梨的名称，也指用佩里梨酿制的酒。

化。即使将果子榨成汁，也还是不太平；那甜美清澈的果汁很不稳定，极其容易变质。相比之下，将苹果做成苹果酒就很直截了当，因为就像酿葡萄酒那样，天然存在于水果皮上的酵母可以轻松地将糖分转化为酒精。然而，制作梨酒则需要付出更多的精力。这也就解释了那句谚语："苹果酒是冷酷无情的男主人，而梨酒则是美丽多变的女主人。"

对于少数足够勇敢面对这些挑战的人来说，其回报或许相当趣味横生。一支好的梨酒比葡萄酒更轻盈，比苹果酒更优雅，它呈蜂蜜般的金黄色，带着潮湿的秋日森林或老派的糖果店里那种郁郁葱葱的、麝香的味道。只消一小口，你的嘴里就满是果园中成熟果实甜中带苦的味道，带有些许柠檬糖的酸味、极干茶叶的单宁和棉花糖的甜味，并伴随着一串微小的泡沫——那是初次发酵留下的。在乔治时代的英国，梨酒是一种尊贵的饮品。位于英国西部的梨酒厂开创了气泡的先河，后来香槟的葡萄种植者学习了这种技术，他们在此基础上发明了带气泡的葡萄酒，并以该区域的名字命名。

就像香槟一样，梨酒可以捕捉一个地方的精华：伍斯特郡、格洛斯特郡和赫里福德郡这三个郡，曾经拥有全球最大、最多样化的果园。在这里，就在梨酒最鼎盛的18世纪和19世纪，最优质的佩里梨长在硕大的梨树上，富有经验的梨酒酿造人可以充分发挥他们的技能，酿出好酒。如今，只剩下极少数酿酒人还在遵循这样的传统。汤姆·奥利弗堪称其中最出色的（当然也是最顽强的）酿酒人之一。

在工作方面，奥利弗将大部分精力都投入到了他钟爱的两项事业上。作为音乐制作人，他是乐队普罗克莱门兄弟的巡演经理人。他跟着乐队到世界各地演出，负责混音。没有巡回演出时，他就在自己位于赫里福德郡的农场生活和工作，酿制苹果酒和梨酒，混合各种风味。我拜访他时正值9月末，刚刚进入秋季。奥利弗邀请我跟他一起采集果子，并（如果能找到足够多果子的话）酿制梨酒。我很走运，其中一棵罕见的佩里梨树“考比”（Coppy）沉寂数年后结出了果实。“这棵树非常稀罕，可以看作是一个活生生的纪念碑。”他说，“懂行的人知道，它和巨石阵或金字塔一样重要。”为了找到它，我们驱车来到一个废弃的果园，奥利弗隐瞒了果园的具体位置。在赫里福德郡的乡村，所有的农民都曾拥有一个果园，或者至少有一丛苹果树，甚至还可能有两三棵佩里梨树，用于自酿苹果酒和梨酒。到了20世纪70年代，随着梨酒不再流行，以及苹果酒的酿造越来越工业化，这里的大多数果园都关闭了。因此，有好几年，奥利弗一有空就跑到乡下，在田里转悠，拜访农家并勘查废弃的果园，以期有幸寻到宝。2010年，就在我们当天去的那座果园里，他有了“千载难逢的发现”。在19世纪末，那里原本有12英亩的考比树。20世纪中叶，随着英国人不再钟情于梨酒，这大片的考比树就只剩下这么一棵，三郡范围内的数千棵佩里梨树也一并消失了。玉米、土豆和草莓更有利可图，因此这些高大的梨树都被砍伐一空。在梨酒酿造界，考比树几乎是一种神话般的存在（每当有人讲起相关传说，用考比树结的梨酿制的酒无疑就变得更好喝了）。我从远处就看到了这最后一棵考比树，它硕大无比，高和宽都达到了60英尺。走近一看，才发现树底下仿佛铺着一条红黄相间的佩里梨地毯。树枝上挂着数千个红色的、七叶树果那般大小的佩里梨。“想象一下，所有这些果实累积的重量。”奥利弗一边说，一边看着这棵250岁的老树上一串串的梨。“唯一能让这棵树消亡的就是它本身。如果哪一年，它结出太多果子，就可能会倒下。”

我们开始拾地上的果子。果子从树枝上掉下来，就说明它们已经足够成熟，可以用于酿造梨酒了。在树下，我们能闻到一股甜美的、令人迷醉的味道，像是烧焦的糖和浓烈的乙醇。“那是软化。”奥利佛解释道，梨中的糖分已经开始分解。他又说，软化是好事，腐烂是坏事，而我们赶上了最佳时机。就在我们采集果子的当儿，树上还不断有更多成熟的梨子掉落下来，鸟鸣声环绕着我们。那是一个朝露闪烁的早晨，那些梨子都闪着光。即使是艺术家，可能也难以捕捉这所有的色彩和明暗。在采集了5桶梨后，我感到后背有点儿疼。“别担心，”奥利弗说，“你的付出会得到回报。”

如果你不那么明智，咬了一口佩里梨，很有可能先尝到一阵甜，接着是极其苦涩的酸和干涩的单宁，仿佛你的嘴里彻底脱水了似的，“有点像咀嚼茶包的味道”，奥利弗这样描述那种感觉。然而，熟手则能让这种水果产生全然不同的效果。考比或许是佩里梨中的明星，但还有一批相当有意思的配角——其他品种的梨（也都是濒危的品种），而它们都有令人迷醉的名字。其中就有阿灵厄姆之瓜（Arlingham Squash），它呈泪珠状，柄梢微微凸出。和考比一样，偶然发现的一棵树拯救了这个品种。还有布莱克尼红（Blakeney Red），它一度非常多产，其果汁被用来为第一次世界大战中使用的军装染色。棕色贝斯（Brown Bess）则粗糙坚韧，是佩里梨中少有的、含有足够糖分而可以用来烹饪的品种。塞文河两岸曾经种满了绿滚轴（Green Roller）果树，其果实看起来像是微缩的康弗伦斯梨（Conference pears）。如今，只有一小批绿滚轴树存活了下来。福尔摩莱西（Holme Lacy）最先发现于威河岸边的一家教堂附近，该品种单棵年产量一度达到5吨，打破了纪录。如今，那棵树就只剩下一簇有根的枝干。佩里梨的其他品种则以其发酵果汁对饮用者的影响而命名（比如"快乐双腿"和"糊涂脑袋"）。

其中一些品种年代久远，早在中世纪就被用于酿造梨酒，并出现在有关梨和梨酒的最早的书面记录之中。14世纪的诗歌《农夫皮尔斯》中有这样一句话："把给劳工和穷人的梨酒……倒在一起。"而17世纪的一段记录则暗示了佩里梨的药用特性："滋阴补肾，长期食用能延年益寿。"园艺家拉尔夫·奥斯汀也写道，这种水果能酿出"绝不亚于法国葡萄酒的佳酿，让人心情舒畅、精神振奋"。梨酒不仅是劳苦大众的饮品，也为君王们所喜爱。当时，巴兰德梨（Barlard）是最受欢迎的佩里梨品种之一，它十分干涩，据说连猪都不愿意吃，但用它酿出来的酒却"强劲、浓烈，色彩艳丽"。

17世纪30年代，三郡的梨酒开始运往世界各地。人们用高效煤炉制造出厚实的玻璃瓶，使其足以承受发酵产生的压力。初次发酵在木桶之中进行，而二次发酵则在结实的玻璃瓶里，使用"传统方法"（后来被用于酿造香槟）产生传说中的气泡。18世纪70年代，英法战争也促进了梨酒的销量——从欧洲大陆进口的葡萄酒突然中断供应，人们便改喝梨酒。

不过，在20世纪，随着世界的加速发展，由于佩里梨生长缓慢且种植困难，梨酒不再受欢迎。苹果酒的生产规模易于扩大，但梨酒却不适合在工厂里酿造。在两次世界大战期间，农场工人都去参战了，劳动密集型的梨酒酿造就成了一种农民无暇顾及的奢求。到了20世纪70年代，大部分古老的佩里梨园都消失了，而大多数会酿梨酒的人也不见了。就是在那时，奥利弗与很多同龄人一样，突然离开了家族农场。他的祖父曾种下可以酿酒的梨树和苹果树，但在当时，种植果树似乎前景堪忧。他搬到了伦敦，在音乐界谋求发展，酿酒（及喝酒）成了他的业余爱好。不过，就在他遇到另一位业余酿酒人、剑桥讲师罗杰·弗伦奇时，这一切都改变了。弗伦奇是个古怪的“苹果酒爱好者”和梨酒酿造人，住在一位老苹果酒酿造人的农舍里。他在厨房下方挖出了一个酒窖，用来收藏自己的私酿。“那儿真是乱七八糟，”奥利弗回忆道，“罗杰不得不穿上雨靴才能下酒窖，因为那里通常有一英尺深的水。”他从地下酒窖里出来，双手握着酒瓶，它们看起来已经发霉了，瓶盖也生了锈，而且没有任何标签。弗伦奇打开瓶盖时，会有一阵气泡的滋滋声。奥利弗说：“那些酒改变了我的人生。”他一边小口品着那酒，一边想：“我就要酿这样的酒。”他说，那就像是找到了圣杯。“直至今日，我依然在搜寻那些味道。”20世纪90年代，奥利弗开垦出一片新的佩里梨园，并在赫里福德郡搜寻被遗忘的佩里梨树。

要酿制梨酒，首先得将梨子磨成糊状，再将梨糊浸泡24小时，让最苦涩的单宁变得柔和。其次，要挤压浸泡过的梨糊，榨出尽可能多的果汁，并存放在木桶中。第一波发酵发生在秋季，相当猛烈。但到了冬天气温下降时，发酵就停滞了。随着春季的到来，微生物苏醒过来，又一波发酵开始，酸爽、香浓的苹果酸会转化成更温和的乳酸。在整个过程中，奥利弗（与比利时兰比克酸啤的酿酒人一样）都会顺其自然，任由天然酵母和自然发酵发挥作用。“好的梨酒酿造是与酵母达成协议，然后靠边站，让自然发挥其威力。”他说，“这个过程就是这么简单，它也因此而令人害怕。当一切顺利时，它便势不可当；一旦出了差错，它就无药可救，难以下咽。”

在酿酒过程中发挥重要作用的一些酵母来自梨子本身，而其余酵母则来自从农田吹来的风，或是来自落在农庄石头、椽子的木头和木桶上的孢子。唯有等酵母将果汁中的糖分充分转化后，奥利弗才会介入，并开始混酒。他将混酒的过程描述为与桶酒的“对话”。发酵赋予每一桶酒独特的个性，而当奥利弗品尝它们的时候，就能体会出来。“一种梨酒可能会对我说，‘我没有进步空间了，你或许应该直接把我装瓶’；而我则会回答，‘你说的太对了，你很完美，无与伦比’。”他便不会去调和这些梨酒。然而，另一支梨酒或许会责备他，让他在果园或榨汁房再下点功夫，“它们会说，‘帮我解决一下问题，好么？’而另一些酒则会说，‘我就像普罗大众般沉闷而平凡，给我加把劲，让我有机会变成好酒’。”奥利弗会将这些酒混合起来，创造出特别的酒。当他华丽转身、与音乐家共事并处理各种声音时，他会调整低音、中音和高音的频率，创造出层次与和声。“这一点与梨酒一样，”他说，“装满梨酒的木桶就像是混音台。”对于奥利弗来说，成功的梨酒不在于其味道，而更在于它带来的感觉。

他说:“当它从桶中流出，我嘬上一口时，希望它可以让我有咀嚼的回味。好的梨酒耐嚼。”

我帮着把早上采集的考比梨榨成汁，顺带榨了好几袋其他品种的梨，那都是从奥利弗的果园里采摘来的。到了下午，我们榨的果汁就装满了两只木桶。一年后，当我回访时，我们坐下来喝了点此前一起酿的酒。“美好的梨的滋味,”奥利弗在我们喝酒时这样说,“就像是温和的、丝绒般的葡萄酒。”当一杯饮尽时，他又咂着嘴，笑着说:“好酒。耐嚼。”

梅　山

这也不是很久以前的事情：我们之中大多数人几乎都能随时随地都能喝到酒。不论我们身在何处，附近总会有啤酒酿造厂、烈酒生产商、葡萄酒酿造厂或是果园经营者，将周围环境的生物多样性灌进瓶子里。在帕约滕兰、伊梅列季和英国三郡，这种与环境之间的紧密关系依然（勉强）存在。然而，我们之中的大多数人都失去了这种关联。拯救地方与产品之间的关联成了查尔斯·马爹利的使命。

马爹利住在格洛斯特郡的迪莫克镇，与汤姆·奥利弗一郡之隔。20世纪70年代初，他曾参加英国广播公司一部关于濒危食物的电视节目《品味英国》。在节目中，马爹利正试图生产英国战后第一块真正意义上的农庄双格洛斯特奶酪。“我当时很年轻，满脑子都是梦想。”我们一起看档案影片时，他说，“他们来拍我，是因为那种奶酪正在消亡，而我却说，‘不，这不能成为一段墓志铭。我不能让这种事发生。’”事实上，制作奶酪并非他的目的。他真正想达成的是拯救一种奶牛——老格洛斯特牛。当时，这个品种只剩下9头公牛和70头母牛。马爹利在各地农村都会见到同样的黑白相间的荷斯坦牛。“几个世纪以来，许多地方都开发出了自己的品种，但这些品种正在消失。”格洛斯特郡是他的家乡，他觉得这个地方应该有自己的奶牛品种。“我不准备置若罔闻，任其消失。”他制作出了奶酪，并因此拯救了这个品种的牛。在这一过程中，他成了那一代农舍生产者中最重量级的人物。

后来，在2000年，他在名为佩里·克罗夫特的农场开辟出了一片果园。我曾在某年秋天拜访此地，那时树上满是棕红、金黄和红褐的树叶，枝干上沉甸甸地结满了小而圆的红色佩里梨。篱笆那边是他的老格洛斯特牛群，再隔几英里，还有一片小树林。那里就是梅山[1]——对于种植佩里梨的人来说，那就是宇宙的中心。传说只有在看得到那座小山的地方，佩里梨树才会茁壮成长。而马爹利就处在这一切的中央。他找到了自己在这个世界的归属感。然而，这并不是一件易事。

20世纪70年代初，他的农场经营陷入了困境，马爹利为了维持生计，便当上了卡车司机，将禽畜运到市集。他在农场间穿梭，大多数农场都在梅山的范围内，通常都能看到巨大的、壮丽的佩里梨树。他拜访的农民向他介绍了具体的品种。然而，随着岁月流逝，他在运货途中注意到这些树要么遭到砍伐，要么被人遗弃而杂草丛生。那时，佩里梨已经成了一段回忆，人们认为佩里梨树不值得养护。

---

1 原文May Hill，英国地名。——编者注

现在，马爹利正在为了这一物种的未来而种植梨树，并试图逆转其衰减。他从地上捡起一只佩里梨，金字塔形状的果实上有着深红色的斑点，一只梨只有高尔夫球那么大。这个品种以附近的村庄命名，人称“迪莫克红”（Dymock Red）。人们以为它已经灭绝了，而马爹利无法想象任由其消失，便采取了行动。他告诉妻子，自己要出门，不找到那种梨就不回家。他驱车来到一处农场，那里是20世纪50年代人们最后一次发现这个品种的农场，并以此为中心进行搜索。搜索圈画得越来越大，他找遍了圈内所有种着梨树的农场和花园。他花了两周时间（他承认，在此期间他确实回过家），最终重新发现了迪莫克红。如今，马爹利的花园里种着9棵这个品种的梨树。“我怀疑这些是世上仅存的迪莫克红了。”马爹利说，他的佩里梨果园有一个300年的计划。“为何是300年呢？”我问。“因为这样才合适。”他说。100年后，用于酿造苹果酒的苹果树将到达生命极限，它们便会被砍掉，而佩里梨树则会在接下来的两个世纪里取而代之。“这个品种的树长得如此之大，而梨酒如此高雅，与这个地方息息相关。它们属于这里。”

附近的谷仓里存放着数百个很重的瓶子，塞着瓶塞，但没有标签。这些都是20年前酿制的梨酒，马爹利会用它们来冲洗他制作的一种奶酪——“臭主教奶酪”（Stinking Bishop）。在谷仓边有一座烈酒酿造厂，里面有一架非常漂亮的、高高的梨形铜制蒸馏器。在这里，马爹利将他酿造的一部分梨酒变成一种白兰地烈酒。蒸馏器上方的木梁上悬挂着一个用绳子系着的小铃铛，而那根绳子则以蜡固定。在过去，如果工匠睡着了，蒸馏器加热过度，蜡就会熔化，绳子松开，铃铛就会响起，及时叫醒工匠，阻止蒸馏器爆炸。马爹利说：“就像许多前人做的事情一样，它很简单，却很有效。”我们啜着在木桶中发酵过的、强劲的、藏红花色的酒。我们喝着酒，酒精起了作用，马爹利说：“向佩里梨致敬。”我们望向窗外的佩里·克罗夫特农场。“当你漫步在那些巨大的树木之间，就像置身于大教堂之中。你会感受到一种超越个人的东西。”

第九章
刺激性泡饮

他们有一种上好的饮品……几乎黑如墨汁，能医治疾病……他们一大清早就会到露天的地方，用瓷杯喝下这种饮品，丝毫不担心会引来异样的眼光……饮品是滚烫的；他们不时会端起杯子，而每次都只喝一小口。

——莱昂哈德·劳沃尔夫[1]，1573年于阿勒颇

他咬了一口蛋糕，顷刻间解锁了一段失落的记忆——人们在谈及普鲁斯特吃玛德琳蛋糕的那一幕时，通常会略过一个细节：先将海绵蛋糕浸在一种“温暖的液体”里，那“非同寻常的事情”才接踵而至。被忽略的那种液体是用酸橙树（椴树的一种）的花冲泡而

1 莱昂哈德·劳沃尔夫，德国医生、植物学家。

成的茶，也就是椴树花茶。它之所以并未引起注意，是因为热饮在我们的生活中司空见惯。人类从找到办法烧水开始，就制作出了各种冲泡饮品，有些纯粹是用来治病，有些则是出于镇静作用（包括普鲁斯特的椴树花茶），但多数都具有刺激感官的作用。

代茶冬青就是这样一个例子。1000年来，美国南部的土著民族卡托巴和蒂穆夸，都会用烘焙过的代茶冬青叶和树皮制作一种名为“黑饮”的混合物。西班牙征服者描述说，他们看着土著人制作这种饮品并将其喝下去，但那茶即刻就会让他们呕吐[1]。然而，代茶冬青不只可以用来净化身体，它最主要的功用在于其所含的大量咖啡因。正因为这种饮品能让人提振精神，卡托巴族和蒂穆夸族在所有重大事件中都会用到它，包括宗教仪式和战争。

从古至今，世界各地的人们发明了数千种泡饮，而代茶冬青就是其中之一。人迹所至之处，都能找到刺激性饮品，即使是在寸草难生的地方，亦是如此：在冰岛，人们将仙女木花冲泡成饮品，而在瑞典北部，游牧民族萨米人则用一种名为桦剥管菌的真菌制作泡饮。饮品使人类获益匪浅：可以提升体能、敏锐思想、抑制食欲、缓解疼痛、减少疲劳以及增加快感。

然而，在所有的泡饮中，只有两种为世界各地的人们所共享：茶和咖啡。最初的爱好者为两者赋予了神圣的地位：中国的佛教徒通过喝茶提升静坐冥想的效率，而阿拉伯半岛的苏菲派僧人则借助咖啡提升专注状态，并更热切地进行祈祷。咖啡和茶都含有一种味

1 代茶冬青的学名为 *Ilex Vomitoria*，vomit 意为呕吐。

苦的生物碱，即咖啡因，它是一种精神活性药物，也是自然界最有效的防御机制之一。这两种植物的叶子中都含有大量的咖啡因，就像一种天然的杀虫剂，可以赶走昆虫和饥饿的食草类动物。当茶叶或咖啡作物的叶子掉到地上时，咖啡因甚至可以渗透到土壤里，成为天然的除草剂，令其他有竞争性的植物退避三舍。喝咖啡成瘾并不只是人类的特性。含有咖啡因的花蜜会吸引传授花粉的昆虫再次前来采蜜，蜜蜂在传播花粉时，会因摄入咖啡而感到兴奋。

在野生茶叶和野生咖啡豆最初生长的地方（茶叶诞生于中国西南部，咖啡诞生于东非），狩猎采集者知道这些植物能刺激感官，便咀嚼其叶子和（咖啡）种子。后来，人类发明了发酵和其他加工技术，不仅可以保存植物材料，也能进一步释放植物的能量。大约在2万年前，人类开始制作陶器。在那之后的某个时间点（尚不清楚确切时间），人们将晒干、发酵的叶子和种子冲泡成饮品。茶和咖啡从各自的发源地散播到世界的各个角落。不论在哪里，人们都爱上了它们——或者更有可能是对它们上了瘾。1610年，荷兰东印度公司第一次将茶叶运到欧洲；而在1615年，咖啡也通过威尼斯商人传入欧洲。从此便一发不可收拾，咖啡因成了全世界最受欢迎的药物。据估计，如今全球每天要消耗20亿杯咖啡和近乎相同数量的茶。喝下咖啡15分钟之后，咖啡因的效用就会直达我们的中枢神经系统，使我们心跳加速，激活我们的神经元，并引起多巴胺的分泌。对于多数人而言，一杯是不够的。我们依赖这两种饮品，它们是我们生活的一部分，是无数日常生活习惯中无与伦比的组成要素。茶树（学名*Camellia sinensis*）和小粒咖啡（学名*Coffea arabica*）这两种植物改变了整个经济体（仅出口咖啡每年就能为巴西带来近50亿美元的收入，而在印度，茶叶行业为120万人提供了就业机会）。如此广受欢迎的茶和咖啡，为何还会出现在一本有关濒危食物和饮品的书中呢？

这个问题的答案就在于这两种饮品的起源。在这一章，我们将聚焦于一种野生茶树和一种野生咖啡豆，两者都生长在热带森林，而人类目前所面临的最迫在眉睫的问题——气候变化、人为毁林和生物多样性的流失——都危害着这种茶树和咖啡豆。通过它们，我们能看到地球上正在发生的灾害。

30 古树普洱茶

中国，西双版纳

2019年夏，中国香港的一家拍卖行售出了一批最罕见的茶叶收藏品。在这些拍卖品中，有一叠圆形的压缩茶饼，用泛黄、磨损的竹叶包裹着，并用麻线捆在一起。这些茶饼上贴着红色的标签，字迹非常模糊。标签显示，这些茶是由一家云南的小作坊“福元昌号”在1920年制成的。云南省位于中国西南部，是茶叶的发源地。拍卖结束，这批两千克重的茶叶最后的成交价接近270万英镑。这块百年陈的茶叶饼如此珍贵和备受追捧，得益于当地居民数千年来的聪明才智和中国数十年里的经济变化。

这些结实的茶饼是用普洱茶叶制成的。在散茶的制作方法出现之前，人们对野生茶叶进行萎凋、晒干，将其制成坚实的茶砖或茶饼。多亏了酵母和细菌，这些茶饼在数年（有时甚至是数十年）的发酵过程中被赋予了生命。它们的味道，就像成熟过程中的葡萄酒那般，在不断地转化和改变。如今，选用现代栽培品种的大型茶园里种满了齐腰的单一品种，而世界上的大多数茶叶都是从这些茶园里采摘来的。如今，这种模式遍布中国各地和世界上其他60多个茶叶种植国家。然而，正如埃塞俄比亚西南部高地生长着野生咖啡豆，中国也有一片山区布满了野生茶叶林。这片山区就位于云南南部——在中国与缅甸、老挝和越南的交界之处，靠近泰国北部。在这里，茶树自由自在地生长，高耸而细长，大到足以攀爬，有些高达15米，且叶子很宽。这里居住着多个少数民族，如傣族、布朗族、瑶族和拉祜族，历来与中国其他地区有所不同。在森林的重重围绕之下，这些与世隔绝的山村或许就是人类最早开始喝茶的地方。

在世界上大多数大型茶园里，茶叶都会经过焖熟的处理，再烘干、混合，以创造出特定的味道。然而，最罕见的普洱茶（所谓生普洱）更像是天然的葡萄酒。处理这种茶叶的方式是尽量减少干预，其出发点（姑且不论好坏）是，只要喝上这种茶，足不出户就可以神游千里。换句话说，一杯茶就可以将你带到云南三大普洱茶区的村落和森林里。最北边的地区是临沧，离缅甸边境最近；临沧以东是普洱地区（以及普洱市）；第三个地区则是西双版纳，与老挝相邻。西双版纳是全世界物种多样性最丰富的地方之一。它仅占中国土地面积的0.2%，却拥有全国四分之一的哺乳动物品种、三分之一的鸟类和近五分之一的植物。

此等生物多样性可以解释人们为何会对用古树叶制成的普洱茶如此着迷。每一块茶饼都包含了森林某一部分的精华，从土壤、茶树吸收的营养、茶树周边的植物，到茶树几百年（有时甚至是几千年）来经历的风风雨雨。这就是科学家所谓的“植物可见性”，意即一棵树遭受的所有创伤（干旱、疾病和虫害）都会影响它的化学成分（作为一种防御机制，它可以分泌出名为“次级代谢产物”的保护性化合物，包括萜烯和酚酸）。人们相信，这样一来，古老的茶树就可以创造出独特的味道。正如西双版纳的少数民族所说，这些树就像人一样，经历的磨难越多，个性就越发鲜明。山村居民采集、处理和收藏茶叶的不同方式，也为普洱的独特性增添了文化意义。普洱专家梅栋理将这种茶描述为“短暂的庆祝”。在某种程度上，它不过是一种能影响精神行为的刺激性饮品，“但当你冲泡普洱茶并饮用时，这种体验是转瞬即逝的——你永远无法喝到一模一样的茶”。

为了制作普洱茶饼，人们采摘茶树的叶子，将其放在长长的木架上晒干；在茶叶萎凋、颜色变深（这有助于提味）后，在锅中以大火翻炒这些叶子，防止它们氧化。然后，人们会将炒好的茶叶翻滚、揉捻（这样能排出更多的水分，穿破叶子内部的薄膜，激活其中的化合物，并增添更多风味）。茶叶挤压成饼后，数年的发酵会使茶叶变得更加复杂。一种普洱或许会有木头和皮革的味道；另一种则散发出微妙的、水果干的味道；还有一种则可能蕴藏着泥土和蘑菇的味道。

普洱茶饼看起来就十分美观。圆的茶饼通常比晚餐盘子小，但比茶托大，有几厘米厚。另外，还有些茶饼是正方或长方形的，大小如平装书，其质感可能像是一团厚重的深色秋叶和断枝，或像是挤压过的百花香，一团棕、黄、橙相间的植物原料。就像艺术家留下签名一样，有些制茶人会在普洱茶饼中埋入一张小卡片，有些则用模具压制茶饼，在表面留下一个上凸或下凹的标志。这些信息在告诉我们这些茶来自何方。最后，制茶人会用纸把茶饼包起来。

如果你想喝普洱，就可以从茶饼上取下一小块泡着喝。然而，个别普洱茶饼（包括20世纪20年代打破拍卖纪录的云南普洱）非常矜贵，人们或许永远都不会真的拿它们来泡茶，而是将其当作艺术品收藏。吸引人的不仅是它们的味道，还有它们的历史。许多宝贵的陈年茶都由著名茶厂出品，诸如勐海、兴海、浩源和陈香砖，这些茶厂都是在20世纪60年代前建立的。这些陈年茶就是茶叶界的库克、泰亭哲或宝禄爵香槟。如今，投资者和若干极其富有的茶叶迷推动着全球新旧茶饼的交易；而这就是普洱茶所面临着一大问题，一种古老的少数民族传统变成了全球最有利可图的食品交易之一。

正如2019年那次香港拍卖会所展现的，对于普洱的需求正大幅增加。这一需求主要还是来自中国。20世纪90年代，随着国家变得更加富裕，原本寂寂无闻的、只有少数民族和农工才喝的普洱茶摇身一变，成了一种身份的象征。如今，来自西双版纳等地的普洱茶饼可以卖到每千克数万美元的高价。这样的交易不可避免地会对种茶的山村产生正面和负面的影响。虽然少数民族仍然对于森林、古树和普洱制作充满虔敬，但外来者入乡后，便开始将这种茶发展成了大批量生产的商品。村庄联合起来大规模生产普洱茶，使其独特的自然味道正在消失。“他们生产出来的茶叶越来越一致化，”梅栋理说，“我们正在失去小批量的野生茶叶所带来的跌宕起伏。”普洱的个体特征正面临消失的风险。

在此过程中，这些村庄也发生了转变，其中就包括最负盛名的普洱产地之一——老班章。21世纪初，老班章依然多山且与世隔离，人们得花上好几天翻山越岭才能到达。雨季的时候，这段路途非常危险，想要去老班章几乎是不可能的。不过，普洱茶迷愿意冒生命危险，搜寻老班章特有的普洱。这个村庄的纬度（接近2000米）和此地古茶树的年岁赋予普洱茶以醉意，这种强烈的感觉是由茶叶中的精神活性化学物质引起的。自从普洱茶获得追捧后，人们修建了通往老班章的新道路，这里也成了旅游胜地。这是正面影响，是农村发展的例证；这意味着当地人民终于劳有所偿。负面影响则是村民不得不在村口建起大门。这是因为老班章名声在外，有人会把假普洱带进村里，贴上老班章的标签。老班章每年只能产出7吨茶叶，市面上却有3000吨号称是此地出产的茶。2015年，在西双版纳的另一个地方，一个造假团伙被逮捕，他们正试图出售8吨冒充“大益”（当地一家很有声望的普洱茶厂）的假普洱。如果当时这个造假团伙得逞，他们就能净赚100万美元。在西双版纳的另一个村落南糯山，村民们在一棵有1800年历史的老茶树树干周围建起了一圈围墙，为的是不让旅客破坏这棵树。然而，他们为保护这棵树而使用的混凝土却最终杀死了它。这些不过是悲剧故事的一小部分，而它们体现了一种趋势：文化和生态系统处于压力之下。所有这一切似乎与普洱的起源相去甚远。

最早关于茶叶制作和喝茶的明确记载出现在2000年多前的西汉时期。公元前59年，王褒在中国南部写下了《僮约》（这份主仆契约称，王褒每天都要喝茶，几乎像服药一样）。当时，北至中国古代首都长安（兵马俑的故乡）都出现了用西双版纳山区采摘的茶叶制成的茶饼——它成了敬献给汉朝皇族的贡茶。20世纪90年代，考古学家在公元前2世纪的西汉景帝阳陵中发现了普洱茶饼的碎屑。这些茶从云南茶区出发，经由古代商业贸易通道运往长安。茶马古道虽不如丝绸之路那么出名，却将普洱城变成了贸易中心（因此，这种茶才被命名为普洱）。茶马古道向各个方向延伸：官马路线将茶叶带到中国北部和西部（包括长安），并在那里与丝绸之路交会在一起；向南是勐腊路线，将茶饼传到老挝以及如今的越南、柬埔寨等地。不过，数百年来，茶马古道中最重要的则是通向西藏的关藏路线。

在山区的极端气候条件下，上至皇族，下到土匪，所有人都依赖坚实的茶饼生活。这条古道之艰险在当时的亚洲数一数二，它绵延1500英里，从普洱市一直延伸到海拔1.2万英尺的西藏首府拉萨（世界上海拔最高的城市之一）。这是一段漫长而艰难的旅途。商队带着茶饼穿越云南的亚热带山谷，一路走过风吹雪盖的西藏高原，穿过冰冷的长江、澜沧江和怒江，越过绵延400英里的念青唐古拉山，最终抵达拉萨。一路上，负责运送茶叶的搬运工必然经受暴风雨雪、岩壁坍塌和强盗的考验。每个搬运工都带着约200磅的茶（他们带的茶越多，酬劳就越高）一路前行，有时要面对齐腰高的雪，以及从头顶巨石上垂下来的6英尺长的冰凌。这些行程耗时数月，或许是人类历史上商人或旅行者所经历过的最艰辛的旅程。这也正体现了茶叶的影响力和声望。

茶饼运到西藏后，人们会将已经完成发酵的茶叶冲泡成刺激感官、有助生存的热茶（在有茶叶之前，他们只能饮用融雪、牦牛奶和青稞发酵饮品）。在这里，寸草难生，茶成了维生素和矿物质的重要来源，能有效预防坏血病。盐和谷物也通过茶马古道被贩卖到西藏，成了酥油茶的原料。西藏人从早到晚都会喝这种油滋滋、咸津津、味道浓烈的热茶，一碗接一碗，有时一天能喝上60碗。在19世纪90年代，英国探险家、画家阿诺德·亨利·萨维奇·兰道尔与一帮土匪共享了酥油茶和糌粑。他写道："他们用脏兮兮的手指将碗里的东西搅成糊状，揉成团，吃了下去。"

到了8世纪，西双版纳的普洱茶在外观和味道上更接近于现代普洱茶了。当时，茶的制作和品尝已变得更加复杂，以至于陆羽（被尊为"茶圣"）写下了著名的《茶经》，包含了有关茶的迷思和传说，以及茶礼的具体步骤。陆羽描绘了不同地区如何发展出各自不同的制茶方式。在长江东南地带，人们用竹片来捆扎茶饼，而在长江上游，人们则会使用由桑树皮制成的线绳。

1000年后，原本由当地人手工制作的普洱茶饼却改由工厂生产。18世纪，西双版纳和普洱市的一些小型茶庄形成了独特的家族风格，享誉全中国。其中就包括福元昌号（价值270万英镑的普洱茶饼的制作者），以及其竞争对手宋聘号和同昌号。为这些家族茶庄供应野生茶叶的，正是住在野生茶林里的少数民族。普洱的"古董时代"到20世纪中叶便终结了，当时普洱文化和野生古茶树双双濒危。20世纪五六十年代，普洱茶变得默默无闻，更像是一种农村传统。培植散装茶叶的大规模茶园成了主流，而野生茶树却被砍下用作木柴。20世纪80年代，每千克普洱茶只能卖得几分钱。正如美国出生的普洱商贩保罗·默里说的那样，"它成了张三李四——包括那些在西藏高原上剪牦牛毛的人——喝的茶。它是一种功能性茶饮，可以泡上一整天并最终解决问题"。默里拥有一些这个时期生产的茶饼，里面竟然有玻璃碎片和小石子，反映出当时的生产质量随着价格下降而每况愈下。20世纪90年代，随着中国人对橡胶需求的大幅增长，西双版纳的茶农改种橡胶树，从而使野生茶林面临更大的威胁。

近年来的普洱热潮对于西双版纳的茶树林本应是绝对的利好，但事实并非如此。21世纪初，一些村庄将成长缓慢的古树连根拔起，取而代之的是高产的单一种植品种。这样一来，就会有更多的茶叶可以用来制作贴有西双版纳标签的茶饼。与此同时，守护了茶树林数百年的少数民族则很难再喝到用西双版纳最古老的茶树的树叶制成的普洱茶。这些茶叶甚至在市场上都买不到——在每年的拍卖会上，它们都被竞价最高的买家收走了。其中的一棵古树生长在云南西陲的邦东村，堪称大规模毁灭的幸存者。它有400多年的历史，有三层楼那么高，要搭起脚手架才能从最高的枝干上采摘茶叶。

31 野生森林咖啡

埃塞俄比亚，哈莱纳森林

我第一次看到咖啡树是在玻利维亚拉巴斯以南的树林里，那里与咖啡的诞生地相去甚远。那个地方叫作丘丘卡，是个只有几幢房子和几块地的小镇。当时已接近傍晚，又热又潮，四周的噪音越来越响，成群的鸟加入黄昏的大合唱。鹦鹉、巨嘴鸟和蜂鸟正忙着准备过夜。我当天的向导是60多岁的咖啡种植者唐费尔南多·希拉区塔。他戴着宽檐草帽，带我走上了一条步道，四周都是高耸的雪松和月桂树，而我们脚下的枯树叶则嘎吱作响。希拉区塔为我指出可食用的野生蘑菇和树洞里的鸟窝。就在这片由人类半管理的荒野之中，在那树冠之下，我们找到了咖啡树，它们看起来稚嫩而纤细。在那厚实、粗糙的绿叶之中，弹珠大小的红色咖啡果格外惹人注目。我走上前，采下几粒咖啡果，往嘴里放了一颗。那果肉又甜又酸，果肉还包裹着半椭圆状的两粒籽，其形状和中间的纹路让人能轻易辨认出这就是咖啡豆。不过，它们不是烘焙后的棕色，而是乳白色的。生咖啡豆的味道也完全不会让人联想到黑黑的、令人神经紧张的意式浓咖啡。

我觉得这片森林看起来美丽而生机勃勃，但这里的咖啡却在遭殃。“叶锈病”正在此地肆虐，毁掉了咖啡作物和人们的生计。这并不是一种新型疾病，但如今它的杀伤力却史无前例。自9世纪中期以来，咖啡种植者就不得不与这种真菌（咖啡驼孢锈菌）斗争。维多利亚时代的一位植物学家将其描述成“植物世界的吸血鬼”。而在21世纪，全球化程度加深，气候也更加温暖和潮湿，加剧了叶锈病的破坏性。叶锈病特别容易侵染那些种植密集，且枝干和叶子都离地面很近的咖啡树，而现代咖啡行业的种植方式正是如此。这种真菌会使叶子长出白色斑点，每个斑点都含有约200个孢子，而它们最终会破裂，并感染周边的作物。

咖啡树被感染后，其叶子的背面先是被一层橙色粉状物覆盖，之后又会变黄。进而这种真菌会覆盖整片叶子，彻底阻绝光合作用。咖啡树无法产生足够的养分，最终饥饿而死。即使被感染的树得以存活下来并结出种子，这些咖啡豆也卖不出去。迄今为止，还没有治愈叶锈病的方法。2012年，在经历了一连几个温和、潮湿的冬天后，叶锈病在中美洲和南美洲大范围暴发。哥伦比亚的咖啡收成下降了三成，而萨尔瓦多的咖啡收成则减少了一半以上。2017年，受损作物的成本和利润损失达30亿美元之多，近200万农民被迫离开受感染的土地。他们的饭碗原本就不牢靠。咖啡是一种农业商品，在全球的金融中心进行交易，因此如果巴西的咖啡年产量大增，全球咖啡价格就会猛跌。再加上这一灾难性疾病所造成的影响，人类为此付出了巨大的代价。出于多种原因，人们选择开着大篷车从拉丁美洲经由墨西哥驶向美国边境，但当记者问他们为何背井离乡时，其中一些人就说了三个字：叶锈病。

这种病害也影响了唐费尔南多·希拉区塔的生活。正是在他的带领下，我第一次见识到了咖啡树。2014年，叶锈病摧毁了他的大部分咖啡树。他告诉我:“我们重新种植了咖啡树，因为我们不想放弃。”然而，对于大多数种植者来说，损失过于惨重，他们不得不到别处寻找生计。希拉区塔是少数还在坚持的种植者，但即便是他，也非常担心会遇到更多的问题。“如果气候不断变化，或是这种病再次来袭，将会有更多的树死去，我们还不如一起死了算了。”

咖啡的历史或许能帮助我们找到解决方法，但它也是问题的来源之一。全球的咖啡种植带介于南北回归线之间，包括中美洲的哥斯达黎加和尼加拉瓜、南美洲的玻利维亚和巴西、撒哈拉以南的非洲地带（西至喀麦隆，东到索马里）、南亚（越南和印度南部）、东南亚（缅甸、印度尼西亚和巴布亚新几内亚）以及加勒比海沿岸的牙买加和多米尼加共和国。在19世纪，随着东南亚和其他热带地区的种植园建立起来，这条种植带才变得完整。而所有种植咖啡都可以追溯到埃塞俄比亚南部高原的野生森林。咖啡是如何从东非的诞生地扩散到如今的咖啡种植带，这对于理解咖啡为何会受到包括叶锈病在内的种种威胁至关重要。如今，几乎全世界种植的所有咖啡都是18世纪传遍全球的区区几种咖啡作物的后代。

早在100万年前，在埃塞俄比亚西南部阴凉的高地森林中，生物界发生了一件稀罕事。两种不同的咖啡树——中粒咖啡和丁香咖啡——杂交产生了一个新的品种。这次杂交相当成功，且幸运的是，它稳定了下来。如今全球最普遍的品种——小粒咖啡，就这样诞生了。另一种生长在全球咖啡种植带周边的品种，是小粒咖啡的亲本之一——中粒咖啡，它更为人熟知的名字是罗布斯塔。相比之下，小粒咖啡更为精致，也在人类咖啡品鉴史上占据了主要的篇幅。中粒咖啡（主要用于制造即溶咖啡）直到19世纪才为科学界所发现，到20世纪才成为重要的商品。然而，咖啡在成为饮品之前，曾经在很长的一段时间里是人类的食物。

在咖啡的发源地埃塞俄比亚，狩猎采集者初次接触野生小粒咖啡时，就咀嚼其富含咖啡因的叶子，并吃下咖啡果那酸甜的果肉。有时，他们会将咖啡豆吐出来，有时也会直接咀嚼生豆子。如今，埃塞俄比亚南部的奥罗莫人依然遵从传统，从野生咖啡树上摘下成熟的咖啡果，并用石磨研磨，再将磨碎的咖啡豆和牛油混在一起，揉成小球状，作为长途旅行中可以快速提供能量的点心。从某个时期开始（我们并不知道确切时间），人类便开始晒干、烘焙并泡煮咖啡豆。

生长在埃塞俄比亚高原森林，以及邻国南苏丹一小片地区的野生咖啡树，是小粒咖啡最主要的基因储备中心（就像哈萨克斯坦天山地区的野生树林是苹果的基因池一样）。简单来说，这些森林可以分为两大区域：大裂谷以东和以西。西边有沃利嘎、伊路巴博、特比、本奇马吉、咖法和吉玛–利姆咖啡区；而过了大裂谷，东边则有西达摩、巴莱和哈勒尔。所有这些咖啡区都拥有各自独特的小粒咖啡品种。每个区的咖啡豆都有独特的风味特征，甚至是一系列风味特征。每种咖啡都有其“原产地”，就像人们用葡萄酒的“风土”条件来区分不同的酒庄。每种野生咖啡树都经过了数十万年的发展进化，适应了当地的环境。正是基于这种多样性，我们才能解释为何在位于西边的阿加罗的吉玛–利姆地带，咖啡是甜而微妙的，带有柑橘、热带花木和核果（比如桃子）的味道，而巴莱山的咖啡则带有水果味和花香，以及香草和香料的味道。每个咖啡区都是不同群落的居住地。

哈莱纳（Harenna）是不太为人所知的、最难到达的野生咖啡林之一，它距离亚的斯亚贝巴东南250英里，地处巴莱山范围，那里拥有一些东非最高的山峰。这是生物多样性的一大热点地区：在这里可以找到数千种植物，以及具有朋克风发型的、濒危的巴莱猴子、狮子和罕见的埃塞俄比亚狼。这片山林的大部分地区都寸步难行，以至于这里的大部分物种直到20世纪末才被记录下来。巴莱山拥有海拔4000米的高峰，相比之下，哈莱纳显得如此渺小。即使是在咖啡树生长的浓密森林里（海拔1500至1800米），高高的树冠之上通常都会笼罩着一层雾气。哈莱纳看起来似乎全然归属自然，但在咖啡林里也坐落着小镇、村庄和独幢的小屋。如今，这片森林里居住着约3000人，他们之中的大部分人都靠咖啡为生——从树上采集野生或半野生咖啡豆（照料这些咖啡树可以使采摘变得更容易）。野生咖啡树又高又细，而咖啡果就长在结实的树枝上；人们将红色、樱桃般的咖啡果采摘下来，扔进挂在肩上的长筒形草篮里。部分野生咖啡会被卖给咖啡商，但多数都留在森林里。从出生、结婚到死亡，人们所有的社交活动都少不了咖啡。即使是咖啡豆的处理和冲泡也是一种仪式。晒干的咖啡豆经过烘焙，变成闪亮的深棕色。咖啡豆内部仅存的一丝潮气逐渐积累，将豆子撑出一道裂缝，空气中弥漫着烘焙咖啡的浓郁香气。咖啡豆冷却后，用木质碾槌将其研磨成细细的粉末，然后放入一种名为jebena的陶壶之中，用文火慢煮。与此同时，客人们分享着美食，高谈阔论，呼吸着烘焙咖啡豆的芳香。

我们并不清楚这些传统起源于何时，但在18世纪60年代，苏格兰的旅行作家詹姆斯·布鲁斯拜访了埃塞俄比亚（为了寻找尼罗河的源头），描绘了野生咖啡树林、咖啡饮品和相关的传统仪式。当时，欧洲人饮用咖啡已有上百年的历史，因而对布鲁斯的故事嗤之以鼻。人们有充分的理由怀疑他的说法。在那时，欧洲人将阿拉伯半岛的也门视为咖啡的发祥地。他们看到咖啡树在这里生长，现代咖啡的喝法从这里开始，咖啡豆也在这里进行交易。18世纪30年代，瑞典植物学家、生物分类学之父卡尔·林奈在看到他人展示的几粒咖啡豆时，便将这种植物命名为“小粒咖啡”，直译为“来自阿拉伯的咖啡”。直到19世纪，在其他旅行家也做出与布鲁斯相类似的描述后，咖啡和埃塞俄比亚之间的联系才“建立”起来。在几个世纪前，咖啡树和咖啡豆就从埃塞俄比亚出发，穿越红海曼德海峡（“眼泪之门”）那段虽不长却相当危险的水域，运往也门的西海岸。有一种说法是，数千名朝圣者带着咖啡从埃塞俄比亚出发，穿越红海，来到伊斯兰教圣城麦加。不过，更有可能的是阿拉伯商人经由哈勒尔在东非运输咖啡豆。（考虑到埃塞俄比亚有火山黑曜石，我们知道在新石器时代那里就有了贸易路线。）

在也门，人们将咖啡称为qahwa——阿拉伯语中的“葡萄酒”。在这里，咖啡的威力赋予了它神圣的地位。1454年，苏菲主义学者吉马勒丁·阿布·穆罕穆德·本赛德批准了托钵僧饮用咖啡，“如此一来，这些虔诚的穆斯林或许能够更聚精会神地在夜里祈祷或进行其他宗教活动”。苏菲主义的僧人在喝下足量的咖啡后，会进入所谓“marqaha”[1]的亢奋状态。到了15世纪，也门西部边境也建起了咖啡种植园，咖啡豆从阿拉伯世界的咖啡之都、港口城市摩卡出口至其他国家。

在16世纪中期，摩卡被奥斯曼人控制，咖啡则在伊斯兰世界进行交易（伊斯兰教的禁酒令进一步推动了咖啡交易）。到16世纪末，在开罗、阿勒颇、大马士革以及奥斯曼帝国首都伊斯坦布尔的大巴扎，都有了咖啡店。咖啡于1615年首次出现在威尼斯，而在1650年，英国的第一家咖啡店开业了（到17世纪末，全英国的咖啡店达600家）。纽约人第一次品尝到咖啡是在1696年。思考一下这一系列的时间点。很有可能是咖啡这种刺激感官的新饮品，激发了改变当今世界的诸多想法和创新而非之前的首选饮品——（抑制感官的）酒精。咖啡因帮助我们开启了启蒙时代。

在好几个世纪里，也门保持着对咖啡种植的垄断，禁止从阿拉伯半岛出口可种植的咖啡种子和作物——它们如此宝贵，必须严加防守。从17世纪90年代开始，情况有了转变，一小撮咖啡作物被运了出来，成为如今全球咖啡种植带的大部分咖啡作物的基因基础。和小麦和香蕉的故事一样，从长期来看，多样性的缺失是一件糟糕的事。这些咖啡作物从也门运往世界各地，主要通过两条不同的道路。第一批咖啡作物由荷兰的东印度公司带到了数千英里外的印度

---

1 marqaha，意为“幸福的感觉”。

尼西亚爪哇岛（当时是荷兰人的领地）。后来，在1706年，一株咖啡作物从爪哇被运到了荷兰，并种植在了阿姆斯特丹植物园里。六年之后，这座植物园中的一棵咖啡树被运到法国，作为礼物敬赠给了路易十四，并最终被种植在巴黎的国王花园内——那是法国第一座温室花园。十年后，法国海军军官加布里埃尔·马蒂厄·迪鲁瓦将国王花园内的一批咖啡作物带上了开往加勒比海的船。这批咖啡树中仅有一棵幸免于难，存活了下来，而其他所有的咖啡树都在航行中死亡了。一名乘客看到迪鲁瓦试图用船上有限的饮用水灌溉这棵树后，便决意毁掉这棵树。然而，迪鲁瓦保护了它，它最终于1720年被栽种到了加勒比海的马提尼克岛上。直到1727年，迪鲁瓦救下的那棵咖啡树的后代才踏上了一段更远，或许也更为重要的旅途——被葡萄牙外交官弗朗西斯科·德梅洛·帕列塔偷运到了巴西。据说，这棵植物被藏在一束花里，而那束花是德梅洛·帕列塔的情人送给他的礼物。

第二条运输道路则与法国商人有关。1718年，他们将咖啡作物从也门带到了马达加斯加以东的留尼汪岛。从留尼汪岛出发，咖啡先是被送往东非的殖民地，以在肯尼亚和坦桑尼亚建造大规模的种植园，然后又向西运到巴西。因此，全世界的咖啡都源自两组作物，其中一组途经一间法国植物园，而另一组则经由印度洋上的一座小岛。这两组咖啡作物有着不同的特性。迪鲁瓦的咖啡作物的祖先被命名为“铁比卡”；而另一种更细腻、味道更甜而明亮的咖啡则被称为“波旁”。这一范围狭窄的基因选择之所以成为未来更大的问题，是源于小粒咖啡的生物构造：它是自花授粉的，意即其基因不会与别的作物产生交叉。基于其发展的历史和狭小的基因池，如今人们种植的小粒咖啡只拥有野生咖啡作物的很少一部分基因。人们担心的是，面对气候变化、水资源短缺和越来越多的疾病，小粒咖啡可能没有足够宽广的基因池来快速适应改变。

也有人试图增加全球咖啡作物的多样性。一个世纪前，在咖啡业面临更早的一波叶锈病时，业界的应对方法是通过作物育种创造多样性。和其他作物一样，农民们在其咖啡种植园中发现了基因的变异和进化，并将这些提供给植物栽培专家挑选、使用。其中一例便是栽培品种“巨型象豆”，这种铁比卡的变异品种是1870年在巴西发现的，其咖啡果比其他品种大一倍，种子也很大。另外，还有一种是在哥斯达黎加找到的波旁变异品种“薇拉萨奇”，该品种的树木较矮，采摘咖啡豆更容易，因而受到农民的喜爱。其他变异品种则被培育专家用来创造混合品种，如“萨奇莫”（由“薇拉萨奇”和“帝汶混种”杂交而成）。从好的方面来看，新的栽培品种对于叶锈病具有更强的抵抗力。然而，它们都是巴黎和爪哇那两组咖啡作物的后代，都出自同一个狭小的基因池。

此外，还有一种应对措施则更合理：从埃塞俄比亚的咖啡林引进新的小粒咖啡品种。其中，最著名的品种是“瑰夏”。它最初起源于埃塞俄比亚东南部接近南苏丹边境的一片偏远树林，而这片树林就位于一座名为“葛夏”的村庄附近。咖啡种植者先是把它带到了肯尼亚进行种植，然后又带到了中美洲，并最终将其纳入哥斯达黎加植物收藏中心。巴拿马的一个农庄（翡翠庄园）对此产生了兴趣，并开始种植这种咖啡作物。然而，很多年过去了，它一直没引起人们的注意，直到农庄主的其中一个儿子烘焙了一批瑰夏咖啡豆，并发现它惊艳的味道。瑰夏声名鹊起，在2004年成了拍卖会上售出的最昂贵的咖啡——每磅130美元，那几乎是普通商品级咖啡的100倍之多。

瑰夏创造了这样历史性的高价后，中美洲和南美洲的农民就开始以惊人的速度种植这个品种，如今全球咖啡种植带都纷纷效仿。还有许多这样的多样化品种有待发现，无论是栽培品种还是野生品种。这些品种都可以在埃塞俄比亚西南部找到，而这个地方之所以重要，不仅因为此处的咖啡上乘，更因为这里有咖啡作物培植急需的多样性。然而，就在我们意识到埃塞俄比亚高原咖啡基因的价值时，野生咖啡树正面临威胁。

要结出咖啡果和优质咖啡豆，小粒咖啡需要特定的条件：温暖（但不炎热）的白天和凉爽的夜晚。正因如此，它往往生长在高纬度地带。如果气温和降雨量与最佳条件差距过大，咖啡果的质量会迅速恶化，生产力开始下降，而作物也会越来越虚弱，更容易患病。据英国皇家植物园邱园的科学家计算，到21世纪末，由于气候变化，埃塞俄比亚大约60%的小粒咖啡种植地将不再适合这种作物生长。其他研究显示，世界上其他地区亦会出现类似的情形。环境将变得过热，而很多地方也会极其干燥。咖啡种植者有一条退路，那就是到纬度更高、温度更低的地方种植咖啡树，特别是埃塞俄比亚。然而，在巴莱山的咖啡林中，可以移植到更高纬度的品种并不多。那里的条件已经非常接近咖啡种植的极限了。邱园的科学家预测，最坏的结果是，仅基于气候变化带来的影响，埃塞俄比亚80%的野生咖啡种群可能会在21世纪末之前灭绝。对于全球1.25亿靠种植咖啡生存的人以及所有喝咖啡的人来说，这是非常可怕的；如果这一预测成为事实，我们将失去野生小粒咖啡的绝大部分基因池。尽管形势严峻，但气候变化不是唯一的问题。有时候，人们会为了给埃塞俄比亚逐渐壮大的养牛业开辟新草场而砍伐森林，这也会对咖啡的生态系统造成威胁。在我们尚未掌握野生咖啡的所有品种之前，这些事情都在一一发生。如今，科学家正在与时间赛跑，以期在这些野生品种消失之前记录下它们。

如果小粒咖啡的未来岌岌可危，或许我们可以转而喝中粒咖啡——它如今已占全球咖啡交易额的45%。1897年，植物学家在比利时刚果（如今的刚果民主共和国）的森林中首次发现了这种植物，而大规模培植则始于20世纪20年代。这一切都归于叶锈病。小粒咖啡容易感染这种病，但中粒咖啡并非如此，它更为强壮，并因而得名罗布斯塔[1]。另外，相比小粒咖啡，它生长在纬度较低、更温暖潮湿的地带。在20世纪70年代和80年代，它在全球咖啡作物中的占比大幅上升，因为其在亚洲的产量大增，尤以越南为首。不过，虽然中粒咖啡的咖啡因含量高于小粒咖啡，但小粒咖啡的味道更胜一筹。如果说最好的小粒咖啡是甜的、柔和的、明亮的、带着花果香味的，那么中粒咖啡则是咖啡中的大锤子，直接给你一剂咖啡因，带着树

1 罗布斯塔，原文robusta的音译，其中robust有“强壮”之意。

木、烟草，甚至是橡胶的味道。如果你曾到访法国或意大利的咖啡厅，站在大理石的柜台前喝上一杯一欧元的意式浓缩咖啡，那么你很有可能体验过中粒咖啡，因为它往往与小粒咖啡混在一起，使咖啡更醇厚，并增加其油脂。如果你喝的是即溶咖啡，那基本上就是中粒咖啡。它无法替代小粒咖啡。

在玻利维亚，唐费尔南多·希拉区塔向我展示了他拯救小粒咖啡的独特方法。丘丘卡解决叶锈病的方式不在于改变咖啡的品种，而在于改变种植系统。希拉区塔放弃了原有的种植园模式：密集种植清一色的品种，并根除所有其他作物；相反，他维护起村子周围的森林，并将小粒咖啡树种植在野生树冠的树荫下和其他植物之间。我们走进他的咖啡林，此时天色渐晚，鸟儿们也逐渐安静下来。阳光普照的温暖白天过渡到了星光满天的凉爽夜晚。他递给我更多的咖啡果，并告诉我，这是一种更天然的种植方式。“叶锈病或许还是会找上门，”他说，“但至少我种植咖啡的方式并没有违反自然规律。或许它会大发慈悲。”

狭叶咖啡

与谷物类作物不同，咖啡种子无法存放在斯瓦尔巴种子库里。咖啡品种必须通过活体植物来保存，要么种植在植物园或研究院里，要么在实验室条件下采用更复杂的手段保存。一旦它们的生长地遭到破坏，挽救这些咖啡作物的可能性就非常小。邱园的植物学家亚伦·戴维斯是全球最权威的咖啡专家之一，就是他率队预测了气候变化对小粒咖啡的影响。2019年，他和同事们发表了一篇论文，列出了所有124个野生咖啡品种（小粒咖啡和中粒咖啡仅为其中之二）的保护状况，并指出其中至少有六成濒临灭绝。

时间紧迫，戴维斯采用了激进的方法来追踪、品尝这些濒危的且往往为世人所遗忘的物种，以决定它们是否适合在一个不断变化的世界中种植。其中除了小粒咖啡和中粒咖啡，还有122种同为咖啡属的其他植物。这些植物来自世界各地，从非洲上西部到澳大利亚最北边。戴维斯本人就命名了约30个新物种。他和同事们对各种咖啡进行烘焙，以期判断它们是否适合冲泡成饮品。他说："所有这些都非常有意思，但大部分都不过如此，有些甚至难以下咽。”有些品种所含的咖啡因非常少，甚至不含咖啡因，且冲泡出来的咖啡酸性过强。

然而，戴维斯确信，还有更多特别的咖啡品种有待发掘或重新发现，最好是既像中粒咖啡般强悍，又如小粒咖啡般好喝。有一种名为“狭叶咖啡”的濒危品种，就有这样的潜力。戴维斯经过艰苦的研究，终于找到了这种原本生长在几内亚、塞拉利昂共和国和科特迪瓦的品种。这种咖啡树相当纤细，却可以长到30英尺高，结出的咖啡果则呈深紫色。戴维斯在邱园的植物标本室中找到了它的标本，发现有关它的最后一次记录是在1954年；人们怀疑狭叶咖啡已经在塞拉利昂的“发展十年”中消失了。当时，大片森林遭到砍伐，为经济作物让路。在邱园的档案馆和图书馆资料中，戴维斯还发现这一品种的味道优于其他品种。一些在塞拉利昂品尝过狭叶咖啡的人对这种咖啡豆记忆犹新，他们觉得狭叶咖啡比中粒咖啡好喝多了，甚至可能比小粒咖啡更胜一筹。尽管这一品种在20世纪早期之前一直在塞拉利昂种植和出口，但它最终还是在人工培植的过程中消失了。到了21世纪初，人们以为它已经灭绝。2018年，戴维斯和格林尼治大学的咖啡科学家杰瑞米·哈格受到塞拉利昂政府的邀请，最后一次尝试寻找这一消失的品种。他们带上了从邱园植物标本室和图书馆拿到的档案材料，同事还张贴了寻找消失的咖啡作物的标牌。

他们以人们最后看到狭叶咖啡树的地点为圆心，沿同心圆的路径寻找这种作物（正如查尔斯·马爹利寻找消失的梨树那样）。在经历了几次误导和长途跋涉之后，他们找到了一棵树。尽管这是一项了不起的成就，但就像是找到一只单独的熊猫一样，由于狭叶咖啡与小粒咖啡不同，它需要由另一棵树传授花粉才能结出种子。他们继续跋涉到更远的地方，在密集的森林里穿行了几天后，抵达了靠近利比里亚边境处的一座小山的山顶，并找到了一丛狭叶咖啡树。他们来得正是时候，周边地区的森林都遭到大量砍伐。2020年夏天，伦敦的一群咖啡专家烘焙出了第一批狭叶咖啡（只有9克）。这是近一个世纪以来第一次有人品尝到狭叶咖啡。戴维斯说："那真是一杯香醇的咖啡，带着成熟水果的味道，几乎像葡萄酒一样。它绝对大有潜力。"然而，其他物种则未必有幸被及时找到，并获得拯救。

第十章
甜 食

故敌佚能劳之，饱能饥之

——《孙子兵法》

就像所有的优质菜单一样，本书以甜食收尾。甜食历来让人联想到快乐的时光、欢快友好的氛围和庆祝活动。然而，本章介绍的食物还有一个共同点，那也是它们濒临灭绝的原因：纷争。这本书中的大多数食物都因为农业的变化、生长地的流失、疾病和经济因素而濒临灭绝，而本章的食物则是纷争的受害者。

公元前146年，罗马人摧毁迦太基。这段历史中有这样一个小故事：在那座繁华的城市（位于如今的突尼斯）遭到摧毁后，罗马将军西庇阿·埃米利亚努斯就用犁翻地，并在犁沟里撒盐来破坏土壤，以期将其肥沃的土地变成荒漠，彻底毁灭迦太基。这些是19世纪史学家们的说法，但其实纯粹是臆测。据计算，要使迦太基的土壤彻底贫瘠，罗马人需要用一万艘船的盐。

不过，这个神话确实精彩地展现了食物（或是食物的缺乏）如何成为战争的武器。1864年9月，为了尽快结束美国内战，联邦军将军谢尔曼和谢里登命令他们的部下，让南方的非战斗人员感受一下“战争的残酷”。于是，他们毁掉庄稼，袭击食品商店并杀害家禽家畜，致使当地人在冬天来临之际粮食短缺。

在第一次世界大战期间，英国海军封锁太平洋，导致德国民众在1916年至1917年度过了食物供应锐减的“萝卜之冬”。不到30年后，在第二次世界大战中，纳粹德国政府食品和农业部长赫伯特·巴克制订了“饥饿计划”。如果这一计划得以施行，欧洲东部将有3000万人死于饥饿；而食物供应则会转向德国及其欧洲前线的士兵。苏联红军的抵抗阻止了计划的实施，但巴克的“饥饿计划”表明，饥饿在任何战乱中都有可能成为致命武器。

在21世纪，食品和农业仍然是战争中首当其冲的牺牲品，而各类纷争也是导致食物灭绝最快速、最猛烈的途径。本章中的故事都证明了这一事实。我们会看到，一种进化了数千年的食物文化如何因为战乱而毁于一旦。我们还将看到，在乱世之中，食物（以及有关食物的回忆）如何予人以希望。食材和食谱让我们对自己的身份有了更清楚的认识。对于那些失去了一切的人来说，一种食物传统或是家乡的味道意义非凡。

32 甜奶酪卷

叙利亚，霍姆斯

叙利亚位于新月沃土，是全世界最古老的农业发祥地之一。它在丝绸之路上的位置也表明这里发展出了极为复杂、多样化的饮食。然而，近年的战争却破坏了土地，迫使农民搬迁，还摧毁了当地特有的作物，致使传统食材和食物知识濒于流失。一场突变使食物成为战争的导因之一。从2007年至2010年，这个国家经历了有史以来最严重的干旱。由于政府对小麦增产的过度计划，地下蓄水层、湖泊和河流都开始干涸。一系列的连锁反应严重影响了农村社区，迫使100万叙利亚农民离开农村并前往城市，过着穷困潦倒而备受排挤的生活。2011年春天，街头示威令冲突激化，引发了内战。

据联合国估计，十年之内，有70万人遇害；500万人逃离叙利亚，在土耳其、约旦、黎巴嫩和埃及过着难民生活；而留在叙利亚的人当中，有600万人流离失所；叙利亚境内九成的幸存者都粮食不足，而不断攀升的食品价格（从2019年到2020年，该国的食品价格翻了一番）更是令局面雪上加霜。

2015年，全世界都惊愕地目睹了叙利亚（和全世界）的文化遗产遭到攻击。“伊斯兰国”[1]激进分子袭击了叙利亚沙漠中的绿洲古城巴尔米拉。他们炸毁了有2000年历史的贝尔庙，并毁掉了数座世界上保存最完整的古罗马纪念碑。然而，叙利亚的食物系统所遭受的破坏则不太为人所知，但在战争结束后，这将对叙利亚人产生长期影响。许多武装冲突的前线都位于农业地区或其附近，导致农业社区死伤惨重，交战双方还没收了大量田地。据估计，在战前，农业为该国提供了50%的就业机会。叙利亚曾一直是阿拉伯地区的主要食品出口国之一，向邻国和海湾国家供应谷物、水果和蔬菜等食品。战争初期，农田遭到了故意毁坏，果园里的树被烧毁，而城镇中的街市也被炸毁。四处行动的武装派系纷纷在被围困的地区对救援食品征收税款，并中断供应链。数百万挨饿的叙利亚人无计可施，不得不完全依赖救援物资。

与此同时，阿勒颇郊区有一小群科学家正在幕后拼命工作，试图拯救一种对叙利亚和整个世界都非常宝贵的食物资源。在阿勒颇以西25英里的塔尔哈迪亚镇，坐落着全球最重要的种子库之一。它是策略性分布在全球各地的12间种子库网络的一部分，这一网络中的每一间种子库都储存着不同种类的食物种子。国际干旱地区农业研究中心负责管理塔尔哈迪亚的这间种子库，里面储存着世界上品种最广泛的小麦、大麦、小扁豆和鹰嘴豆，展示了人类1.2万年的种植历史。这一基因池对于人类食物的未来十分重要，因为有些种子

---

1 “伊斯兰国”，简称ISIS，是一个自称建国的活跃在伊拉克和叙利亚的极端恐怖组织。——编者注

具备抵抗干旱和疾病的特点。如今，这间种子库身处战争地带，深受威胁。

2012年，一个民兵组织袭击了这个研究基地，并偷走了机动车；后来，冲突升级，他们又绑架了工作人员。然而，其余的工作人员依然守卫着种子库，想尽办法找到足够的柴油来维持发电机的运行，并保持内部低温以保存种子。正如尼古拉·瓦维洛夫的同事在列宁格勒被围攻时冒死保护种子一样，国际干旱地区农业研究中心的工作人员竭尽全力确保塔尔哈迪亚的15万个样本安然无恙。

有一次，科学家们被迫与叛乱分子进行交易：叛乱分子同意保护种子库，并让发电机继续运行，但条件是科学家们必须向他们提供研究中心实验园中种植的食物。这一交易持续到2016年春天。科学家们知道，他们别无选择，必须把种子转移到安全的地方。剩下的人员竭尽所能地将一盒盒种子装满整辆卡车，向南逃离，驶向了黎巴嫩边境。

所幸的是，几年前，他们就将种子库中大部分品种的备份种子送到了斯瓦尔巴——那间坐落于北极冰雪之中的种子库。国际干旱地区农业研究中心在黎巴嫩建立了一间新的种子库，而那些备份种子就派上了用场，用来弥补在叙利亚损失的种子。随着黎巴嫩陷入经济和政治危机，这些种子再次身处动荡之中。更悲哀的是，从阿布格莱布的伊拉克国家种子库（在第二次海湾战争中遭到摧毁）中抢救出来的种子，也存放在叙利亚种子库。当时，那里被视为该地区最安全的储藏地。

塔尔哈迪亚的种子收藏不仅代表了植物基因本身，还包含了对于叙利亚非常重要的当地品种的种子。数千年来，这个国家从不同邻国和居民那里吸纳了不同的方法和食材，其中包括亚述人、土耳其人、阿拉维人、德鲁兹教人和雅兹迪人。数千种叙利亚传统饮食折射出了不同群体带来的影响。霍姆斯一带的农民会采集一种名为“胡兰尼”（Hourani）的杜兰小麦，而它正是叙利亚文化历史的一部分。胡兰尼小麦具有独特的品质，特别适合制作精致的粗粮点心，包括甜奶酪卷（halawet el jibn）。点心师傅会用胡兰尼小麦制作面团，再加入糖浆和叙利亚奶酪（这种奶酪咸而多筋，可以使面团富有弹性）。然后，他们会在细长条的面团中放入一种名为qoshta（或ashta）的奶油，将面团条卷起来，再切成若干小块，刷上玫瑰花瓣糖浆，并撒上磨碎的开心果。

甜奶酪卷是黎凡特地区生产的众多甜品（以果仁蜜饼“巴克拉瓦”最为出名）之一，它们都是用杜兰小麦粉制成的。这些甜品的历史可以上溯到罗马帝国，受到拜占庭烹饪方法的影响，后来还融合了在奥斯曼帝国传播的烘焙技巧。在叙利亚，这类食物成了凝聚社会的力量：人们在家中制作甜点或是从糕点铺（广受欢迎的著名店铺，因其独创的甜品而大受称赞）购买甜点，并与亲朋好友互相交换。然而战争令这一切戛然而止。

战争期间为何要担心一种糕点的命运呢？这么说吧，当你开始将甜奶酪卷解构成个别食材，就会发现叙利亚食物系统遭受的损害之巨大。就像土耳其东部的卡夫奥加小麦一样，胡兰尼小麦经过数千年的进化，适应了叙利亚的土壤，如今却因为许多农民逃离故国而销声匿迹。再想想那些收藏在塔尔哈迪亚的种子，如今已经从阿勒颇消失了。与此同时，数千英亩种满开心果的田野也成了袭击目标而毁于一旦，农场遭到轰炸、被放置地雷或是被烧毁，其目的都是对农村进行最大规模的破坏。

战争也在摧毁叙利亚人的身份感。在公元1世纪，开心果是叙利亚农业和烹饪的典型特征之一，普利尼甚至将叙利亚视为开心果的发源地。事实上，开心果来自更东边的伊朗和阿富汗。然而，对于古罗马人来说，这种果仁在烹饪中的运用显然是在阿勒颇、大马士革和霍姆斯的厨房里日臻完美的。叙利亚随后成了中东和欧洲最大的开心果供应国。“开心果树就像肺，让我们的村庄得以呼吸。”一位因为战争而被迫离开田地的农民说，“只有我的果园平安无事，我才算平安。”战前，在霍姆斯以北的莫雷克镇，周边的田地每年能产出4万吨开心果，大约占叙利亚开心果年产量的一半。但在2011年后，战争伊始，开心果种植变得过于危险。人们绝望地将数千棵开心果树砍倒，用作燃料和木柴。

从莫雷克向北，在土耳其边境，还有一个开心果种植区——库尔德人的科巴尼。在“伊斯兰国”攻占这座城市和周边的村庄后，科巴尼被围困了近一年。数百人遭到杀害或绑架，另有数千人逃到土耳其，在难民营住了下来。以美国为首的联军在库尔德陆军士兵的后援下发动了空袭，而“伊斯兰国”部队在撤退途中将一片片开心果田纵火焚烧。“剩下的只有烧焦的开心果树，”帮助重建科巴尼的救援人员莱拉·阿斯曼说，“‘伊斯兰国’部队撤退时，他们用炸药炸毁了古井和灌溉渠。”即使当地人回到田地，他们也无法从幸存的树上采集开心果了，因为土壤里都埋下了地雷。

如果一种食物的配料来源（比如农场）遭到破坏，那么这种食品很快就会处于险境。然而，如果处理、加工这种食物的地方以及那些掌握食物制作工艺的人都受到袭击，那么这种食物就会濒临灭绝。在叙利亚，那些人们排队购买面包和蛋糕的糕点铺都成了袭击目标。在阿勒颇，一间名为Salloura的糕点铺就因为战争而不得不关闭。150年来，这间家族店铺因其各种糕点而闻名，包括甜奶酪卷这种含有奶酪和开心果的糕点。战争爆发两年后，随着战事日趋激烈，糖、面粉和开心果供应短缺，家族只得关闭店铺，越过边境逃到了土耳其的伊斯坦布尔，加入那里的50万叙利亚难民中。伊斯坦布尔的阿克萨赖居民区如今被称为“小叙利亚”，Salloura家族在这里重建了最初开在阿勒颇的糕点铺，并开始制作包括甜奶酪卷在内的传统油酥糕点。在一个名为“流亡的叙利亚人”的Whatsapp群组中，世界各地的叙利亚难民分享了Salloura糕点铺的甜品照片，并发表了评论。一个如今住在北美的叙利亚人写道：“你把我带回了家。它就像火一样，我看着它就仿佛在经历火烧的痛苦。”

2020年夏天，那些种植开心果的叙利亚农民开始重拾剪刀，回归果园。许多田地已废弃长达8年之久；有些树已经干枯，树枝也枯萎了。他们还要应对那些地雷。然而，甜奶酪卷的其他配料依然四散于世界各地。那种“恰到好处的”小麦储藏在黎巴嫩的种子库里；糕点师傅Salloura家族依然暂时居住在伊斯坦布尔；他们的顾客则和数百万叙利亚人一样，都成了流亡在外的难民。在和平降临、人民能重返家园之前，叙利亚的饮食文化将活在散落于世界各地的叙利亚人的心中。

33 伊扎蛋糕

约旦河西岸，纳布卢斯

“在纳布卢斯，能找到最好的烘焙师傅、最好的蛋糕，以及绝对顶级的中东芝麻酱。”维维安·桑苏尔向我介绍她正试图拯救的巴勒斯坦本土种子和风味。她在靠近伯利恒的贝特贾拉长大，从小就和祖母种植作物——用她自己的话说，“指甲里都是泥土”——并跟母亲、阿姨和祖父母学习做菜。她出生于20世纪80年代的约旦河西岸，阅尽了战乱；她经历了敌军侵占，目睹了非法移居者的到来，并看到了第二次大起义席卷巴勒斯坦各地。这些都造成了土地和传统作物的流失：水果、蔬菜和谷物——它们都是好几代农民培植出来的当地品种。“面对此等压力，人们如何能耕作？”桑苏尔自问，“怎么可能种东西吃呢？”

她离开了西岸，到美国研读人类学。为了一个研究项目，她来到了墨西哥，看到农民们为了拯救种子而种植传统的玉米和南瓜品种。当听到“无玉米不成国”这句话时，她想起了自己的家乡，想到了巴勒斯坦正在流失的作物，于是她决定回到家乡，拯救自己家乡的种植传统。在西岸，她建立了巴勒斯坦传家宝种子库，凭一己之力追踪并保存在战乱中消失的作物品种。

她从儿时喜爱的小胡瓜、番茄和豆类着手，在脸书上发布了装满种子的玻璃罐的照片，在这之后她收到了大量留言。人们想知道，她能否找到他们的祖父母曾经种植的、母亲曾经烹饪的蔬菜。“我触碰了一条原始神经，他们知道生活中少了些东西，几乎是在恳求我的帮助。”她开始巡访西岸各地，从南边的希伯伦到北边的杰宁，这些地方的农业有接近1.2万年的历史。

她到访的每一个村落、见到的每一个农民都有值得分享的、有关种子的故事。他们拿出照片，给她看很久以前就已隐没的农场，向她描绘用绝种蔬菜制成的菜肴，还唱起了在收割时节所唱的传统歌谣。她说，她的目标不仅是拯救西岸的生物多样性，还在于拯救巴勒斯坦文化。就在杰宁，她更清楚地意识到了这一使命。老一辈的人总是提起这样一种水果——扎杜伊（jadu'i）西瓜。这种水果曾经备受人们喜爱，如今却销声匿迹了。杰宁周边的田野曾经满是这种又大又绿的水果。人们告诉她，直到20世纪60年代，许多巴勒斯坦农民都靠种植这种西瓜为生。从贝鲁特到大马士革，它在黎凡特一带都广受欢迎。妇女们描述了她们如何在丰收时节的西瓜地里生下孩子。然而，当桑苏尔问及能否尝一尝这种人见人爱的西瓜时，答案只有一个：“这种西瓜已经绝种了，找它就好比找恐龙。”她在西岸巡游期间，不断地询问当地农民是否吃过扎杜伊，而得到的答案总是否定的。有一天，她遇到了一位曾为农民的小店店主阿布·加塔。加塔把她带到了小店后头，打开了一只抽屉。桑苏尔说，“里面都是螺丝和钉子”，但在抽屉最里头却有一包西瓜子。他告诉她：“扎杜伊。”他以为没人还会记得这种水果，更别提将它放在心上了，但他还是留下了这些种子，以防万一。桑苏尔说：“一直以来，他都不忍心把它们扔掉。”通过种植这种西瓜并保存它的种子，她拯救了扎杜伊。

之后，桑苏尔也在小麦种植方面取得了成功。在伯利恒以西的沙瓦乌拉，农民们保存了传统的种子，包括一种名为“阿布萨姆拉”（abusamra，意为“俊郎”）的濒危品种。这种小麦的麦芒接近黑色，谷粒的味道非常特别。最重要的是，它几乎无须灌溉。桑苏尔说：“它会尽可能地从雨水中吸收水分。”对于西岸的农民来说，这种特性如今更是必不可少，因为敌军的侵占使许多人丢去失了种子和土地，而最致命的是，失去了可靠的供水。

阿以冲突关乎领土，而水资源也是双方相持不下的另一重要原因。1967年，水资源就是以色列“六日战争”的导火索之一（约旦河是以色列最主要的饮用水来源，而阿拉伯国家数次试图将约旦河改道）。以色列在那场战争中获胜，乘机将其领土扩张至原来的3倍，并展开了一场农业扩张计划（包括种植橙子、香蕉、小麦和棉花）。对于水资源的控制成了更大的分歧来源。时至今日，局面依然如此。以色列和以色列人定居点（后者在国际法律中被视为非法）依然控制着西岸大部分的水资源。巴勒斯坦农民说，这扼杀了他们的农业经济。2014年，世界银行指出，一些巴勒斯坦农民甚至无法获取约定的水资源额度，并强调了对此的担忧。

在西岸逐渐消失的作物就包括芝麻的当地品种。农民们曾在西岸大部分地区种植这种芝麻，特别是在纳布卢斯周围肥沃的平原地带。它在巴勒斯坦文化中是如此根深蒂固，以至于一些民歌都会提及它。其中有一首人们会在婚礼上唱的歌，名为Ya Zarain El

Semsem，歌词中提及新郎承诺永远都会为新娘和她的家人耕种芝麻。一些传统舞蹈中甚至会出现农民们在田里收割芝麻的动作。和阿布萨姆拉小麦一样，这种芝麻靠雨水浇灌，可以在干旱的气候中茁壮成长。巴勒斯坦的烘焙师曾经用这种本地芝麻品种制作一种酱和一种蛋糕；两者都被称为“伊扎”（qizha），且颜色都是漆黑的。桑苏尔告诉我，最好的伊扎仍然来自纳布卢斯，但如今从埃塞俄比亚和苏丹进口的芝麻取代了巴勒斯坦的当地品种。

在城市的一些小工厂里，工人们将生芝麻籽放在大盆的盐水中连夜浸泡，去除其外壳后，再将它们放入烤炉烘焙，直至其表面发亮。芝麻籽冷却后，便可以研磨成厚重的芝麻酱，再与黑种草籽混合在一起。最终的成品是一种发光的墨黑色混合物，状似糖蜜，吃起来有泥土味，还有一丝丝薄荷香。烘焙师傅将这种黑色的酱与粗粒小麦粉、糖和果仁搅拌在一起，制作出一种甜甜的、松软的黑色伊扎蛋糕。

来自耶路撒冷东部的年轻农民穆罕布·阿拉米致力于在西岸重振传统芝麻的生产，并将其出售给烘焙师傅。不过，他遭遇了重重困难。“水资源受控制，而土地也受控制。”他说，“人们总有一种不确定感。在这里当农民压力很大。因此，我们的传统食品就在我们眼前消失。”即使是在收割种子后，他在试图出售它们的过程中也会遇到一系列挑战。“军方设置了多种限制；新的定居点成了障碍，而检查站有时根本无法通过。”

种植芝麻需要大量的人力投入，这是其产量锐减的原因之一。然而，数十年的战乱也是一大原因。西岸的大部分农业用地被称为

"C区"。自20世纪90年代初以来，这片土地（占西岸土地的60%）一直在以色列的掌控之中。阿拉米说，巴勒斯坦人种地和进入市场的权利都受到限制，这导致芝麻种植变得越来越难以产生经济效益。许多农民搬到了城市，或者改为种植他们认为更易获利的作物，比如烟草。芝麻的当地品种因此濒临灭绝。

然而，阿拉米下定决心要拯救西岸的古老品种和其他濒危作物。在我遇见他的3年前，他曾在一家银行的IT部门供职。"我觉得自己像是在和空气打交道。"他一边说一边挥舞着双手，好像试图抓住某种不可名状的东西，"而如今，我是个农民，产出的是实实在在的东西。"对于他来说，做个农民并拯救消失中的巴勒斯坦作物是一种非暴力的抵抗方式。"虽然我的钱少了，但现在我觉得更富有了。"

桑苏尔就像是阿拉米这样的农民和巴勒斯坦传统食物的拉拉队长。她走访西岸时，会带上一间行走的厨房——装有轮子的两只木制橱柜，每个橱柜都有数米长、一米宽。她会在橱柜上面切食材、准备食谱，并进行烹饪。她说："当人们品尝到儿时吃过，如今却难以找到的东西时，就会感动得流下泪水。这让他们想起了过去不那么艰辛的生活。"她也会帮助人们在社区花园里种植作物。他说："你甚至可以在土壤中看到暴力的痕迹。我们在开垦一块新花园时，经常会发现玻璃碎片和用过的催泪弹。"她说，终有一天，她会将西岸流失的其他芝麻品种都拯救回来。"要是有人告诉我，我们的种子不值得拯救和播种，那就像是在跟我说，我们巴勒斯坦人没有价值，也没有未来，我们应该闭嘴，种什么、吃什么都要听凭别人发号施令，"她说，"那不过是另一种形式的侵略。"

在我们道别时，桑苏尔跟我分享了一句巴勒斯坦的老话。“不靠自己的扁斧吃饭的人，缺乏自己的思想。”正因如此，一只西瓜、一颗小麦谷粒或一粒小小的芝麻籽都是如此强大。它们都能让人品尝到一丝自由的味道。

34 克里奥罗可可豆

委内瑞拉，库马纳科阿

大约在300年前，欧洲人最初爱上巧克力的时候，有一种可可豆以能制作出最上乘的巧克力而著称。它就是克里奥罗，中美洲土生土长的可可豆。它源于一种稀有的、相对其他品种更为娇气的植物。经过几个世纪的杂交育种和杂交品新种的研发，纯种的克里奥罗可可豆更是少之又少（如今，它在全球可可豆供应量中的占比不足5%）。然而，在中美洲有这样一个地方，那里的克里奥罗可可豆曾经非常兴盛，也正是从这里，这些可可豆出口到了东半球的“旧世界”。这个地方就是委内瑞拉。多年来，可可贸易对委内瑞拉至关重要，这种上好的可可豆一直是该国的主要出口货品。然而，到了20世纪，委内瑞拉政客却排斥可可种植，而是着眼于该国的另一种自然资源——储存量位居世界前列的石油。在一段时间里，委内瑞拉可可种植业的衰退似乎并没有带来问题；石油使委内瑞拉跃升成为拉丁美洲最富有、最发达的国家。然而，当石油价格大跌，政府又出现腐败时，委内瑞拉的经济急转直下，令数百万人民遭殃。正是那个时候，我来到了委内瑞拉，寻找那传奇的可可。

那是2017年的春天，我搭乘一架空荡荡的飞机（大多数乘客都搭乘反方向的航班）来到委内瑞拉首都加拉加斯。街上有人在抗议游行，超市里几乎买不到什么食物，而这座城市则被描述为全球的谋杀热点城市之一。靠绑架获取赎金成了新兴行业。经济危机令整个国家几近瘫痪。3000万人口中有四分之一迫切需要食物和基本供给，另有500万人逃离了这个国家。

食物短缺引起了各类纷争。委内瑞拉中央大学营养学教授马里亚内拉·赫雷拉当时告诉我："人们在排队购买食物时会打起来，人们愿意为几袋米而杀人。"食品短缺最早发生在2014年，而人们吃了上顿没下顿的焦虑则一直有增无减。一开始，人们要等待好几天，才能等到基本食材运抵超市，后来成了好几周，而如今则要等上好几个月。他们甚至买不到玉米，也就无法制作委内瑞拉的日常食品阿瑞巴玉米饼（arepa）。食品黑市相当兴旺，另外还出现了一个新行当：巴茶克罗（bachaqueros）。这些人凭借关系、利用特权获取食材，再大幅抬高价格予以出售。

我来到加拉加斯会见了玛丽亚·费尔南达·迪雅各布，她正在帮助一部分委内瑞拉人走出危机。她是一位主厨，拥有自己的餐厅，但在经济崩溃时期，她成了一名活动家。她告诉她的同胞，有一个能解决危机的方法，一个可以帮助这个国家重整旗鼓的工作机会。迪雅各布的答案就是巧克力，更确切地说，就是委内瑞拉稀有而珍贵的可可——克里奥罗。随行她一周后，我确信她是对的。

我们在加拉加斯的一间剧院里见了面。数百人（大多是女性）前来倾听迪雅各布（深受农民和巧克力工匠的支持）描绘她的愿景，了解委内瑞拉巧克力的历史，领会为何巧克力可以成为委内瑞拉人未来的重要支柱。听众中有很多人花了好几天时间，从南边的乡村乘坐公共汽车来到加拉加斯。有些人告诉我，他们是来寻求希望的。他们的村镇如今充斥着暴力，他们的家园被盗，有些人遭到持枪者抢劫，而所有人都遭遇了食物短缺。我在靠近影院的一间超市里，亲眼看到了委内瑞拉的这一国情——食物短缺。一排排货架上都摆满了某种货品的瓶子，创造出一种物资充裕的假象。我看到有数千瓶番茄酱和洗发水，但当我问售货员是否有面包、面粉或糖时，答案却是“没有，没有，没有”。离开了城市，情况更加糟糕；白喉疫情暴发。在一个街市，我看到有些临时摊位的摊主会把微量的婴儿配方奶粉分装进药瓶里。委内瑞拉的食物系统被破坏，人们只得依赖他们还能找到的那一星半点东西。

迪雅各布有50多岁，一头银色短发，眼神锐利，脸庞轮廓分明。她面带微笑地走上了剧院的舞台。她向听众介绍巧克力几个世纪的历史，而委内瑞拉就在其中扮演了重要角色。巧克力在石油（以及1914年发现的储量丰富的“黑金”）之前就已经是委内瑞拉的经济支柱。迪雅各布告诉听众，可可能够再次做到这一点——它可以帮助委内瑞拉人创造一个更美好的未来。他们或许居住在世界上最备受折磨的国家之一，但是委内瑞拉人有克里奥罗，用这种可可豆可以做出全世界最上乘、最令人向往的巧克力。

随着石油行业的迅速发展，许多农民离开了家园，致使委内瑞拉大量农田荒废。对于那些继续种植克里奥罗树的人来说，这场危机则将种植行业变成了一门高风险的生意。强盗会从农民的庄园掠夺作物，从树上剥下可可豆荚。有些农民不得不雇用保安来防范盗窃。还有一些人为了防备小偷、降低失去作物的风险，将采摘可可的时间提得越来越早——在其达到最佳条件前就进行采摘。“质量欠佳最终会降低他们的收入。”迪雅各布解释说。

这种紧张的局势令更多农民背井离乡。在不到10年的时间里，可可的产量下降了一半。更糟糕的是，有些农民还遭到了绑架。“他们吃尽了苦头，无法再回到他们的田里去耕种，”委内瑞拉全国可可生产者联合会的主席比森特·佩蒂特说，“即使是那些已经种植可可几个世纪的家族亦是如此。”70岁的阿曼达·冈萨雷斯·德加西亚是一位可可种植者和巧克力制作师傅，她向我描述了强盗是如何5次打劫她的庄园。“最后一次，他们带走了一切。”她一边说一边回忆起那次打劫，停顿了一下便哭了起来。他们夺走了她的可可和处理可可豆的设备。“但是我们必须继续干下去，”她说，“我们的文化和生计都要依靠可可。委内瑞拉就是可可，因此我们也就是可可。”

即使解决了收成的问题，持续的冲突也意味着无法保证可可豆能够抵达目的地。“一辆开往加拉加斯的卡车一路上或许会被喊停三四十次，”佩蒂特说，“而司机就被迫掏出买路钱。”卡车有时会被扣留在检查站数日之久，有时则一去不复返。

如今，委内瑞拉的石油出口量相当不稳定。迪雅各布说，是时候想起可可豆对于这个国家的重要性了——过去至关重要，未来也有可能如此。她成长在一个厨师之家并当上了主厨，但受经济危机的影响，她被迫关闭了自己的餐馆。就是从那时起，她开始制作巧克力。一直以来，委内瑞拉将世界上最好的可可豆出口到其他国家（多为欧洲），他们用这些可可豆做出巧克力和糕饼，从而获取大部分收入。迪雅各布开始进行试验，用借来的仪器和家里的冰箱设计出了一间自助的巧克力工坊。为了寻求最好的可可，她跋涉几千英里，找到了少数几个还在种植质量最上乘的本地克里奥罗的农民，并向他们学习如何发酵、晒干可可豆，以激发豆子的最佳风味。

她将自制的巧克力小批量出售，大部分卖到加拉加斯；她也设法得一小部分巧克力，包在衣服里，放入行李箱，偷运到了国外。就这样，她的付出和她制作的稀有巧克力渐渐为人所知。然而，迪雅各布不仅着眼于自己的生意，还鼓励同胞们参与进来。她的小工厂成了培训中心，来自委内瑞拉各地的妇女来到这里学习制作巧克力：烘焙可可豆，扬去豆子的外壳，研磨，搅成顺滑的糊状，再加热成闪闪发光的巧克力块。感兴趣的人很多；她们中的许多人都失业了，而往往她们的丈夫也是如此。新技能使这些妇女获得了新生，她们到其他社区将学会的新本领传授给更多妇女。

一传十，十传百。2017年，当我见到迪雅各布的时候，她已经发展出了一支由8000名巧克力师傅组成的队伍，其中大多数人都在家里工作。那一年，她获得了享誉世界的“巴斯克烹饪世界奖”。这个奖项旨在认可那些通过食物发挥更广泛社会影响的厨师。其中一位评委、美食作家哈罗德·麦吉说：“她影响着委内瑞拉可可和巧克力的方方面面。通过帮助农民照料他们的可可树、改进他们处理可可豆的方法，迪雅各布让这些群体有机会从生产巧克力中获益。”这一运动是史无前例的，不仅因为它的发起正当经济危机之时，还因为通常只有大型企业才能将可可豆转化为巧克力。即使是在经济危机最为严峻和食物短缺的那些年，迪雅各布依然坚持工作。当购买糖——巧克力的基本配料——遇到困难时（即使是委内瑞拉的可口可乐工厂也很难买到足够的糖），迪雅各布的巧克力团队创造了一条替代供应链，共享其所拥有的资源。

如今，一群新成员正坐在剧院里聆听她的故事，汲取有关巧克力制作的点滴知识，了解如何创业、如何把克里奥罗可可做成巧克力。这是一个非常难得的机会，可以让委内瑞拉人重获独立，并推动更多的委内瑞拉可可农场恢复生产。乍一看，制作巧克力或许算不上改变人生的壮举，但是听迪雅各布的描述，它确实就是。“可可给了我们一个机会，让我们可以用一种新经济创造一个新的国家，并赢回一些尊严。”

数百名委内瑞拉妇女追随迪雅各布的愿景，并已开始制作巧克力，我与其中一位交谈了一番。她告诉我：“我们可以暂时忘却自己的问题，投入到工作中。可可是实实在在的东西，我们摸得到、尝得到、闻得着。石油却并非如此。”如果迪雅各布可以成功地通过巧克力推动国家发展，那么历史便得以重现。此前，委内瑞拉可可曾掀起革命。

据估计，当西班牙人来到现在的委内瑞拉时，有50万土著居民生活在这个国家。一些土著人逃到荒郊野外独自生存，从而逃脱了殖民者的迫害；而还有许多人遇害，其中多数都死于欧洲人带来的疾病。西班牙人需要劳工，便将其奴役的10万非洲男女及孩童运到了委内瑞拉，其中第一艘奴隶船于16世纪20年代抵达委内瑞拉。多数奴隶被送到了北部海岸新开辟的庄园工作，那里已经开始将可可作为商品，进行大规模种植。这些庄园改变了委内瑞拉的风景线，而随着众多奴隶的到来，其人口结构也发生了改变。

16世纪80年代，一部分可可被运往塞维利亚，并在那里被加工成为巧克力饮品。到17世纪20年代，可可就成了委内瑞拉最主要的出口商品。随着对可可的需求日渐增长，更多的非洲奴隶被派来开辟数百座新庄园。到了17世纪中叶，委内瑞拉已经超越墨西哥，成为全球最大的可可生产国。

巧克力开始在意大利、法国和英国流行起来。这些巧克力中的糖来自加勒比海和巴西的庄园，由数百万非洲奴隶完成其种植和加工工作。18世纪初，欧洲进口的可可中有90%来自委内瑞拉。巧克力史学家索菲和迈克尔·科说："从伦敦的佩皮斯[1]到佛罗伦萨的科西莫三世[2]，欧洲人都呷饮着热巧克力。这些巧克力大多来自加拉加斯由奴隶种植的可可树。"

随着可可贸易长盛不衰，委内瑞拉的可可农民越来越憎恨欧洲人的统治。西班牙皇室阻止农民自行贩卖可可，还通过一家名为Compañía Guipuzcoana的企业垄断可可交易。持反对意见的农民遭到残酷镇压，这也引发了一场由农民胡安·弗朗西斯科·德里昂领导的叛乱。而另一位革命领袖——也是在可可庄园长大的——西蒙·玻利瓦尔则在1823年带领委内瑞拉摆脱西班牙人的统治及其对可可交易的垄断。巧克力是委内瑞拉成为独立国家的基础。

迪雅各布意识到，虽然委内瑞拉的可可交易量锐减，但在许多

1 佩皮斯，英国作家和政治家。

2 科西莫三世，全名科西莫三世·德·美第奇，托斯卡纳大公。

历史遗留的庄园和小块土地中，仍留存着世界上最优质的可可。如果委内瑞拉丧失了这一宝贵的资源，那也将是全世界的损失。然而，如果这些可可树能得到拯救，就可以创造数千个商业机会。

克里奥罗是当年玛雅人和阿兹特克人珍爱的可可品种；克里奥罗也使巧克力受到全世界的关注。和其他可可品种（福拉斯特洛和特立尼达）不同，它几乎不含任何苦味，且因为其咖啡因含量较高，便更具刺激性。在委内瑞拉，不同地区的庄园里生长着各种独特的克里奥罗，它们不断发展进化，有些品种会被冠以其生长地的名称，比如位于偏僻村庄的初奥（Chuao，它或许是顶级的委内瑞拉可可品种）。还有一些则以外形命名，比如瓷器（Porcelana，当你剥掉咖啡豆的外皮，就能看到雪白发光的豆子）。

在委内瑞拉的石油产业兴起后，其可可产量便开始下滑，克里奥罗的种植量也随之减少，全球可可行业的影响力中心转移到了非洲和其他可可品种。19世纪末，赤道几内亚（当时是西班牙殖民地）就开始种植可可了，并从这里传到了加纳和象牙海岸（如今这两个国家的可可种植量约占全球总量的四分之三）。到了20世纪60年代，可可培植人员开发出了新的F1杂交品种，包括一种名为“CCN51”的新品种。它的味道不如克里奥罗那么细腻，但产量更高，利润也更丰厚。因此，中美洲的农民就用它取代了本土的品种。委内瑞拉专注于石油，并未积极参与这一现代化的过程，因而克里奥罗这种最濒危的可可在这里存活了下来。

迪雅各布想拯救所有幸存下来的克里奥罗树。她在委内瑞拉穿行数千英里，在各个村镇传播她的思想，并主动向农民提供帮助。

我参与了她的一次出行，从加拉加斯驱车12小时，来到库玛纳科阿小镇附近的一座可可农场。在18世纪，一位西班牙殖民者意识到这里的土地尤其肥沃，他说："这里的水果有一种特殊的风味和味道，鲜少有地方能比拟。" 18世纪90年代，更多的殖民者来到此地，包括一名来自加泰罗尼亚地区的农民（他原本是个水手），他带领20名非洲奴隶创建了一座庄园。在之后的两个世纪中，他们种植的可可让这座小镇在全球巧克力界闻名遐迩。

途中，我们经过了一处又一处的军事路障，在此期间我学会了如何做好准备，迎接全副武装的士兵对我们进行令人胆战心惊的搜查。在封锁点，他们冷酷而坚定地向车窗内张望。到了第5个检查站时，我才意识到最好的办法就是避免任何眼神接触，直视前方。

到了目的地，我们走在可可树之间。那更像是来到了一片丛林，而非一座农场，有一种山野欣欣向荣的美好，鸟儿的歌唱和虫儿的鸣叫不绝于耳。天气温暖而潮湿，而我们脚下是一片厚厚的、发黑的烂树叶。我们头顶上方是香蕉树那粗糙、宽厚的叶子交织而成的树冠。树冠之下，可可树在昏暗的日光中隐约可见。它们看起来超凡脱俗，充满魔力。那丑中带美的可可豆荚（果实）有紫色、红色和黄色的，形似迷你橄榄球。它们并不是从树枝上长出来的，而是直接长在树干上，且每颗豆荚都很小巧，可以捧在双手间，其表皮上还有竖直的纹路。这些豆荚的顶端还微微蜷曲，而这正是克里奥罗的标志。

判断最佳的采摘时间是一门艺术，甚至是一种音乐技巧。"你可以靠听来判断。" 迪雅各布这样告诉我。她用手指轻敲豆荚，发出一种嘟、嘟、嘟的声音。里面的种子和果肉都脱离了外壳，那中空的声音就标志着它们已经成熟了。她向站在一旁的一位农民点点头。那位农民拿出一把砍刀，沿着几乎看不见的茎切了下去。豆荚里装着一排排的种子，每颗都有拇指尖那么大。每个豆荚里大约有30颗可可豆，其周围那湿润、乳状的白色果肉吃起来又酸又醒神，味道就像是捣碎的荔枝混合了柑橘和蜂蜜。我咬了一口可可豆。它没有什么味道，略带一丝苦，一点儿都不像巧克力。

完成采摘后，我们将可可豆带到附近的一座农场小屋，可可豆会在那里发酵并释放出风味。工人会把种子放进一个木盒中，经过几天时间，这只盒子里就装满了冒泡的微生物。种子上的酵母和乳酸菌开始分解糖分，产生酒精和醋酸。这一过程产生的能量如此之多，以至于盒子里的温度可以达到50摄氏度。酸会穿透种子的硬壳，使其分解，并开始产生巧克力特有的风味。接下来的步骤——风干和烘焙——则可以增强并巩固这些风味。每一个步骤的时机和分寸都对巧克力最终的味道至关重要，而迪雅各布正在教数百名小规模种植的农民如何处理其作物，以制作出最好的巧克力。

回到加拉加斯，我又见到了几位与迪雅各布共事的农民。他们之中有两兄弟，其庄园被非法占领，在这之后他们斗争了多年才将庄园拿了回来。他们曾经是工程师，却在经济危机中失业了。“我们正在学习如何再次成为农民，”他们告诉我，“委内瑞拉拥有全世界都需要的东西，可可是我们唯一的机会。”

我尝到了迪雅各布做的一块巧克力。那是她在加拉加斯的“巧克力实验室”里做出来的，使用的是她在库玛纳科阿附近农场里帮忙种植的克里奥罗。这块巧克力的味道像是成熟的水果，那绵长的风味在我口中融化，让人愉悦万分。“巧克力代表着幸福和欢愉，”我们掰下另一块巧克力时，她这样说，“它也是一种让人充满希望的食物。”

“冷战”和可口可乐化

对于关心商业动态的人来说，2013年发生了一个重大的转变：苹果公司取代可口可乐，成为全球最具价值的品牌。自2000年该榜单首次发布以来，可口可乐就一直位居榜首。然而，到了2020年，它却跌至第五位（位列亚马逊、微软、苹果和谷歌之后），这证实了科技巨头成为我们人类共同经历的新驱动势力。

我们知道，全球食品和人类饮食的同一化远远超出了“可口可乐化”[1]（这一词最早出现在20世纪50年代的法国），这种同一化体现在制作面包的小麦、鸡饲料里的黄豆，以及支撑全球种子行业的基因池。不过，可口可乐的无处不在依然是一个实用的范例，证明我们的世界是如何变得千篇一律的。被同一化的不仅是我们的饮食，还有我们的味蕾。

以俄罗斯的格瓦斯为例。这是一种解渴的发酵型气泡饮料，但它很酸。从前，俄罗斯各地无数的家庭都会将不再新鲜的面包和水放

1 “可口可乐化”，指全球化或文化殖民。——编者注

在一起发酵数日，制成格瓦斯。这一过程会令水自然产生气泡和香浓的酸味（格瓦斯在斯拉夫语中意为“酸的”）。在经济条件允许的情况下，他们还会在格瓦斯中加入蜂蜜、葡萄干或浆果，以增添其风味并加速发酵。正因如此，在俄罗斯各地以及波兰、拉脱维亚、立陶宛和乌克兰，有各种版本的格瓦斯。在好几个世纪里，这就是俄罗斯人的饮料。有一句俄罗斯谚语：“我们有面包，还有格瓦斯，这样就够了。”酸味还标志着有害菌种已被杀死。因此，就像西欧的啤酒一样，俄罗斯的格瓦斯成了宝贵的水的替代品，正如另一句谚语所说：“糟糕的格瓦斯也好过上乘的水。”

托尔斯泰在《战争与和平》中描写了忙碌的街道场景，小贩们在人群中兜售格瓦斯（以及姜饼和罂粟籽糖果）。他还写道，俄国士兵在营房里一杯接一杯地喝格瓦斯来提升体力，准备作战。俄国的“比顿夫人”、作家叶琳娜·莫洛霍维茨[1]就酷爱格瓦斯。她收藏了1000多份制作格瓦斯的秘方，包括“莫斯科苹果格瓦斯”。人们在夏季将这种格瓦斯存放在木桶之中，冬季则将其储藏在地窖里，足够喝上一整年。还有“覆盆子和草莓格瓦斯”，这种格瓦斯被储存在小桶中，埋在冰块下面发酵。她的秘方读起来就像是在颂扬酸味和俄国的民族自豪感。她留意到，喝格瓦斯是“一种文化行为，它进一步体现了俄罗斯人的民族性”。

---

1 叶琳娜·莫洛霍维茨，俄国19世纪著名厨艺作家，著有《送给年轻家庭主妇》，被称作俄国的“比顿夫人”。比顿夫人，指伊莎贝拉·比顿，因著有《比顿夫人的家政管理》一书而闻名。

俄罗斯首次出现可口可乐是在“冷战"时期。不过，直到苏联解体，可口可乐的大型广告牌才出现——就在普希金广场。1995年，可口可乐公司在圣彼得堡（离瓦维洛夫学院不远）开设了一家装瓶厂。然而，这种饮品在俄罗斯并没有像在其他国家那样轻易打开市场，至少刚开始时是这样。俄罗斯电视台播放着爱国广告，宣传工厂生产的格瓦斯，标语是“对可乐化说‘不’。为了国家的健康，喝格瓦斯吧！”广告里还出现了一瓶深棕色的格瓦斯，看起来就像是一升装的可乐，它被命名为“尼可乐”（Ni-Kola，在俄语发音中，听起来就像“非可乐”）。然而，为了与西方含糖饮料竞争，工厂出产的格瓦斯变得越来越甜。随着可口可乐和其他西方品牌在俄罗斯开设店铺，俄罗斯人的味蕾被甜味征服了。

随着俄罗斯人从喜酸变为喜甜，一些格瓦斯便消失了，其中包括白色格瓦斯（又称Kislie Shchi，可大致译为“酸汤”）。那是一种蜜糖色的饮料，比黑色格瓦斯更优雅。它的原料并不是过期的面包，而是发酵的小麦麦芽和黑麦谷粒。只消几天，它就会变成一种白色的气泡饮料。当时，它的用途不仅限于解渴，还作为一种有气泡的高汤加到鸡汤里，增添一丝酸味。白色格瓦斯的酵母十分珍贵，人们会与家人和好友分享，并代代相传。然而，已不再有人自制格瓦斯了，尤其是白色格瓦斯，这种格瓦斯成了一段回忆。

2013年，一位俄罗斯饮料商决计复兴格瓦斯文化。斯维特兰娜·戈卢别娃的想法是，根据一份家族的传统秘方制作白色格瓦斯，装瓶后在莫斯科出售。她只需要找到一份理想的配方。因此，她穿行1500英里前往俄罗斯南部，走访那里的偏远山庄，包括坦波夫、梁赞和沃罗涅什，挨家挨户地寻找最年长的当地居民。

在其中一座村庄，她喝到了刚刚做好的白色格瓦斯，并拿到了制作这种格瓦斯的酵母。接下来，她只需了解具体的操作步骤。“白色卡瓦斯需要发酵多久呢？”她问。“直到它做好为止。”对方如是回答。

戈卢别娃能让Kislie Shchi再次流行起来吗？这种可能性不大，但至少当同质化的含糖饮料如河流一般在世界各地奔涌，并冲入俄罗斯的时候，戈卢别娃敢于逆流而上。

后　记

像哈扎人一样思考

我们对得起后代吗？

——乔纳斯·索尔克

我常常会回想起在哈扎部落的经历，特别是一次捕猎豪猪的画面和声音，总是在我的脑海里不断回放。哈扎猎人西格瓦兹去除了豪猪锋利的刺，点上火，煮熟它的内脏，并与大家分享它的肉。吃完豪猪后，我们走出稠密的丛林，来到一块空地。突然之间，西格瓦兹停下脚步——双肩上一边挂着一只弓，另一边扛着豪猪的尸体——身体开始倾斜摇摆。他被催眠了一般，一边跳着这种慢舞，一边唱着歌。我听不懂歌词，但看得出这并不是一首得意扬扬的歌曲；在我听来，它就像是颂词，传至树丛和狩猎场。我记得当时感受到一丝羡慕。倒不是说我想要像西格瓦兹那样生活，而是羡慕他与生活环境的亲密关系。

哈扎人的孩子5岁时就能识别周遭动物的声音，并掌握每一种动物的生命周期，甚至是交配习惯。因为生活的需要，他们成了物种多样性方面的专家。在如今这个时代，不仅仅是食物，连全人类的经历都趋向同一性；哈扎人提醒我们，在这个世界上，还有许多种生活和存在的方式。

在本书中，我探究了食物的起源和历史，让读者看到我们改变世界的速度之快。这种迅速改变是当今时代的主题，而我们所有人都应积极参与、决定这一主题接下来的走向。在1.2万年前，我们的先人巧妙地驯化了第一批作物。在20世纪，科学家、植物栽培者和食物工业家同样足智多谋，开发出了一个可以满足全球食物需求的系统。然而，现在我们都知道，不可能有一种万能的方法。我们不能再继续以违背自然规律的方式种植作物和生产食品；我们不能继续让地球屈从于人类的需求，不能继续控制、侵占甚至破坏生态系统。这是不可行的。如此多的人们在忍饥挨饿或肥胖不已，而地球也在遭殃，此时谁还能逆天道而行呢？

哈扎人对环境产生了一定的影响，但他们知道自己何时越界了，何时从大自然索取太多了；一旦发生这种情况，他们总会在别处减少索取。也许这就是西格瓦兹扛着豪猪尸体，对着树丛唱歌的原因——或许他是在向周遭的世界表示感谢，他知道自己在那天得到了自然的特别馈赠。回到家中，我似乎难以在日常生活中借鉴哈扎族的生活方式。我生活的地方没有猴面包树，也没有响蜜䴕。

我的朋友迈尔斯·欧文帮助了我。他主张在自然和我们吃的食物之间建立紧密的联系，并热衷于传播这一理念。作为一名搜集食物的专业人士，他研究了世界各地的狩猎采社群体，包括哈扎人。另外，在欧文看来，吃野生食物是一种生活方式。他50岁出头，留着长发，身材精瘦。他会在灌木丛、路边、海滩边搜寻桦树液、大蒜、酢浆草、海藻和蘑菇。他认为，我们应该让野生食材重新出现在我们的生活中和厨房里，哪怕只是一点点。他曾对我说："品尝一棵长在你花园草坪上的蒲公英，那将是一种革命性的举动。"

一个秋日的早晨，我们在肯特郡他家附近的海滩见了面。正是退潮时分，一层白垩在海岸边显现。白色的岩石周围还有绿色、紫色和巧克力棕色的东西。"海藻，"欧文说，"大多数人都不知道，其实这些海藻都是可以吃的。"我们所看到的，是成堆的食物。我们继续往前走，走到退潮后刚刚显现的沙滩和岩石，并穿过一大片地毯般的海藻。在岩石区的潮水潭里有海莴苣，就像是厚厚的塑料纸——"很适合用作沙拉菜。"还有红藻（他的最爱之一），那看起来就像红棕色的扁彩带。"来点儿嚼嚼……"我咀嚼着红藻，它尝起来又甜又咸，还有新鲜螃蟹的风味。我们还尝了尝齿条，除了两头比较嫩以外，大部分都很粗糙难嚼，"但你可以把它们烤成脆片吃"。最后，我们品尝了爱尔兰苔藓（也被称为"角叉菜"）。我们从岩石缝里拔出这些苔藓，但完整地保留了它们的根部，这样它们还能生长。我把苔藓放在手心里，它看起来像是一棵冬天的树的剪影，其微小的、紫色的柔弱枝干从主干上伸展开来。其绵长而柔和的味道让我想起了消化饼干。欧文解释说，这些海藻以及其他500种或许可以食用的海藻，是大自然给予人类的最好的食物之一，富含现代饮食缺乏的营养成分，其氨基酸和碘的含量如此之高，是我们大多数人都从未吃过的。这种食物对我们的身体和大脑都很有益。“这是一份馈赠，就像海滩在对我们说：‘给你，你需要这个。’”欧文就是通过觅食改变了自己与自然的关系。“我觉得自己更理解自然了。它让我对这个世界平添了一份信任和感激。”

随着潮水不断退去，他转身望向大海。“我并不是说我们应该重新成为狩猎采集者，而是说我们所有人都能从与自然的亲密关系中获益。”最近，他给自己定下一项挑战任务：每天吃20种不同的野生植物。“我吃到了18种，还在继续努力，”他为自己的缺口辩解道，“这是一个终身项目。”他突然看到了什么，随即弯下腰，捡起一些红藻。他意识到忘了带袖珍折刀，便对着岩石砸碎一块燧石，临时做了一个刀片。我问他：“你搜寻野生食物时，是否不时会觉得自己像哈扎人？”他说：“我没有那些人所拥有的传统根基，那延绵数千年的、未遭破坏的文化，肯定没法跟他们一样。但我知道，我不会成为他们那个世界的冒名顶替者，因为我属于这里。你也是……所有人都是如此。”

我们都应该以我们自己的方式成为生物多样性的专家，并在决定吃什么的时候，更加谨慎地对待我们一直试图突破的自然界限。没有什么比这更重要的了。未来的世世代代都取决于此。我们要学会认识现有的多样性；唯有对其有所认知，我们才能拯救它。正如河流和海洋中越来越稀有的大西洋鲑鱼，濒危的食物是指标物种，它们就世界上出现的问题向我们发出警报。

如果我们想要拯救濒危的食物，包括本书中提及的和其他许多食物，我们必须做到两点。首先是改变我们对食物的看法和所作所为。这似乎容易一些，因为它在我们的控制之下。如果能像哈扎人一样思考，我们就能在我们吃的食物和我们生活的生态系统之间建立联系。其次是重新思考全球食物系统。乍一看，这近乎不可能实现。然而，我们别无选择，必须这样做，而且这是可以实现的，因为有过先例。如果说诺曼·博洛格的研究成果和“绿色革命”向我们证明了什么，那就是通过人类的努力和智慧，食物系统可以得到改变。正如我们所看到的，科学家原本的意图是暂时改变食物系统，以巧妙的方法解决当时全球粮食短缺的问题。博洛格认为，这种方式只能维持25年至30年，但全世界却为这种食物生产方式所套牢了。这个系统早就过了保质期；它处境艰难，且一直由大量不可持续的矿物燃料支撑。我们可以——也必须——重新设计它。

种瓜得瓜，种豆得豆。每一分钟，全世界都会花费100万美元的农业补助金，不论是用于在塞拉多种植更多黄豆、在北美种植更多单一品种的玉米、在欧洲种植整齐划一的小麦，还是用于向已经过度捕捞的西非水域派出更多渔船。这是公款，是我们的钱，却在支撑一个缺乏韧性、不健康，更无法持续的系统。全球各地政府全年发放的农业补助金在7000亿美元到10000亿美元之间，大大影响了全球的种植和饮食。对于本书中提及的濒危食物来说，这些补助彻底颠覆了公平竞争的可能性。它们面临的局势太不利了——生产它们的社群也是如此。这个系统（不论我们是否发觉）影响着你我的饮食方式。它决定了我们关于食物的所作所为——这些行为是人类最近几十年来才习得的。

我并不是说本书中的濒危食物和饮品（以及其他数千种食物）可以解决我们未来的问题。它们中的大多数将（也应该）只能喂饱生产或采收它们的群体。然而，我相信，我们所需要的——也是地球所需要的——食物系统，是一个这些食物都能够有一席之地，且不会再面临灭绝危险的系统。我们的食物系统需要包容各种形式的多样性：生物的、文化的、饮食的和经济的。

诚然，我们需要利用最先进的科学技术，但我们也需要借鉴长久以来帮助人类实现此等进化的方法，不仅是20世纪的方法，还有流传了千百年的方法。我们未来的食物将依赖于多种农业系统。有些将会实现高度工业化和机械化，而另一些则规模较小，作物和动物的品种更多样化。多样性有助于这些系统将效用和适应性发挥到极致。正如我们所看到的，已经有人在为此作出努力，从小麦当地品种的再次出现，到香蕉培植人员所付出的努力，人们利用野生基因，并重新思考单一种植的模式。拯救多样性给了我们更多的选择。

从政府到个人，都要担起责任。国家和城市中涌现的创新想法可以促进多样性并拯救濒危食物。例如，巴西推出了一条全国性政策，规定学校餐饮所用的食物中至少有30%来自当地农场。在哥本哈根，向学校供应苹果的商贩需要签订合同，合同不仅规定了苹果的数量，还规定了不同品种的数量，这使得当地果园得以复兴。新科技可以让研磨卡夫奥加这样的作物变得不那么艰难，而数字网络也能为孙文祥这样在微信上卖红嘴糯米的人创造市场。更多人可以像埃西亚·利维那样，通过播种和分享种子来改变世界。正如查尔斯·马爹利（以及哈扎人）一样，我们也需要探索周围的环境，寻找我们身边的食物。我们可以成为各自家园濒危食物的拯救者。

我的乐观主要来自这本书中提及的、我曾遇见的那些人，以及其他许多像他们一样的人，他们都是世界食物多样性的捍卫者：种子的储存者、改革者、把握大方向的科学家和创新的厨师。一间菲亚特汽车的旧工厂出其不意地成了意大利北部工业基地的大型展览中心。这里每年会举办两次名为“大地母亲”的展览会，来自近150个国家的数千人聚集一堂。他们是世界慢食协会的成员，来这里分享种子和故事，并展示各自的食物。展览厅里东倒西歪地堆着大约50种大小、形状和颜色各异的南瓜，旁边是一堆又一堆不同的柑橘品种，还有五颜六色的各类豆子，以及偏远村庄制作的一轮轮奶酪。各种各样的大米、玉米穗轴、可食用的昆虫、鱼干、水果和蔬菜，使这里成为即使不是最大的，也是最多样化的食品市场。

在这里展示食物的人包括农民、渔民、面包糕点师傅、奶酪工匠、牧羊人、啤酒酿造人、磨坊工人、发酵工人、烟熏工人和厨师。许多人穿着传统的服装来到这里，有穿着Chokha（高领羊毛长袍）的格鲁吉亚葡萄酒酿造者，有披着红金相间的真丝披肩的卡西族，他们从印度北部的梅加拉亚邦远道而来。这些人是传统的守护者，是“传递薪火的人”。在“大地母亲”展览会上，我第一次品尝到了来自埃塞俄比亚哈莱纳森林的咖啡，以及一块珍贵的伊扎蛋糕。也是在这里，我遇到了来自美国南部的农民马修·莱弗德，他亲自种植了吉奇红牛豆，而这正是最初激发我写这本书的故事之一。

慢食运动的标志是一只蜗牛，它显然象征着以更缓慢、更严肃深沉的态度对待食物。不过，这一标志还有另一种解释。当蜗牛在构建其外壳时，先是朝着一个方向（螺旋向上）建造；而当它建造的这座小屋变得太脆弱、太不稳固时，蜗牛就会开始朝反方向建造，令其家园更坚实和稳固。我们已经让我们的家园、我们的地球变得太脆弱、太风雨飘摇了。就像蜗牛一样，我们需要创造出一些弹性。我们无法回到过去，但也不必浪费之前的经历，我们可以将我们的传承作为力量的源泉和重建的资源。本书中的濒危食物成就了今日的我们，它们也能昭示明日我们将成为什么样子。

致　谢

之所以能有《消失中的食物》这本书，多亏了三个人。其一是我的文学经纪人克莱尔·康拉德。她听到我在广播中讲的故事，确信我可以成为一名作家和广播人。其二是我的编辑，乔纳森·凯普出版社的贝亚·亨明。她耐心倾听我的想法，看到了更宽广的图景，并为这本书做出了更雄心勃勃的定位，超越了我的想象。万分感谢两位。我会在最后再感谢第三位。

选择书中提到的这40种濒危食物并不难。然而，讲述它们的故事——并将其交织在一起——有赖于许多善良而聪明的人的帮助，包括数位学术顾问。特别鸣谢：傅稻镰教授，在我2018年刚开始写这本书的时候，他不仅向我推荐了伦敦大学学院的种子收藏中心，还向我介绍了有关世界上最早的农民的奇闻逸事；英国查塔姆研究所的蒂姆·本顿教授，他在全球食物系统以及我们目前所面临的紧迫性挑战方面，有着非常宝贵的专业知识；琼·摩根博士，她的反馈意见和鼓励是我的一大灵感来源；约翰·迪基教授，他在我撰写本书初稿的时候给了我许多必不可少的支持和建议；哈里·韦斯特教授，他提醒我濒危食物所代表的文化意义非常重要；朱尔斯·普雷蒂教授，他跟我分享了他对野生食物和土著社会的深刻见解。

如果没有布拉的慢食运动成员的帮助，我就无法发掘这些故事并找到合适的人来讲述这些故事。由衷感谢保拉·纳诺、朱莉娅·卡帕尔迪、保罗·迪·克罗齐、塞雷娜·米兰、米歇尔·鲁米兹、纳萨雷娜·兰扎、查尔斯·巴斯托，当然还有卡洛·佩特里尼。世界各地、各个领域的许多专家都非常慷慨地贡献出他们的时间和知识，帮助我形成了自己的想法。如有任何误解或错误，当然是我的责任。

《野生》：感谢哈扎族专家阿莉莎·克里滕登，她加深了我对这些狩猎采集者的尊敬之情，而那是在我拜访他们很久以后的事。感谢澳大利亚的本·叔瑞、布鲁斯·帕斯科、乐卓博大学的约翰·摩根教授和戴夫·万登。英国皇家植物园邱园的莫妮克·西蒙兹教授是我了解所有野生食物药用性的极佳向导，而佛朗·罗伊则帮助我了解了梅加拉亚邦的食物和人。

《谷物》：非常感谢克莱尔·干乍，她总是愿意暂停她在英国洛桑研究院的博士研究工作，向我解释作物疾病的错综复杂之处；土耳其的阿尔法尔普特金·卡拉戈兹向我介绍了米尔扎·高克尔的故事；杰里米·丘法斯、路易吉·瓜里诺及其在作物基金会的同事，与我分享了他们对植物多样性的热爱。还要感谢约翰·莱茨和马克·内斯比特，给予我有关单粒小麦和二粒小麦方面的所有帮助。在水稻方面，我的顾问是罗里·萨克维尔·汉密尔顿和德巴尔·德布，他们让我认识到水稻多样性有多么美好。史密森尼学会的洛根·奇斯勒在玉米方面给了我极大的帮助。也要感谢卡里·福勒和科林·库里向我讲解了斯瓦尔巴和瓦维洛夫。

《蔬菜》：感谢密歇根州立大学的艾丽斯·福勒和菲利普·H. 霍华德，还有科林·塔奇、杰夫·坦西、杰西卡·哈里斯和伊芙·埃姆什威勒。也要感谢尼克·海嫩帮我更新了吉奇红牛豆的故事。多谢约西亚·梅尔德伦、霍德梅德团队和瑞典的托马斯·埃兰德松，他们为我提供了关于扁豆的所有知识。

《肉类》：我要感谢牛津大学的格雷格·拉尔森教授在动物养殖方面的指导意见。感谢西蒙·费尔利与我就养殖和家畜进行了多次讨论，也感谢鲍勃·肯纳德对羊历史和羊肉的深刻见解。还要感谢美国的杰克·瑞恩帮助我了解野牛的历史，感谢科罗拉多州的珍妮弗·巴特利特带我去看野牛（和玉米）。

《海产》：我有幸得到了卡勒姆·罗伯茨和克里斯·威廉姆斯的帮助，他们多年来对于鱼类和渔业的研究对于本书这章的写作至关重要。感谢"我们周围的海洋"研究项目的丹尼尔·保利、美威的伊恩·罗伯茨，以及大西洋鲑鱼基金会的马克·比尔斯比和肯·惠兰教授。

《水果》：感谢记者同仁迈克·诺尔斯对水果行业独树一帜的认识，以及荷兰合作银行的辛迪·瑞斯维克；感谢弗雷德·格密特、马可·卡鲁索和朱塞佩·雷福尔贾托贡献了柑橘方面的知识；感谢费尔南多·A. 加西亚提供的香蕉科学、弗拉基米尔·莱文带来的天山树林苹果的历史，也感谢巴里·朱尼珀带我在牛津捡拾苹果并度过了令人难忘的一天。

《奶酪》：感谢庭院乳品厂的安迪·斯温斯科、尼尔氏庭院乳品店的布朗温·珀西瓦尔、斯提切尔顿乳品厂的乔·施耐德和英国亚伯大学的迈克尔·伍兹教授。

《酒》：感谢杰西斯·罗宾逊、莎拉·阿博特、杰米·古德、蒂姆·韦伯、彼特·布朗、卡拉·卡帕尔博、雷古拉·伊斯温和帕特里克·博特彻、汤姆·奥利弗和查尔斯·马爹利，他们都分享了其对啤酒、葡萄酒和梨酒的热爱与理解，给了我极大的帮助。

《刺激性泡饮》：感谢英国皇家植物园邱园的亚伦·戴维斯，他是全球首屈一指的咖啡及濒危品种的专家；还要感谢梅栋理，他为我开启了普洱世界的大门。

《甜食》：感谢巧克力专家尚塔尔·科迪、克洛伊·杜特雷-鲁塞尔和约翰·C.莫塔马约尔。

《后记》：感谢迈尔斯·欧文、经济学家杰里米·奥本海姆以及蒂姆·本顿教授提出的想法和建议。

感谢所有与我同行的伙伴，他们帮助我到达偏远的地方，并在那里为我提供了诸多讲解。我要感谢的人太多了，还要感谢土耳其的法提·赫塔塔里，法罗群岛的斯蒂芬·哈尔、玻利维亚的野生动物保护协会和罗伯·华莱士，以及冲绳的雷米·勒。

此外，我还要感谢英国广播公司的许多人，包括多年来与我在《粮食计划》一起共事的记者、制片人和其他作出贡献的人。特别感谢我的编辑克莱尔·麦金和迪米特里·浩达，以及把控制作的格雷姆·埃利斯，感谢他们多年来一直支持我的工作，让我能够暂停英国广播公司的工作来写这本书。由衷感谢我的良师益友希拉·狄龙。

也要感谢我的父母伊莱恩和利博里奥·萨拉迪诺给予我的鼓励。

我要特别感谢我的妻子安娜贝尔，她就是让本书成为可能的第三人。她是我在写作这本书的过程中最亲密的搭档。致我的儿子哈里和查利，希望你们会为我感到骄傲，也希望有一天你们会爱上这本书，而我对你们的爱远超于此。最后，还要感谢我的小狗斯考特，在2018年的秋冬，它跟我一起在莱恩奥弗灌木丛散步，有关本书的许多想法就是在那里形成的。